As Quatro Faces do Universo

CB030624

ROBERT M. KLEINMAN

As Quatro Faces do Universo

Uma Visão Integrada do Cosmos

Tradução

ALEPH TERUYA EICHEMBERG
NEWTON ROBERVAL EICHEMBERG

EDITORA CULTRIX
São Paulo

Título original: *The Four Faces of the Universe.*

Copyright © 2006 Robert M. Kleinman.

Todos os direitos reservados. Nenhuma parte deste livro pode ser reproduzida ou usada de qualquer forma ou por qualquer meio, eletrônico ou mecânico, inclusive fotocópias, gravações ou sistema de armazenamento em banco de dados, sem permissão por escrito, exceto nos casos de trechos curtos citados em resenhas críticas ou artigos de revistas.

A Editora Pensamento-Cultrix Ltda. não se responsabiliza por eventuais mudanças ocorridas nos endereços convencionais ou eletrônicos citados neste livro.

Revisão: Adilson da Silva Ramachandra.

Dados Internacionais de Catalogação na Publicação (CIP)
(Câmara Brasileira do Livro, SP, Brasil)

Kleinman, Robert M.
As quatro faces do universo : uma visão integrada do cosmos / Robert M. Kleinman ; tradução Aleph Teruya Eichemberg, Newton Roberval Eichemberg. – São Paulo : Cultrix, 2009.

Título original : The four faces of the Universe : an integrated view of the cosmos.
Bibliografia.
ISBN 978-85-316-1040-0

1. Astronomia 2. Cosmologia I. Título.

09-01497 CDD-523.1

Índices para catálogo sistemático:

1. Cosmologia : Astronomia 523.1
2. Universo : Astronomia 523.1

O primeiro número à esquerda indica a edição, ou reedição, desta obra. A primeira dezena à direita indica o ano em que esta edição, ou reedição, foi publicada.

Edição	Ano
1-2-3-4-5-6-7-8-9-10-11	09-10-11-12-13-14-15

Direitos de tradução para a língua portuguesa
adquiridos com exclusividade pela
EDITORA PENSAMENTO-CULTRIX LTDA.
Rua Dr. Mário Vicente, 368 – 04270-000 – São Paulo, SP
Fone: 2066-9000 – Fax: 2066-9008
E-mail: pensamento@cultrix.com.br
http://www.pensamento-cultrix.com.br
que se reserva a propriedade literária desta tradução.

Frontispício: Deogarh, Templo de Daśhāvatāra, relevo sobre a parede sul mostrando Vishnu Anantaśhāyin.

UMA DESCRIÇÃO DO FRONTISPÍCIO

Brahmā, o deus hinduísta da criação, de quatro faces, que se pode considerar como uma divindade que representa o universo em todos os seus aspectos, está sentado numa flor de lótus acima da figura reclinada de Vishnu. Somente três das faces de Brahmā são visíveis na ilustração, pois a quarta face olha para trás. Vishnu, o suporte subjacente da manifestação cósmica, dorme sobre o corpo enrolado de Ananta, a serpente gigante. Ambos flutuam, em bem-aventurança, sobre um eterno oceano de leite, que indica as águas primordiais da criação. Enquanto Vishnu dorme, ele sonha com universos que nascerão. O leite simboliza a Mãe Divina; ela é o poder criativo que transforma os sonhos dele em realidade. Normalmente, o lótus é mostrado florescendo do umbigo de Vishnu. Mas aqui o lótus, com Brahmā sentado sobre ele, é representado separadamente, acima de Vishnu. O oceano de leite também não está claramente delineado nessa representação escultural. O ponto essencial do mito é claro, mas sua presença na ilustração é um pouco obscura. Sem a Mãe Divina, Vishnu permaneceria em estado não manifesto e o drama do universo não poderia começar.

Dedicatória

Com homenagem a

Sri Aurobindo
Sem ele, essa longa jornada
Não teria se iniciado

Sumário

Lista das Ilustrações

Pranchas

Figuras

Prefácio

Sinto uma certa hesitação em oferecer ao público um livro que representa toda uma vida de pesquisas. Uma tarefa assim pode expor a personalidade mais íntima de um autor à curiosidade ociosa de estranhos. Mas agora eu acredito que devo correr esse risco. Escrever este livro me pareceu um trabalho semelhante a esculpir um duro bloco de granito, mas a atitude que me sustentou é exemplificada por uma observação atribuída ao mestre zen Miura Roshi. Quando lhe presentearam com uma pequena estátua de Bodhidharma feita de madeira, ele disse que nos velhos dias esculpir uma figura sagrada era uma tarefa acompanhada por três reverências feitas antes de cada entalhe.

Este livro se dirige a leitores que têm um interesse geral pela cosmologia. Muitas pessoas atualmente estão insatisfeitas com a abordagem científica do universo, mas não sabem onde encontrar alguma coisa melhor. A ciência moderna, embora tenha ampliado nossa imagem do universo físico, malogra em oferecer uma percepção esclarecedora do seu significado. Isso não causa surpresa. Falando num sentido amplo, a ciência é um refinamento do senso comum cotidiano, que conta com a lógica, com a matemática e com experimentos controlados. Isso funciona excepcionalmente bem no âmbito do seu domínio apropriado, mas, assim como o senso comum, tropeça quando se ultrapassa esse domínio. O universo é um bom exemplo disso: embora o universo *observável* possa ser estudado detalhadamente, há muita coisa além dele que é inacessível à ciência. É necessária uma abordagem mais abrangente, que abarque o universo *como um todo*. Nós adotaremos uma visão integrada que examina os principais tipos de cosmologia e que mostra como elas podem ser unificadas em uma visão total do cosmos. Em vez de, simplesmente, comparar diferentes teorias, meu propósito é *integrá-las*. A integração implica tornar-se "total ou completa", e envolve mais que uma mera síntese de ideias. Acima de tudo, a integração de cosmologias requer um centro interior que possa colocar todas elas sob um único foco.

Nossa abordagem não será puramente mental, pois a mente é incapaz de proporcionar a integração da maneira como pretendemos fazer. Uma tentativa para estabelecer tudo com base no pensamento interpreta erroneamente a mente como Deus (Juiz Divino), mas essa é uma mistura confusa de verdade e falsidade, e, portanto, não pode ser Deus. Longe de ser a criadora e a conhecedora do mundo, a mente é o *problema*. Quanto mais unificada se torna a nossa visão do universo, maior o deleite que ela desperta. Se a mente é muito afirmativa, ela se livrará desse deleite. Reconhecidamente, somos seres mentais em transição, que utilizam o pensamento para a busca do conhecimento cosmológico. Não obstante, a mente é um instrumento limitado, que deveria ser utilizado com cautela e restrição; caso contrário, chamamos em cena controvérsias intermináveis. A mente jamais alcançará a perfeição que ela procura, e que está além do seu alcance. Na melhor das hipóteses, ela compõe os nossos pensamentos a respeito do universo de uma maneira que reflete a unidade inerente na natureza das coisas.

A fim de aprofundar nossa percepção da harmonia cósmica, contamos com um poder que difere da mente e que existe na alma. É o poder do sentimento, que se revela claramente quando cessa a inquieta atividade mental. Isso porque a mente só especula a respeito do universo, mas a alma o vivencia por meio do sentimento. Retivemos a palavra "sentimento" ao longo de todo o livro por causa de sua estreita associação com a experiência do deleite. Ela também indica um modo de apreender a verdade além da capacidade intelectual da mente. "Sentimento-conhecimento" seria mais preciso, mas é uma expressão muito deselegante para ser repetida com frequência. No entanto, o tipo de sentimento a que nos referimos tem um aspecto cognitivo inseparável dele. A mente como instrumento do pensamento está ligada com o cérebro e limitada por sua estrutura neuronial. Sri Aurobindo fala sobre poderes mentais superiores, que não dependem do cérebro, embora eles também estejam sujeitos a uma sombra de ignorância. O sentimento, por outro lado, é comumente associado com o coração, uma vez que há uma relação interior entre coração e alma. Embora o coração esteja próximo da base das emoções vitais, nossos sentimentos espirituais emergem de uma fonte mais profunda que a emoção.

Embora a especulação e o sentimento tenham um lugar na cosmologia, o último desempenha um papel mais efetivo na busca da totalidade. A mente funciona como uma coordenadora da nossa experiência. Ela sintetiza a riqueza de impressões que recebe criando sistemas de ideias para organizá-las, mas não é esse o tipo de integração que procuramos. Sistemas mentais são fundados na ideia fundamental de um sujeito cognoscitivo interior, ou ego, que se torna o foco de tudo o que ocorre ao redor dele. O ego funciona como centro de um mundo objetivo, mas jamais consegue obter a totalidade com esse mundo. O aparecimento desse eu incompleto e, portanto, falso abre uma fenda entre sujeito e objeto. Como na história da Caixa de Pandora, essa rachadura libera todos os males que nos afligem. Não pode haver integração completa onde tal dualidade prevaleça. O ego desempenha um papel importante, embora limitado, na evolução humana. No entanto, quando investigamos a natureza desse sujeito interior, falhamos em encontrar alguma coisa substancial onde poderíamos ancorar nossa pesquisa. Se dermos tempo suficiente, o ego se desvanecerá como gelo exposto ao calor do sol; apenas a alma permanecerá como o centro verdadeiro do ser do indivíduo.

A integração que estamos procurando tem seu fundamento na *alma*, onde surgem os sentimentos espirituais, na *consciência cósmica*, na qual esses sentimentos se abrem de modo a abraçar todo o universo, e na *Mãe do Mundo*, que realiza todas as coisas na plenitude do tempo. De acordo com a nossa tese, a alma, que percebe as coisas a partir do centro do ser individual, é o mais confiável dos guias para o conhecimento da unidade do universo. A vontade de integrar tem origem na alma. Por isso, o sentimento é o nosso principal meio para penetrar em profundidades inacessíveis à mente.

A alma não apenas transcende o corpo físico, mas também precisa ser distinguida de nossas funções vitais e mentais. Nós a descobrimos como uma percepção indefinível existente por trás delas. Ela está sempre lá, quer estejamos ou não cientes disso. Embora difícil de ser detectada, uma vez que ela não está explicitamente envolvida em nossas atividades ordinárias, ela se torna influente quando sua presença é claramente reconhecida. A dificuldade é basicamente mental, pois a mente assumiu liderança temporária na nossa vida e não quer renunciar a essa liderança. "Alma" é o nome para algo que jamais pode ser apreendido como um objeto. Se o peixe pudesse pensar, o que a palavra "água" lhe transmitiria, pois ele passa toda a sua vida movimentando-se dentro dela? Essa é apenas uma analogia crua, que é falha porque o peixe pode ser claramente distinguido da água, ao passo que a alma que nós intuímos não está realmente separada do restante do ser. Pelo contrário, ela é um fio de ouro que mantém o mundo unido e coeso. Se nós precisamos de uma palavra descritiva, consciência é melhor que a maioria das outras palavras, pois sem ela não haveria percepção das coisas. Para completar a analogia, a consciência é a água, e a alma é uma formação individualizada da consciência nela existente.

Não podemos apreender a alma tentando conceituá-la, que é a maneira como a mente procede nas situações usuais. Porém, mesmo que o caminho para dentro dela seja trilhado por meio do sentimento, há algumas interpretações errôneas a serem evitadas. Como no caso da consciência, o sentimento puro é demasiadamente sutil para ser captado pelo pensamento abstrato, pois ele se torna confuso com emoções dirigidas para objetos externos. As emoções têm sua fonte em nosso ser vital, ao passo que o sentimento se origina na alma, onde não há sentido de separação entre o si mesmo e o mundo externo. Do ponto de vista da alma, toda existência é a manifestação de uma única consciência indivisível. A alma aspira por uma perfeição divina que só pode se manifestar graças à descida de poderes superiores aos que temos atualmente. Nas condições usuais, o máximo que nós podemos nos aproximar dessa aspiração ocorre na grande música e na grande poesia. É por isso que foi incluído um capítulo sobre a poesia cósmica. A poesia é uma das expressões mais poderosas dos sentimentos da alma a respeito do universo, mas até mesmo nesse caso o sentimento está exposto a outras influências. Está assim sujeita à capacidade do poeta para responder a fontes de inspiração superiores.

Enquanto a lógica e a matemática constituem a linguagem da ciência, a poesia é a linguagem da visão. O universo deveria ser vivenciado da maneira mais profunda possível, e não meramente tratado como algo a ser explicado. Isso requer uma visão dele com um todo. Não estamos exclusivamente preocupados com *explicações*, que jamais serão completamente convincentes. Pode ocorrer que, quando reconhecido com clareza, o que é um mistério para a mente não seja um mistério em si mesmo. Leibniz se perguntava por que afinal existe um universo. No entanto, se começamos com o Saccidānanda (Existência-Consciência-Deleite) do vedanta, por que *não* deveria haver um universo? Podem surgir quebra-cabeças que indagam por que ele se parece com isso em vez de se parecer com aquilo, mas não haverá mistério a respeito de sua existência *per se*. O que enfatizamos são as *visões* que formam a base de uma consideração séria a respeito do universo como um todo. O alcance da visão se estende além da ciência – pois, embora a ciência pressuponha uma visão geral do mundo, o poder da visão não pode ser reduzido a uma ciência. Além disso, a função da visão está ligada com uma capacidade mental mais intuitiva do que o pensamento discursivo. Por isso, a poesia é um recurso inestimável para o estudo da cosmologia.

A especulação imaginativa (em oposição à pura fantasia) desempenha um papel importante na cosmologia, uma vez que as evidências disponíveis podem ser interpretadas de diferentes maneiras. Além disso, devemos nos lembrar que os modelos do universo são teorias científicas e, consequentemente, contêm algum conteúdo empírico. Utilizaremos a especulação principalmente para estender a imaginação além do seu alcance costumeiro. Isso nos permite aguçar nossa percepção do tremendo potencial do Infinito. Os leitores estão convidados a embarcar em *uma jornada interior* durante a qual serão feitas várias paradas que lhes permitirão admirar a paisagem. Mas se eles permanecerem durante muito tempo em qualquer estágio ao longo do caminho, nunca chegarão ao objetivo de perceber o universo a partir do ponto de vista da alma. Na conclusão da jornada, os leitores compreenderão melhor o valor espiritual da cosmologia. Se o leitor aceita ou não a abordagem adotada aqui, essa é uma outra questão. Ela depende, até certo ponto, das suas crenças pessoais a respeito da maneira como ele se relaciona com o universo.

Este livro deve muito aos esforços de várias pessoas especiais. Minha mulher, Jan, digitou o manuscrito com cuidadosa atenção pelos detalhes. Ela foi uma fonte inestimável de sugestões e encorajamento ao longo de todo o processo. Rand Hicks, que dirige o Integral Knowledge Study Center, em Pensacola, na Flórida, empreendeu generosamente os esforços editoriais necessários. Seus comentários incisivos e sua paciência infalível foram indispensáveis à medida que o trabalho se desenvolvia. Sou grato a Vicki Hall, a Navaja Llope e a Michael Dawson por sua generosa ajuda com figuras e imagens. Seus esforços tornaram o livro mais belo. Outras pessoas próximas a mim apoiaram de várias maneiras o progresso do livro. Também ofereço gratidão sem reservas aos muitos professores e amigos cuja sabedoria ajudou a iluminar meu caminho. No entanto, é minha a exclusiva responsabilidade por um livro que assinala a culminação de uma longa jornada pessoal de descoberta. Que ela possa alcançar os leitores que a valorizarão.

Agradecimentos

O autor agradece a várias instituições pela sua permissão para reproduzir neste livro suas imagens protegidas por direitos autorais. Por ordem de aparecimento, agradecemos primeiro aos Archives of the Theosophical Society, em Pasadena, por permitir a reprodução de uma fotografia de Helena Petrovna Blavatsky, tirada por Sarony em 1877. A estátua de bronze intitulada *Shiva Dançante* reside no Museum van Aziatische Kunst, em Amsterdã, e uma foto dela é reproduzida aqui por permissão. A permissão para apresentar a foto de Albert Einstein, tirada por Yousef Karsh, em 1948, foi concedida por Retna Ltd. A paisagem chinesa intitulada *Templo Solitário em Meio a Picos numa Clareira* (*Ch'ing-luan Hsiao-ssu*), da Dinastia Song do norte, é atribuída a Li Cheng. A permissão para incluí-la foi concedida pelo Nelson-Atkins Museum of Art, em Kansas City. Robert Newcombe tirou a fotografia. A Sri Aurobindo Ashram Trust, em Pondicherry, na Índia, generosamente nos permitiu reproduzir as fotografias de Sri Aurobindo (tiradas em 1950 por Cartier-Bresson) e a de A Mãe (tirada em 1917 por um fotógrafo desconhecido). A Trust também permitiu a reprodução do esboço de A Mãe, *Ascensão Rumo à Verdade*, e da pintura de Priti Ghosh, *A Chegada de Savitri*. Com gratidão, recebemos o desenho e a arte da capa da CYP Publishing, em Pondicherry.

4 – MANIFESTAÇÃO

Quatro significa integralidade: os quatro estados do ser, mental, psíquico, vital, físico.

Palavras da Mãe
27 de dezembro de 1933

NOTA SOBRE O GÊNERO SEXUAL

O uso de palavras específicas para o gênero sexual é uma questão politicamente sensível para muitas pessoas. Mas as raízes metafísicas do problema são muito mais profundas; elas serão examinadas posteriormente neste livro. Minha confiança na figura da Mãe do Mundo ficará mais clara à medida que prosseguirmos. A totalidade do universo, que inclui tudo, é mais plenamente expressa dessa maneira. Ao mesmo tempo, deve-se reconhecer que a cosmologia transcende um entendimento literal das distinções sexuais humanas, uma vez que o cosmos é, essencialmente, Uno. Além disso, ocorrências da palavra "homem" referem-se a alma, que não está restrita à especificidade do gênero sexual.

Prólogo

Companheiros de viagem
Que cruzam a vastidão do Gobi
Deliciando-se com a luz das estrelas.

Uma Visão Integrada do Cosmos

> Essas imagens védicas projetam uma clara luz sobre as imagens simbólicas semelhantes dos Puranas, em especial sobre o famoso símbolo de Vishnu adormecido, depois do *pralaya*, sobre as dobras da serpente Ananta e sobre o oceano de doce leite. ... Pois eles [os poetas] deram um nome à serpente de Vishnu, o nome Ananta, e Ananta significa o Infinito; portanto, eles nos contaram com muita clareza que a imagem é uma alegoria e que Vishnu, a Divindade que permeia tudo, dorme nos períodos de não criação sobre as espirais do Infinito. Quanto ao oceano, as imagens védicas nos mostram que ele precisa ser o oceano da existência eterna, e esse oceano é um oceano de absoluta doçura, em outras palavras, de pura Felicidade.
>
> Sri Aurobindo, *The Secret of the Veda*[1]

O plano geral deste livro é sugerido pela ilustração escolhida para o seu frontispício. Brahmā, o deus da criação, de quatro faces, está sentado sobre uma flor de lótus acima da figura adormecida de Vishnu, a Divindade que permeia tudo. Adotaremos a figura de Brahmā para representar o universo nos quatro aspectos aos quais o título se refere como "faces". Universos podem ser imaginados como bolhas que emergem de um mar infinito, simbolizado na mitologia hindu como um oceano de leite. A bolha em que vivemos é grande e apresenta uma rica variedade. Como é indicado pela citação acima extraída de *The Secret of the Veda*, o oceano de leite doce do qual emergem os mundos simboliza a felicidade pura, o deleite subjacente à criação.[2] Isso sugere que o universo é um lugar delicioso para se estar, embora ele nem sempre apareça dessa maneira. O objetivo mais elevado da cosmologia deveria ser o de nos ajudar a recuperar o secreto deleite que está oculto no âmbito do universo.[3] Porém, uma abordagem superficial que exclua qualquer uma das faces precisa ser evitada; por isso, examinaremos o universo em função de cada uma delas. Depois, todas elas poderão ser integradas em uma única figura cósmica.

A cosmologia é uma busca em andamento pelo conhecimento do universo como um todo. Ela tem uma longa história, que remonta às mais antigas civilizações conhecidas. Ela é mais do que simplesmente uma ciência, pois envolve a procura por uma visão de mundo total, que tornará o universo e o lugar que nele ocupamos inteligíveis para nós. Atualmente, a cosmologia é considerada, em grande medida, como um ramo da física moderna. Mas a física se interessa por uma única face – a face física, que é a mais bem-definida das faces do universo. A ciência moderna é capaz de nos suprir com toda uma riqueza de informações úteis a respeito dele, mas o conhecimento que temos a respeito da natureza do mundo físico é incompleto. A cultura científica de que compartilhamos nos condiciona a pensar sobre o universo exclusivamente como um mundo de estrelas e galáxias. No entanto, há teorias rivais que se baseiam nas leis correntes da física e nenhuma delas pode nos satisfazer completamente. Elas são, no final das contas, apenas tentativas mentais para coordenar o que observamos por meio dos nossos sentidos físicos.

Há outras faces além da física, com as quais lidam diferentes tipos de cosmologia. Elas incluem uma face psíquica, uma face mágica e uma face evolutiva. Elas não são diretamente perceptíveis a nós.[4] Podemos observar uma parte da *face física*, embora grande porção dela ainda resida além dos nossos meios de detecção. Teorias científicas tentam preencher a lacuna. A *face psíquica* aparece a nós sob a forma de sonhos e experiências visionárias.[5] Histórias e símbolos míticos são empregados para expressar o que é revelado dessa maneira. Imagens pictóricas são necessárias para representar a *face mágica*, que é fluida e difícil de se fixar num contexto estritamente lógico. Finalmente, são necessários princípios metafísicos para uma compreensão da *face evolutiva*, a mais esquiva e de mais amplas consequências de todas elas. Desse modo, é necessário um diferente tipo de cosmologia para cada face.

Nós examinamos quatro tipos de cosmologia e as ligamos às faces que acabamos de mencionar. São elas a *cosmologia mítica* (Face Psíquica), a *cosmologia científica* (Face Física), a *cosmologia tradicional* (Face Mágica) e a *cosmologia evolutiva* (Face Evolutiva). Cada tipo descreve um aspecto do universo, que, como um todo, exibe várias facetas de um único ser complexo. As quatro parecem independentes; no entanto, na realidade, elas estão estreitamente entrelaçadas numa grande harmonia. Embora estejamos cientes de um único universo, ele se manifesta de diferentes maneiras.[6] Um único tipo de cosmologia não pode exaurir sua natureza múltipla. Mesmo quando todos os quatro tipos são combinados, eles oferecem apenas um vislumbre de uma realidade indivisível, que permanece oculta aos nossos olhos, pois essa realidade é um todo intrínseco, e não uma unidade construída, cujas peças a mente reúne a partir de partes fragmentadas.

Essa abordagem ampliada da cosmologia tem muitas vantagens, a mais importante delas sendo o fato de que ela evita o reducionismo implícito em uma imagem exclusivamente física do universo. Grande parte da ciência moderna tem caráter fortemente reducionista; isso é um grande obstáculo para aqueles que procuram uma concepção mais holística do mundo. Porém, pouca coisa se pode obter misturando-se as diferentes faces do universo de uma maneira indiscriminada. Muitas pessoas que se opõem ao reducionismo escolheram essa alternativa, inclusive físicos que tentam reconhecer paralelismos entre a física moderna e o misticismo oriental. Não obstante, as visões de mundo envolvidas em tais esforços estão, literalmente falando, separadas por "mundos" de distância* umas das outras.[7] Os perigos potenciais de se fundir visões conflitantes foram reconhecidos pelo filósofo alemão Leibniz no século XVII. Ele distinguiu cuidadosamente en-

* Em inglês, dizer que as visões de duas pessoas estão "*worlds apart*" uma da outra significa que ambas têm visões totalmente diferentes. (N.T.)

tre modos de pensamento orgânicos e mecanicistas, e, no entanto, aceitou a ambos como meios complementares de se ver o mundo.

Sob esse aspecto, nossa abordagem é semelhante à de Leibniz.[8] Não confundiremos os vários tipos de cosmologia, pois há diferenças fundamentais entre eles. Cada tipo é considerado em seus próprios termos tão imparcialmente quanto possível. Isso não implica, de modo algum, que eles deveriam ser tratados como independentes uns dos outros. Alguns deles são mais inclusivos e revelam camadas de realidade mais profundas do que outros. Como ficará evidente por volta do final deste livro, considero a visão de um universo evolutivo apresentada por Sri Aurobindo como a mais profunda e mais abrangente de todas. Sua visão abrange todas as faces cósmicas em seu imenso âmbito, iluminando a fonte interior de deleite e nos mostrando o caminho mais efetivo que nos leva a ela.

Lançaremos mão dos recursos da filosofia, da ciência, da mitologia, da religião e da poesia para que eles nos ajudem a encontrar uma maneira apropriada de nos relacionarmos com o universo. Todos eles têm conexões tradicionais com nossas mais profundas preocupações cosmológicas. Eles podem não nos dar o conhecimento operacional sobre os sistemas materiais que a ciência moderna nos proporciona, mas sugerem respostas a perguntas definitivas a cujo respeito ela permanece muda. Esse tipo de ciência, com sua tecnologia associada, cuida basicamente dos nossos interesses materiais e reduz o conhecimento a uma acumulação de fatos e teorias.[9] O conhecimento que estamos procurando é um entendimento do universo que nos permitirá recapturar o deleite subjacente à sua existência. Esse tipo de deleite não pode ser comprado e vendido em mercados comerciais. Às vezes, ele surge espontaneamente dentro de nós quando menos esperamos. Os poetas observaram isso repetidas vezes; por exemplo, ele despertou no poeta inglês Wordsworth um sentido da divindade na Natureza:

E eu senti
Uma presença que me perturba com a alegria
De pensamentos elevados; um sentido sublime
De algo muito mais profundamente difundido,
Cuja morada é a luz de sóis poentes,

E o oceano imenso e o ar vivo,
E o céu azul, e na mente do homem;
Um movimento e um espírito, que impelem
Todas as coisas pensantes, todos os objetos de todo pensamento,
E, com suavidade, desliza através de todas as coisas.[10]

Mais tarde em sua vida, essa presença lhe permitiu ouvir "a música da humanidade, quieta e triste, nem áspera nem irritante", que refinou e abrandou seu espírito inquieto.[11]

A ordem de exposição que seguimos não é basicamente a histórica. Depois de um capítulo introdutório, que cobre algumas ideias gerais pressupostas ao longo de todo este livro, passamos a fazer considerações sobre a cosmologia mítica. Isso nos oferecerá uma visão geral a respeito dos temas referentes à manifestação cósmica. Em seguida, em uma discussão sobre a cosmologia científica, serão examinados modelos do universo físico. Depois disso, o modelo mágico dos três mundos da cosmologia tradicional será contrastado com os do universo físico. Um capítulo sobre a cosmologia evolutiva completa nossa visão geral das quatro faces do universo. Finalmente, consideraremos o papel da poesia cósmica na cosmologia e resumiremos as conclusões derivadas do nosso estudo.

O Capítulo 1, "A Consciência e o Universo", aborda a maneira como nos tornamos cientes do universo, diferentes teorias a respeito de sua origem, e a importância da consciência cósmica. Nesse capítulo examinaremos a visão segundo a qual o universo é uma manifestação da Consciência. Diferentes modos de consciência são distinguidos no âmbito da totalidade do ser. Temas relacionados, versando sobre harmonia e variedade, também são levados em consideração, pois desempenham papéis significativos ao longo de todo o livro. Também comparamos diferentes motivações para se estudar cosmologia e concluímos que o motivo básico consiste em vivenciar o universo do ponto de vista da consciência cósmica. Esse é o fio unificador que corre através dos vários tipos de cosmologia apresentados aqui. Ele pode nos oferecer um sabor do deleite que gerou o universo com suas múltiplas belezas. O capítulo termina com uma consideração a respeito da relação entre as visões de mundo em geral e a cosmologia, e com uma descrição breve e concisa da história da cosmologia ocidental dos antigos gregos até os tempos atuais.

Os dois capítulos seguintes tratam da Face Psíquica. O Capítulo II, "A Cosmologia Mítica", descreve as imagens de mundo encontradas nas culturas antigas. Comparamos os mitos da criação com a cosmologia científica e examinamos várias teorias do mito. Breves resumos da interpretação dos Vedas por Sri Aurobindo e uma discussão sobre o papel da Grande Deusa Mãe no mito da criação são sucedidos por alguns exemplos apresentados para ilustrar abordagens míticas da questão da origem cósmica. Aqui é introduzida a noção, de importância crucial, de uma fronteira entre diferentes estados do ser. Essa concepção aparece frequentemente em capítulos posteriores. O Capítulo III, "As Estâncias de Dzyan", diz respeito a um mito da criação que, em ampla medida, foi abordado superficialmente, e que forma o núcleo da negligenciada obra-prima de H. P. Blavatsky, *A Doutrina Secreta.** Examina-se a fonte interna dos mitos da criação e a importância dos estados de transição. Além disso, as *Estâncias de Dzyan* são consideradas com detalhes suficientes para evidenciar as características difundidas dos mitos da criação. Para isso, oferecemos um comentário a respeito de versos selecionados extraídos das primeiras Estâncias, que tratam da cosmogênese. O capítulo se encerra com uma breve análise da Nona Sinfonia de Beethoven examinada de uma perspectiva cosmológica.

Depois do mito, examinamos a Face Física. O Capítulo IV, "A Cosmologia Científica Moderna", começa com um exame da expressão "leis da natureza", resume a descoberta do reino das galáxias pelo astrônomo norte-americano Edwin Hubble e discute a teoria geral da relatividade de Einstein. Prossegue com o tópico dos modelos cosmológicos, mostrando como vários tipos de modelos foram derivados da relatividade geral. Também são examinadas algumas implicações da singularidade que aparece na origem do universo. O Capítulo V, "O *Big-bang* e para Além Dele", apresenta uma visão geral dos fundamentos da mecânica quântica. Isso leva à teoria segundo a qual o universo começou como uma flutuação do vácuo quântico. O capítulo prossegue com uma abordagem de alguns quebra-cabeças associa-

---

* Publicado em 6 volumes pela Editora Pensamento, São Paulo, 1980.

dos com o Modelo Padrão do *big-bang*. Introduzimos os conceitos de sintonia fina, princípio antrópico e universos múltiplos, e depois apresentamos uma breve descrição dos modelos de universo inflacionário. Comparamos explicações científicas e religiosas a respeito da sintonia fina e propomos uma resolução de suas diferenças. Finalmente, exploramos algumas implicações especulativas da recente e ainda controvertida descoberta de um universo fugitivo.

Em seguida, nossa atenção se volta para a Face Mágica. O Capítulo VI, "A Cosmologia Tradicional", focaliza a relação do macrocosmo com o microcosmo, juntamente com algumas doutrinas suplementares referentes a essa relação. Nesse tipo de cosmologia, o homem enquanto microcosmo é a imagem central para o entendimento do universo. Essa é a chave essencial para a imagem do universo mágico que é examinada nesse capítulo. Começando com suas raízes no influente diálogo cosmológico de Platão, o *Timeu*, ela atinge seu clímax no Hermetismo da Renascença. Segue-se uma seção na qual se faz uma comparação entre o modelo tradicional dos três mundos e os modernos modelos científicos. O capítulo termina com o resumo de uma cosmologia tradicional desenvolvida na antiga China. Ele fornece um interlúdio contemplativo antes de entrar em uma discussão a respeito da cosmologia evolutiva.

A última face do universo a ser examinada é a Face Evolutiva. O Capítulo VII, "A Cosmologia Evolutiva", é uma introdução a esse tópico. Apresentamos uma visão geral da biologia evolutiva juntamente com suas ligações com o darwinismo. Em seguida, são examinadas várias filosofias especulativas ocidentais sobre a evolução. No entanto, a ênfase maior é na concepção de Sri Aurobindo sobre a evolução espiritual, conforme ele a expôs em *The Life Divine*. Ele considera o universo como uma manifestação evolutiva de uma realidade transcendente, sendo a alma o elemento central no processo. O capítulo examina sua visão a respeito das relações entre criação e evolução, dos princípios do Ser e da maneira pela qual se processa a evolução espiritual. O capítulo termina com as implicações de sua visão para o futuro da alma no universo.

No Capítulo VIII, "Poesia Cósmica", cada tipo de cosmologia é ilustrado por meio de um grande poema que apresenta a questão do destino humano em um amplo contexto cosmológico. A poesia é parte integrante do nosso estudo da cosmologia. É uma poderosa força para refinar e aprofundar nosso entendimento do mundo, em vez de ser, como às vezes se pensa, um mero desvio com relação a propósitos mais "sérios". Além disso, nosso ponto de vista é aquele segundo o qual o universo se parece mais com um grande poema do que com uma máquina lógica ou com um computador. Será essa a nossa pista final para a enorme consciência que há por trás dele. Precisamos sentir nosso caminho no universo, e não simplesmente descrevê-lo em linguagem matemática (embora isso também seja importante em cosmologia). Vários exemplos ilustram a capacidade da poesia cósmica para iluminar a nossa relação com o universo, e cada um deles representa um diferente tipo de cosmologia. Esses poemas derivam, com graus variados de percepção interior, de uma experiência da consciência cósmica. Cada um deles é capaz de abrir uma porta para o deleite mais pleno que estamos procurando.

Alguns leitores podem ceder à tentação de omitir os capítulos que menos lhes interessam. É claro que isso é possível, mas o livro se desenvolve progressivamente e foi planejado para ser lido como um todo contínuo. Todos os tipos de cosmologia merecem a nossa atenção; cada um deles tem uma importância intrínseca, apresentando certas características do universo que são negligenciadas pelos outros. Quanto a isso, uma palavra de cautela se faz necessária logo de início: cruzaremos as tradicionais demarcações entre disciplinas acadêmicas, e muitos estudiosos profissionais poderiam franzir as sobrancelhas diante de nossa temeridade. Mas a cosmologia tem um âmbito tão amplo que a única maneira de se ver toda a floresta sem que essa visão fique bloqueada pelas árvores consiste em omitir, sempre que possível, detalhes não essenciais. Dificuldades técnicas são reconhecidas apenas onde é necessário fazê-lo. As notas finais frequentemente ampliam aspectos abordados no texto, e, portanto, não devem ser ignoradas.

O presente livro não é exaustivo. Em vez disso, ele deve encorajar os leitores a considerar o universo de uma nova maneira, pois a cosmologia não pertence inteiramente a profissionais, sejam eles cientistas, filósofos ou teólogos. Em uma sociedade tecnológica complexa como a nossa, estamos inclinados a acreditar que os especialistas podem resolver todos os problemas para nós. Até mesmo a cosmologia é delegada a especialistas, que geralmente relutam em se desviar para fora dos limites das disciplinas que adotaram. No entanto, o universo está além das limitadas fronteiras acadêmicas. Ele é a totalidade que inclui a todos nós, e da qual depende a nossa existência como organismos biológicos.

Cada pessoa tem de estabelecer uma base de solidariedade espiritual com ela ou se resignar a viver uma vida fragmentada no mundo. Essa fragmentação se aplica a instituições sociais e religiosas, bem como a indivíduos; elas geralmente não conseguem atingir uma verdadeira universalidade porque subestimam a importância de se forjar um forte laço interior com o cosmos. Apenas um esforço individual concentrado pode realizar uma tarefa desse tipo. Não obstante, um livro como este não poderia ser escrito sem contar com o conhecimento adquirido por incontáveis estudiosos e cientistas trabalhando em diferentes campos. No entanto, não se pode esperar que especialistas façam tudo isso por nós. Eles podem nos dizer bastante a respeito dos detalhes, mas não precisamos aceitar suas interpretações sobre o universo *como um todo*. Para isso, contamos com nosso próprio julgamento e poder de integração.

INTRODUÇÃO

Um Cisne esquivo
Cindindo as águas enluaradas
Deixa somente um traço.

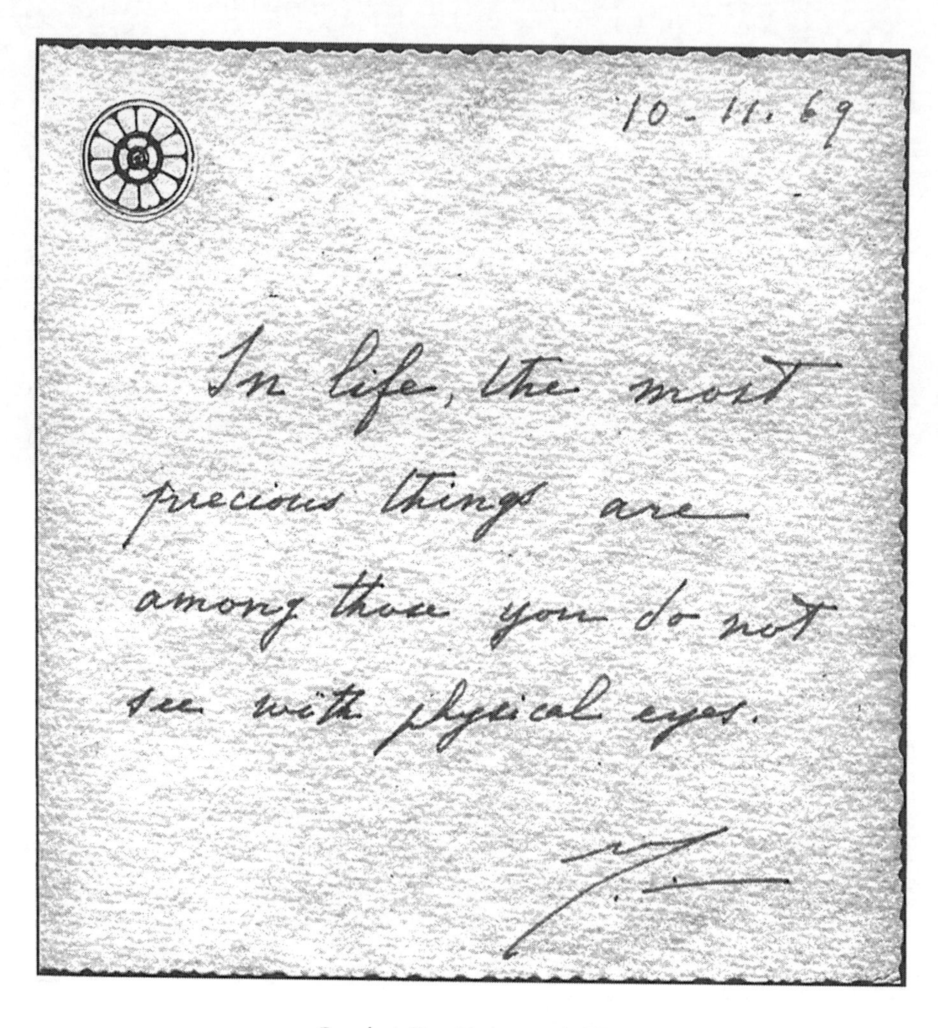
10-11-69

In life, the most precious things are among those you do not see with physical eyes.

Prancha I: Uma Mensagem da Mãe

I

A Consciência e o Universo

Nossa Percepção do Universo

Quando falamos a respeito do universo, nem sempre estamos cientes dos problemas que surgem com a mera pronúncia dessa palavra. Por exemplo, estamos falando sobre algo que tem uma existência objetiva própria? Ele é real, uma mera aparência ou apenas uma ilusão? Foi criado, ou deve simplesmente ser aceito porque está aí de alguma maneira misteriosa? É um tipo de consciência, uma substância material ou um redemoinho de energia pura? Inclui outros estados de ser além do físico? Vivemos num universo infinito ou num universo que é espacial e temporalmente finito? Ele está evoluindo de alguma maneira significativa? Pode haver mais de um universo? Acima de tudo, por que existe um universo, e por que somos parte dele? Não há fim para as perguntas que poderíamos fazer a respeito do universo. Porém, o que quer que ele possa ser, é algo que estará conosco enquanto vivermos (e depois disso, o quê?). Por enquanto, vou sugerir uma maneira de abordar o universo e de rever várias possibilidades referentes à sua origem. Então, podemos prosseguir passando a tratar mais extensamente das questões levantadas.

Considere como viemos a conhecer fatos a respeito do mundo ao nosso redor. Cada pessoa tem uma percepção do mundo que é única. O universo vivenciado aparece na própria consciência do indivíduo e não é exatamente o mesmo para as outras pessoas. Ele inclui não apenas nossas percepções sensoriais, mas também as inclinações, as crenças e a história pessoal que as acompanham; portanto, é uma parte de nós mesmos que nós levamos conosco para onde quer que nos encaminhemos. Além disso, cada pessoa está sempre no centro desse universo pessoal. Onde quer que uma pessoa esteja, esse lugar é a localização central para essa pessoa. Mesmo no céu, um indivíduo seria o centro do mundo que ele estaria experimentando; o mesmo seria verdadeiro no inferno. Isso implica que, no sentido mais profundo, *nós realmente nunca vamos a lugar nenhum*. Pelo menos, pode-se dizer que há um centro dentro de nós que permanece imóvel independentemente da maneira como as nossas relações com as coisas possam mudar. Não é o ego, que se move conosco, mas algo invisível que observa o movimento a partir dos bastidores.[1] Mais tarde, teremos a oportunidade de considerar o que poderia ser isso. Embora, à primeira vista, essa abordagem possa parecer muito subjetiva, ela é a mesma para cada pessoa. Há também muitas semelhanças entre os mundos que são vivenciados por diferentes pessoas. Isso poderia ser uma indicação de uma realidade da qual todas elas compartilham.[2]

Nossos mundos se interceptam numa complexa teia de relações, sugerindo que existe algo que todos eles têm em comum. Essa teia representa um universo objetivo que não depende da experiência que temos dele. Caso contrário, como poderiam esses mundos pessoais estar entrelaçados tão estreitamente uns com os outros? Assim como eles aparecem em nossa consciência, o universo objetivo (para nós) pode ser um aparecimento em uma Consciência suprema da qual todos nós participamos; os eus individuais seriam então pontos de vista dentro dessa Consciência mais ampla. Se nos libertássemos das idiossincrasias de nossos mundos particulares, isso poderia nos tornar mais responsivos às belas harmonias do universo objetivo e à enorme Consciência que ele revela.[3] No entanto, o que se disse até agora pode parecer distanciado dos modos de pensamento familiares. Antes de seguir em frente, um exemplo tirado de minha experiência pessoal pode focalizar as coisas mais claramente, pois minha própria busca começou com essa percepção e me lançou numa pesquisa que se estendeu por toda a minha vida.

Enquanto eu servia em uma unidade de artilharia de campo na Europa, em tempo de guerra, participei de um comboio que se dirigiu do norte da França até a frente de batalha ao longo do Rio Reno na Alemanha. Em pouco tempo, estaríamos combatendo, e por isso todos nós estávamos compreensivelmente nervosos. No caminho, paramos durante a noite em um campo aberto fora da cidade de Maastrict, na Holanda. Não havia tempo para acampar e, embora estivéssemos no início de março, o solo ainda estava gelado demais para nele se fincar tendas. Nós apenas nos atirávamos bem agasalhados no chão para dormir durante algumas horas. Lá deitado, percebi a constelação de Órion se pondo no céu ocidental.[4] Eu a havia observado muitas vezes no passado, mas agora, de súbito, compreendi que, com relação ao universo, *não havia diferença alguma entre minha localização atual e estar em casa*; era como se eu não tivesse me dirigido para lugar algum. A experiência me deixou perguntando sobre a misteriosa relação que parecemos ter com o mundo ao nosso redor. Em seguida, adormeci. O curioso é que depois disso todas as ansiedades que acompanham o ingresso numa zona de batalha desapareceram.

Decidi que depois da guerra eu iria para a faculdade e estudaria cosmologia, na esperança de que isso projetasse alguma luz sobre o que realmente acontecera. A Universidade de Nova York era a única instituição onde havia um curso de cosmologia, e por isso eu fui para lá acompanhá-lo como estudante. Quando as exigências de rotina foram cumpridas, eu me empenhei na disciplina da cosmologia. Ela fazia parte do currículo de filosofia, mas não era mais ministrada. Não obstante, fiz outros cursos com o professor que a ensinava. Ele estava interessado nos problemas metodológicos que surgem do campo em desenvolvimento da cosmologia científica.[5] Depois da graduação, ele encorajou-me a me concentrar em filosofia da ciência na Universidade de Colúmbia. Eu o fiz. Nessa época, a filosofia norte-americana estava intensamente influenciada pelo positivismo lógico; nem seria preciso dizer que esse ambiente nada continha que pudesse me ajudar a entender o universo. Logo ficou evidente que o caminho que eu estava seguindo não me levaria aonde eu queria ir. Meu interesse começou a se ramificar em história da filosofia, literatura clássica e religiões do mundo. Como com Omar Khayyam, "grandes Argumentos escutei/Sobre isso e aquilo, mas sempre/Saíam pela mesma Porta por onde eu entrava".[6] No entanto, também aprendi muitas coisas que aprofundaram minha compreensão a respeito da nossa misteriosa relação com o universo.

Quatro Visões sobre a Origem do Universo

Retornando ao tópico com o qual começamos, com o que o universo realmente se parece? É somente matéria existente por si mesma, ou é algum tipo de consciência que nós ainda não entendemos? É o resultado de um processo criativo divino, ou sua existência é um mistério incompreensível? Agruparemos as possíveis respostas que se pode dar a essas questões sob quatro títulos: materialismo científico, criacionismo, manifestação divina e mistério insondável.

Materialismo Científico

A primeira visão é popularmente conhecida como *materialismo científico*.[7] Ela supõe que o universo é um imenso sistema de matéria e energia inconsciente. A consciência é considerada apenas uma aparência produzida exclusivamente por processos físicos. Embora nem todos os cientistas sejam materialistas declarados, os sucessos tecnológicos da ciência reforçaram um panorama amplamente materialista na sociedade moderna. O objeto da ciência consiste em descobrir as leis que governam o mundo material, e talvez explicar como ele passou a existir. Atualmente, considera-se que o universo é o resultado de um acontecimento único – o chamado *big-bang* – que o criou há cerca de quinze bilhões de anos. O *big-bang* produziu o espaço, o tempo e a matéria, mas, não obstante várias propostas provisórias, ainda não há consenso científico a respeito do que poderia tê-lo precedido, se é que algo o precedeu. Isso levou muitas pessoas a adotar uma resposta religiosa à pergunta relativa à origem do universo, explicando-o como uma criação realizada por Deus.

Criacionismo

O criacionismo, em cosmologia, é a crença segundo a qual o universo foi criado como um ato livre que manifestou a Vontade Divina. Isso é usualmente interpretado como criação *ex nihilo* ("a partir do nada"), embora também pudesse significar a modelagem do universo a partir de algum material previamente existente. Em qualquer dos casos, falar em "criação" sugere que há uma causa externa para a existência do universo físico. Três das principais religiões (judaísmo, cristianismo e islamismo) aceitam o criacionismo como um dogma baseado na revelação divina. No entanto, não obstante as diferenças com que a visão criacionista se manifesta, ela é representada da melhor maneira nos capítulos de abertura do Livro do Gênesis. Esse relato, como é interpretado pela maioria dos teólogos, partilha da suposição científica comum segundo a qual o universo é feito de matéria e energia, que existem independentemente da consciência – com uma diferença: supõe-se que ele foi criado por Deus. Embora o criacionismo complemente e, num certo sentido, complete a imagem científica, ele tem a desvantagem de que nós não sabemos como entender a criação (ou a causalidade) quando ela se estende além da nossa experiência. Como é possível que possamos conceber Deus como o criador do universo a partir do nada absoluto quando não temos experiência disso? Mesmo que algum tipo de matéria diferente de Deus existisse antes da criação, ainda seria um problema. Pois, a não ser que o próprio Deus fosse material em algum sentido, como ele poderia agir sobre a matéria para produzir um mundo ordenado?

Manifestação Divina

A abordagem menos familiar aceita Deus como a única realidade, mas sustenta que uma distinção ocorre no interior de Deus quando ele decide se manifestar. Ela nega a existência de uma diferença real entre Deus e o universo. Em vez de se referir a uma causa externa, o foco está no processo interno por meio do qual Deus se transforma no universo. Para enfatizar a natureza interna desse processo, nós consideraremos a palavra "cosmogênese" como mais apropriada do que criação. O problema subjacente às duas visões que acabamos de discutir está no fato de que tudo ao nosso redor finalmente se desintegra e perece, o que sugere que nada é realmente permanente no mundo. Até mesmo seus componentes mais elementares, sejam eles concebidos como partículas ou cordas, podem não ser substanciais. No entanto, isso não significa que o universo como um todo é completamente destituído de valor, pois ele ainda pode ser concebido como uma *manifestação divina.*

Ver o universo como uma manifestação divina implica o fato de que ele é o resultado de Deus se tornar consciente de si mesmo como objeto. Em vez de supor que o universo tenha uma realidade fora de Deus, ele é entendido como uma manifestação do poder de Deus para conhecer a si mesmo. Algum tipo de causalidade pode estar operando aqui, mas não é nem criação *ex nihilo* nem criação a partir de algum tipo preexistente de matéria. A situação é comparável a despertar de um sono profundo, quando nós, gradualmente, nos tornamos cientes do mundo ao nosso redor. Quando isso acontece, nós também nos tornamos cientes de nós mesmos percebendo-o. Mas, como já salientamos, esse mundo percebido é parte do universo que existe na própria consciência individual. O universo *como nós o experimentamos* não tem realidade fora da consciência pessoal. Estamos sempre em seu centro experimentando a nós mesmos como objetos.

De maneira semelhante, com relação a Deus, quando o universo objetivo aparece, Deus se torna consciente de si mesmo como aquele que o percebe. Assim como o universo que nós experimentamos individualmente não tem existência separada da consciência que temos dele, o universo objetivo não teria existência separada de Deus. Poderíamos dizer que Deus fez de si mesmo o objeto de sua própria autoconsideração; então, ele percebe a si mesmo como o universo. Deus se torna o universo a fim de manifestar suas potencialidades interiores e, desse modo, conhecer plenamente a si mesmo como Deus. Mas resta uma questão relativa ao que acontece dentro do ser divino que cria a manifestação de si mesmo como universo. Em outras palavras, qual é a natureza do próprio processo criativo (cosmogênese)? Nem o materialismo científico nem a religião dogmática podem nos ajudar a entender isso, pois ambos supõem que o universo tem uma existência substancial própria; eles diferem apenas com relação ao fato de ter sido ele criado ou não por Deus. Veremos, no próximo capítulo, que alguns mitos da criação, quando interpretados simbolicamente, podem sugerir como a cosmogênese acabou ocorrendo.

Antes de prosseguir, vamos entender como utilizaremos a palavra “Deus”. Esse termo se referia originalmente a um objeto (ou objetos) de culto religioso. Nas religiões monoteístas, Deus é concebido como o Ser Supremo, que é criador e governante do universo. Seu significado depende do quão profundamente nós enxergamos dentro da natureza de Deus. É óbvio que essa visão variará de pessoa para pessoa, e de cultura para cultura. Em geral, Deus é conceituado como pessoal, transcendente e masculino ("Pai nosso que estás no céu"). Essa visão tem várias limitações. Por exemplo, está se tornando cada vez mais evidente que Deus também tem uma natureza feminina, tradicionalmente representada como a "Grande Mãe", ou "Deusa". Outra desvantagem da ideia convencional de Deus está no fato de que, para muitas pessoas, isso implica uma distinção absoluta entre Deus e o universo (como no Criador e na criatura). O universo é, portanto, construído para ser diferente de Deus, e para existir fora de Deus. Mas se Deus é infinito e uno, como pode haver algo fora de Deus?

A abordagem mais precisa que a mente filosófica pode fazer da imensa e misteriosa Presença que existe por trás de tudo o que fazemos e experimentamos consiste em identificá-la como Consciência Infinita. Num certo sentido, isso pode ser enganoso, pois tendemos a opor consciência e matéria. Porém, não existe tal oposição dentro da Consciência Infinita, pois ela tem o poder de se tornar todos os mundos. Quando essa Consciência é concebida como Deus, há um problema em relacionar o mundo a ele. Enquanto Criador, ele se coloca acima e além dele, mais ou menos inatingível. O resultado disso é que o mundo é concebido como diferente de Deus, e consequentemente carente de divindade. Tal mundo está em perigo constante de perder sua direção e seu propósito. Daí a fascinação por salvadores, presentes em muitas religiões.

A fim de criar, a Consciência Infinita se torna seu próprio objeto, uma vez que não há outro objeto além dela mesma. Enquanto objeto, ela é a Deusa, que abrange o mundo todo, até os mais sombrios recessos da matéria. Segue-se, em uma estranha sobreposição de imagens divinas, que a Deusa também é Deus; ele conhece a si mesmo como ela. Ela é a Mãe Divina, que faz o universo emergir de si mesma, estabelecendo desse modo sua divindade. Em algumas formulações, isso é considerado como Deus gerando a si mesmo, mas a impropriedade de tal noção é óbvia. A Mãe Divina desempenha o papel de *Creatrix* (Geratriz), e é ela que aparece ao longo de todos os tempos sob muitas formas e disfarces para guiar a todas as criaturas, que são na verdade ela mesma.

Alguns místicos rejeitaram a visão convencional; Deus é visto por eles como Ser Absoluto que abrange toda a realidade. Aos seus olhos, Deus é tudo, e não há nada fora de Deus. Uma realidade como essa transcende todas as categorias mentais e, consequentemente, é indescritível. É tão diferente do entendimento comum de Deus que a palavra "Divindade" (a natureza íntima, ou essência, divina) é às vezes utilizada. A expressão "Ser-Consciência" também é possível, pois a consciência é o ser que é vivenciado, e o ser que está além da consciência é demasiadamente abstrato para que possamos compreendê-lo plenamente. Mesmo isso não é capaz de captar a qualidade essencial da existência divina, que é pura felicidade e deleite.[8] "O Divino" cobre todos esses significados e é o termo utilizado preferencialmente neste livro. Continuaremos a utilizar a palavra Deus onde isso se mostrar apropriado devido às suas associações pessoais. Nossa abordagem reconhece a existência de um princípio transcendente e luta para desenvolver uma percepção dos seus muitos aspectos.

Mistério insondável

Outra alternativa, a mais radical de todas, deve ser mencionada, pois ela nega que exista qualquer coisa além da consciência pura. O universo é considerado um *mistério insondável*, sendo o próprio Deus apenas uma aparência na consciência. Sob esse ponto de vista, não há nada que possa ter *causado* a existência do universo; por isso, sua criação nunca aconteceu. A existência do universo é aceita, mas um processo criativo é negado. O aparecimento de um mundo fora da consciência é rastreado até nossa ignorância sobre sua verdadeira natureza, pois o universo não tem realidade própria inerente. Ele partilha da natureza da consciência, em vez de ser um sistema autoexistente de matéria e energia. Uma maneira de se expressar isso consiste em dizer que o universo é *irreal* quando percebido separado da consciência e *real* quando é um aparecimento que ocorre nela. Desse modo, o problema da criação é um falso problema: não há razão *pela qual* o mundo existe. Precisamos simplesmente reconhecê-lo como um *mistério insondável* e agir em conformidade com isso. Afirma-se que tanto o universo como o eu que o percebe podem finalmente ser dissolvidos em pura consciência indiferenciada. Isso poderia exigir um longo processo de disciplina espiritual, mas somos informados de que se trata da suprema solução para o mistério do cosmos.[9]

Há muito para se dizer a respeito dessa visão absolutista; algumas tradições sustentam que ela é a mais alta verdade. Nesse caso, a cosmologia é um empreendimento mal encaminhado. Que valor duradouro poderia haver em estudar um universo que carece de realidade inerente e não pode ser transformado em alguma coisa supremamente perfeita por direito nato? Isso foi comparado com a tentativa de endireitar a cauda de um cão, que sempre retorna à sua curva natural. Embora distinguida por sua lógica afiada como uma lâmina de navalha, sustentada por séculos de experiência passada, permanece uma suspeita obstinada de que essa visão negligencia um aspecto fundamental da realidade. O universo, não obstante a incompreensível impressão de aspereza que ele nos transmite, é belo demais, e está adaptado com precisão para a nossa presença em seu âmbito, para que desistamos dele, dando-o inteiramente como perdido. Podemos imaginar muitos tipos de mundos que não conduziriam, em absoluto, à procura de objetivos espirituais superiores. Mas por que o nosso mundo é tão conveniente a esse propósito? É possível que o universo tenha um destino muito maior do que qualquer coisa que possamos imaginar. Nossa presença nele também poderia estar intimamente ligada com a eventual realização desse destino. Pode haver um modo de consciência capaz de responder pelo tipo de mundo em que vivemos. Nesse caso, seria importante saber o que ele é antes de terminar tão abruptamente nossa pesquisa cosmológica.

Isso não equivale a dizer que as visões discutidas até agora são completamente falsas, uma vez que todas elas, até certo ponto, estão arraigadas na percepção. Cada uma delas apreende um único aspecto da realidade, mas falha em obter plena abrangência. Os leitores se prenderão àquela que lhes pareça mais plausível. Além disso, deve-se ter em mente que outra visão, que pareça implausível exatamente agora, poderia se tornar mais atraente mais tarde. As visões de mundo mudam, de uma maneira que lhes é própria, à medida que ocorre o crescimento espiritual; o valor dessas visões reside em quão eficientes elas são em nos levar a níveis de percepção mais profundos e mais universais. A melhor abordagem consiste em supor que nós ainda não sabemos o suficiente a respeito da natureza do universo para descartar qualquer uma delas. Desse modo, sem negar indiscriminadamente quaisquer alegações de legitimidade a seu próprio favor, procuraremos uma maneira de entender o universo que possa tornar proveitoso o seu estudo. Isso não envolve um retorno a nenhum dos pontos de vista científicos ou religiosos dogmáticos mencionados antes. Eles são úteis apenas se sustentarmos que o universo tem uma realidade substancial independente da consciência.[10] Essa suposição é demasiadamente limitada. Se for abandonada, um mundo de maravilhosa coerência e beleza insuperável pode se revelar. Para reconhecer isso, devemos encontrar uma base mais profunda para a cosmologia. O caminho que escolhermos deve nos permitir reter a unidade essencial da consciência em função de um entendimento mais amplo de suas funções e de seus poderes.

Três Modos de Consciência

Nossa afirmação fundamental será esta: o universo é uma manifestação da Consciência, que é autorreveladora e divina. Tudo é um tipo de consciência e nada do que conhecemos existe além dela.[11] O ser é infinito e eterno; além do que quer que ele possivelmente possa ser, ele também precisa ser consciente, uma vez que o universo é o seu objeto. Embora haja outros métodos de se analisar isso, eles não fornecem uma base adequada para a nossa sugerida abordagem da cosmologia.[12] Muitos tipos de análise falham em sustentar uma consideração séria do ponto de vista que propomos aqui, uma vez que eles implicam uma dualidade fundamental entre o conhecedor e o conhecido. Para entender a consciência, temos de evitar pensar a respeito dela como uma realidade vazia, indiferenciada e, em última análise, impotente. Incontáveis nuanças estão presentes dentro dela, pois há, no mínimo, tanta variedade e complexidade na consciência como há na matéria.

Embora a ciência tenha descoberto numerosos fatos a respeito do mundo material, há também descobertas que podem ser feitas por meio de um exame sistemático da natureza da consciência. Uma vez que defendemos a posição segundo a qual o universo não pode ser divorciado da consciência, o que se aprende a respeito da natureza da consciência terá um impacto decisivo sobre o nosso entendimento do universo. Mas a nossa investigação diferirá de outros métodos que são usualmente empregados. Não nos interessaremos pelas técnicas de análise dos sonhos defendidas por muitos psicólogos modernos, nem entraremos no domínio dos fenomenologistas filosóficos. As especulações a respeito da conexão entre consciência e os fenômenos do mundo subatômico, que são populares em algumas interpretações da mecânica quântica, também serão postas de lado. Todas essas abordagens têm um valor próprio; não obstante, elas serão apenas desvios do caminho deste livro, pois não sondam de maneira suficientemente profunda a natureza da consciência.

O tipo de exploração que procuraremos é sugerido nos escritos de Sri Aurobindo, que se aprofundou muito nessa direção, mas a maior parte das pessoas não sabe disso. Apenas algumas características de destaque de sua análise da consciência serão mencionadas aqui, uma vez que elas levam diretamente às nossas atuais preocupações. Sri Aurobindo distingue entre diferentes modos ou *status* de uma única consciência indivisível. Há três modos principais que precisam ser identificados nesse estágio da nossa pesquisa: o transcendente, o cósmico e o individual. Todos são divinos, e, no entanto, cada um deles expressa a consciência divina de uma maneira diferente:

> O Transcendente, o Universal e o Individual são três poderes abrangentes, subjacentes a toda a manifestação e que a permeiam; essa é a primeira das Trindades. Também no desdobramento da consciência há três termos fundamentais e nenhum deles pode ser negligenciado se devemos ter a experiência da Verdade total da existência. A partir do individual, despertamos dentro de uma consciência cósmica mais livre e mais ampla; mas também a partir do universal, com seu complexo de formas e de poderes, precisamos emergir, por meio de uma autoexcessividade ainda maior, dentro de uma consciência sem limites, que se fundamenta no Absoluto. E, no entanto, nessa ascensão, nós realmente não abolimos, mas lançamos mão do que parecemos abandonar, e o transfiguramos, pois há uma altura onde os três vivem eternamente uns nos outros, e nessa altura eles estão unidos em bem-aventurança, em um nodo de sua unicidade harmonizada.[13]

Esse enunciado conciso tem algumas variantes que precisam ser cuidadosamente esclarecidas.

A *Consciência Transcendente* é a realidade atemporal que abrange tudo e que sustenta os outros modos. É o Eu Supremo (Paramātman) e muito mais, o fundamento imperecível do mundo. Esse modo está além da nossa apreensão mental e não pode ser plenamente descrito. Muitos místicos que captaram um lampejo dele foram absorvidos para sempre no silêncio eterno. No entanto, essa não é a culminação que estamos procurando aqui. Pois, como a citação acima nos sugere, há também outras possibilidades; sua realização suprema repousa na realização do Eu, mas isso deveria ser procurado no mundo, e não além dele. Sri Aurobindo sustenta que há uma certa altura na qual todos os três modos existem em perfeita harmonia. A meta da vida espiritual consistiria então em experimentar essa harmonia aqui na Terra. Mais tarde, em nossa discussão sobre a cosmologia evolutiva, veremos que uma conquista de tal magnitude só poderia ser obtida pela alma em conjunção com um poder de Conhecimento superior. Neste livro, estamos especialmente interessados na consciência cósmica, mas ela deve ser considerada relativamente aos outros modos. Embora os contatos com a consciência cósmica sejam mais comuns do que se poderia supor, isso requer uma centralização mais profunda de modo a estabelecê-los firmemente como partes do ser e da percepção do indivíduo.

A *Consciência Cósmica* é uma expressão que se tornou quase vazia por causa do seu uso indiscriminado nos escritos místicos. Ela significa uma consciência do cosmos, ou do universo como um todo unificado. Para Sri Aurobindo, ela se refere a uma percepção extraordinária da extensão infinita da consciência divina no universo manifesto. Em uma de suas cartas, ele escreve:

> A consciência cósmica é a consciência do universo, do espírito cósmico e da Natureza cósmica com todos os seres e forças dentro dela. Tudo o que é tão consciente como um todo quanto o indivíduo o é separadamente, embora de uma maneira diferente. A consciência do indivíduo é parte disso, mas uma parte que se sente como um ser separado. No entanto, durante todo o tempo, a maior parte do que ele é ingressa nele a partir da consciência cósmica... A

alma vem de além dessa natureza da mente, da vida e do corpo. Ela pertence ao transcendente e por causa dela nós podemos nos abrir a uma Natureza superior.[14]

Essa espécie de consciência, divina em sua origem, pode ser vivenciada pela alma em muitos níveis. Às vezes, até mesmo um olhar casual dirigido para o céu noturno, ou a visão do sol nascendo sobre águas tranquilas, pode ser uma ocasião para isso. Há um estranho sentido de infinitude, como aquele que sentimos quando vemos o horizonte de um solitário pico de montanha. Embora seu primeiro despertar possa ocorrer no plano físico, podemos ser facilmente enganados ao pensar que tudo se resume a essa experiência, e deixamos de seguir em frente. No entanto, em um nível de percepção, a consciência cósmica é acompanhada de certos sentimentos espirituais que, se forem suficientemente fortes, podem inspirar uma pessoa a construir toda uma vida sobre eles.

Uma das primeiras tentativas para se analisar a consciência cósmica de um ponto de vista psicológico foi feita pelo psicólogo canadense Richard Maurice Bucke.[15] Ele foi amigo pessoal do poeta norte-americano Walt Whitman e se tornou um dos testamenteiros literários de Whitman após a morte do poeta. O livro de Bucke, *Cosmic Consciousness* [Consciência Cósmica], tornou-se um clássico em seu campo, embora haja nele sérias imperfeições por causa de sua falta de percepção metafísica a respeito do assunto. Bucke foi levado a esse estudo em consequência de uma experiência que teve enquanto se dirigia para sua casa, tarde da noite, na cabine de uma charrete. Ele foi subitamente envolvido em uma nuvem de cores flamejantes e simultaneamente passou a ter certeza da vida eterna e da imortalidade da alma:

> ... ele viu e soube que o Cosmos não é matéria morta, mas uma Presença viva, que a alma do homem é imortal, que o universo é construído e ordenado de maneira tal que sem dúvida alguma todas as coisas funcionam juntas para o bem de cada uma e de todas, que o princípio que fundamenta o mundo é aquilo que chamamos de amor, e que a felicidade de cada um, a longo prazo, é absolutamente certa.[16]

Bucke acreditava que sua experiência havia sido antecipada na poesia de Whitman, e essa crença o levou a venerar o poeta pelo resto de sua vida.

Whitman teve lampejos ocasionais de consciência cósmica que parecem ter se aprofundado à medida que ele envelhecia, mas que eram basicamente anseios físicos e vitais. Eles são revelados em muitas passagens espalhadas ao longo de sua obra-prima, *Leaves of Grass* [Folhas de Relva]. Alguns breves exemplos ilustrarão isso:

> Ó vasta Rotundidade a nadar pelo espaço,
> Toda recoberta de visível poder e beleza,
> Alterna luz e dia e a fervilhante escuridão espiritual,
> Indizíveis procissões do sol e da lua nas alturas e incontáveis estrelas acima,
> E abaixo, a multiplicidade das relvas e águas, animais, montanhas, árvores,
> Animados de insondável propósito, de alguma oculta intenção profética,
> Agora, pela primeira vez, parece que meu pensamento começa a vos abranger.[17]
> ....
> Ó Vós transcendente,
> Inominável, a fibra e o sopro,
> Luz da luz, espalhando universos, vós o centro de todos eles,
> Vós o mais poderoso centro da verdade, o bom, o amoroso,
> Vós fonte moral e espiritual – fonte de afeto – vós reservatório
> ....
> Vós pulsação – vós o motivo das estrelas, sóis, sistemas,
> Que, em seus círculos, se movimentam em ordem, seguros, harmoniosos,
> Cruzando as informes vastidões do espaço,
> Como deveria eu pensar, como respirar um único alento, como falar, se, de mim mesmo,
> Eu não pudesse lançar, rumo a eles, universos superiores?[18]

Em outro poema, Whitman está sozinho na praia, à noite:

> Enquanto num vaivém a velha mãe a embala cantando sua rouca melodia,
> Enquanto eu fito as brilhantes estrelas cintilando, penso na chave dos universos e do futuro.
> Uma vasta similitude entrelaça tudo,

> Essa vasta similitude as abrange, e sempre abrangeu,
> E deverá para sempre abrangê-las e compactamente retê-las e encerrá-las.[19]

Bucke estava impressionado com Whitman, o homem, tanto quanto o estava com Whitman, o poeta. Isso o levou a acreditar que o homem exemplificava um estágio superior no desenvolvimento da consciência humana. Algumas das passagens mais inspiradas de *Cosmic Consciousness* estão ligadas com essa crença. Por exemplo, Bucke predisse que, no futuro, a consciência cósmica se estabelecerá como a norma de vida sobre a Terra:

> Em contato com o fluxo de consciência cósmica, todas as religiões conhecidas e nomeadas atualmente se fundirão. A alma humana será revolucionada. A religião irá dominar absolutamente a raça. Ela não dependerá da tradição. Ela não será acreditada e desacreditada. Ela não será uma parte da vida, pertencendo a certas horas, tempos, ocasiões. Ela não estará nos livros sagrados, nem na boca dos sacerdotes. Ela não habitará nas igrejas e reuniões e formas e dias. Sua vida não estará nas preces, nos hinos ou nos discursos. Ela não dependerá de revelações especiais, das palavras de deuses que descem para nos ensinar, nem de qualquer bíblia ou bíblias. Ela não terá a missão de salvar os homens dos seus pecados ou de assegurar seu ingresso no céu. Ela não ensinará uma imortalidade futura, nem glórias futuras, pois a imortalidade e toda a glória existirão no aqui e agora. A evidência da imortalidade viverá em cada coração assim como a visão vive em cada olho. A dúvida a respeito da existência de Deus e da vida eterna será tão impossível quanto hoje é possível essa dúvida; a evidência de cada uma delas será a mesma. A religião governará cada minuto de cada dia de todas as vidas. Igrejas, sacerdotes, formas, credos, preces, todos os agentes, todos os intermediários entre o homem individual e Deus serão permanentemente substituídos por um intercurso inequívoco e direto. O pecado não mais existirá nem a salvação será desejada. Os homens não se preocuparão com a morte ou com o futuro, com o reino do céu, com o que poderá ocorrer por ocasião da morte ou depois que cessar a vida do corpo presente. Cada alma se sentirá e conhecerá a si mesma como imortal, sentirá e saberá que todo o universo, com todo o seu bem e toda a sua beleza está destinado a ela e a ela pertence para sempre. O mundo povoado por homens [e mulheres] dotados de consciên-

cia cósmica estará tão distante do mundo de hoje quanto esse se distanciou do mundo como ele era antes do advento da autoconsciência.[20]

No final do seu livro, ele predisse que "essa nova raça está em vias de nascer de nós, e no futuro próximo ela ocupará e tomará posse da Terra".[21] Ele pode não ter previsto as implicações mais profundas dessa aguçada percepção. Por volta do final deste livro, nós veremos que uma Realidade ainda mais poderosa do que a que Bucke concebeu seria necessária para tornar possível uma transformação como a que Bucke previu.

Qualquer que possa ser a verdade, é evidente, com base em tudo o que se disse, que a consciência cósmica precisa ser levada a sério no estudo da cosmologia. A contemplação de qualquer uma das quatro faces do universo pode ser um meio de vivenciá-la. Embora varie em seu poder e em seu efeito transformador sobre a vida, ela é sempre um modo de consciência imenso e impessoal, sendo quase inexistente nela o sentido de um eu pessoal. Nossa percepção se amplia para dentro das extensões ilimitadas do espaço e do tempo; percebe-se que tudo existe dentro da unidade do universo como um todo. A consciência ordinária da separação e o antagonismo entre as coisas se dissolvem em pura harmonia. Mais tarde, nós veremos que essa harmonia engloba as chamadas "leis da natureza", que a mente formula numa tentativa de abrangê-la. O universo aparece como um oceano sem praia, fervilhando com uma abundância inexaurível de belas formas. Nós sentimos uma identidade com todas elas, embora não nos sintamos limitados por nenhuma. Um Eu Cósmico abraça todas as coisas e experimenta a liberdade e o deleite da existência universal. Uma grande harmonia universal e uma maravilhosa variedade de formas são consideradas características inseparáveis do mundo. Juntas, elas dirigem o nosso olhar atento para além do cósmico, em direção à consciência transcendente que o permeia e o contém. Pois a *harmonia* reflete a suprema Sabedoria que há por trás do universo, e a *variedade* atesta seu poder de se manifestar de um número infinitamente grande de maneiras.

A Consciência Cósmica é uma expansão da *Consciência Individual*, que é o terceiro modo mencionado por Sri Aurobindo. Um Eu Individual (Jivātman) é o ser central de cada pessoa; ele não pode ser obliterado mesmo que o egoísmo pessoal possa desaparecer. Equilibrado além do espaço e do tempo,

Sri Aurobindo sustenta que o ser central (o indivíduo verdadeiro) é imutável e nunca se separa da consciência transcendente, mas aparece de modo parcial no universo como ser psíquico (Caitya Purusha).[22] O ser psíquico não é a mesma coisa que nós costumamos chamar de "alma", pois ele reside em um nível mais profundo do que a personalidade, com a qual estamos familiarizados.[23] Seu papel cósmico único consiste em evoluir numa divindade plenamente manifesta sobre a Terra. Embora uma centelha da chama divina arda dentro do coração, ela está presentemente obscurecida pelos veículos externos da mente, da vida e do corpo. Não obstante, assim como o fogo pode ser visto como uma chama contínua ou como uma multiplicidade de faíscas, a consciência é uma autopercepção universal que é também uma multidão de almas. Diremos mais coisas a respeito disso no Capítulo VII, onde a cosmologia evolutiva será discutida com mais detalhes.

A realização da alma é necessária para um ingresso seguro e sadio na consciência cósmica. Caso contrário, há o perigo de se cair nas garras de uma indiferença estéril, insensível ao sofrimento das outras pessoas e que não se comove com nenhuma forma particular de existência, ou de uma inflação do ego, pois essa última subverte todas as tentativas de se realizar uma transformação verdadeira de nossa natureza. Também se começa a sentir o choque cumulativo das experiências do mundo, e a experiência desse choque pode ser esmagadora quando aparece pela primeira vez.[24] Como adverte Sri Aurobindo:

> A coisa contra a qual é preciso se proteger na consciência cósmica é o jogo de um ego amplificado, os ataques, em escala maior, das forças hostis – pois elas também fazem parte da consciência cósmica – e a tentativa da Ilusão cósmica (Ignorância, *Avidyā*) para impedir o crescimento da alma no âmbito da Verdade cósmica. Essas são coisas que se tem de aprender a partir da experiência; ensinamentos ou explicações mentais são totalmente insuficientes. Para ingressar com segurança na consciência cósmica e com segurança fazer a travessia dessa consciência, é necessário que se tenha uma vigorosa sinceridade não egoísta central, e que também já se tenha o ser psíquico, com sua faculdade de adivinhação da verdade e sua inabalável orientação direcionada para o Divino, na frente de sua natureza.[25]

Além disso, a transformação total só pode ocorrer quando o poder da consciência transcendente se torna plenamente operacional no mundo. Esse tópico será desenvolvido em capítulos posteriores.[26]

Motivações para o Estudo da Cosmologia

Mas o que isso tem a ver com o estudo da cosmologia? A cosmologia científica é o tipo mais amplamente praticado hoje. Sua motivação é a curiosidade desinteressada a respeito da origem, da extensão e do conteúdo do universo físico no espaço e no tempo. Para os cosmólogos científicos, o universo é apenas um outro campo, embora mais amplo, para a aplicação dos métodos e teorias que abrangem os temas da física, da astronomia e, numa medida menor, de outras ciências. Ele apresenta um conjunto de quebra-cabeças para serem resolvidos empregando-se os procedimentos padrões da ciência. Mas a ciência moderna malogra em fornecer respostas satisfatórias para as nossas questões cosmológicas mais profundas. Embora as fronteiras espaciais e temporais do universo físico estejam em constante expansão, sua existência permanece tão misteriosa quanto sempre o foi. Embora os cientistas tenham atualmente diversas respostas para questões relativas ao início do universo, ao seu fim possível, e à existência de muitos universos ou de apenas um, todas elas são mais ou menos especulativas. Em resumo, a cosmologia científica melhora consideravelmente nossas ideias a respeito do universo, mas não explica de maneira convincente *por que* ele existe e tem uma forma e não outra.

A satisfação da curiosidade intelectual não deveria ser a motivação única, ou nem mesmo a fundamental, para o estudo da cosmologia. Independentemente das respostas a que chegamos no nível científico, haverá sempre mais perguntas a se fazer. A cosmologia pode começar com a curiosidade, mas também precisamos de uma motivação mais profunda para satisfazer o nosso interesse pelo universo. Isso pode ser encontrado na oportunidade que a cosmologia proporciona para desenvolver um sentido de consciência cósmica. Não apenas os cientistas, mas também os filósofos, os poetas e os místicos escreveram sobre temas cosmológicos. Muitos deles sugerem que esse modo de consciência estava envolvido em seus esforços para entender o universo. Referências à percepção da harmonia e da beleza cósmicas, livre do egoísmo que divide as coisas e que arruína uma parcela tão grande da nossa vida pessoal, são abundantes em suas obras. Ter um mero sabor da consciência cósmica em qualquer nível da experiência é suficiente para justificar um estudo sério sobre cosmologia.

A vida do filósofo da Renascença italiana Giordano Bruno oferece um exemplo dramático da maneira como a consciência cósmica pode afetar um indivíduo e a sociedade onde ele vive. Ele foi um monge dominicano em Nápoles, mas um poderoso impulso o tirou do seu mosteiro e o levou a perambular por toda a Europa, proclamando uma nova visão do universo. Isso aconteceu numa época em que a cultura europeia estava começando a mudar sua cosmologia do "mundo fechado" da Idade Média para um infinito universo de estrelas.[27] Bruno previu os tremendos efeitos que essa mudança provocaria, pois ele foi o primeiro filósofo a apreender suas implicações cosmológicas mais profundas. Ele expressou sua descoberta da consciência cósmica em um poema que descreve a liberdade e o deleite que ele sentiu ao escapar do sistema medieval das esferas cristalinas:

> Tendo escapado da estreita e sombria prisão
> Onde por tantos anos o erro me manteve encerrado,
> Deixo aqui a corrente que me agrilhoava
> E a sombra de meu antagonista furiosamente malicioso
> Que não pode me forçar mais rumo à triste escuridão da noite.
> Pois aquele [Apolo] que venceu a grande Píton
> Com cujo sangue tingiu as águas do mar
> Pôs em fuga a Fúria que me perseguia.
> Para ti eu me volto, eu plaino nas alturas, Ó Voz que me sustentas;
> Dou graças a ti, meu Sol, minha Luz divina,
> Pois me convocaste para fora dessa horrível tortura,
> E me levaste para um tabernáculo mais aprazível;
> Trouxeste cura para meu coração machucado.
> És meu deleite e o calor de meu coração;
> Fizeste-me sem medo do Destino ou da Morte;

Quebraste-me as correntes e as traves
Das quais poucos se libertaram.
Estações, anos, meses, dias e horas –
Os filhos e as armas do Tempo – e essa Corte
Onde nem o aço nem o tesouro têm valor
Protegeste-me da Fúria [do antagonista].
Doravante, estendi no espaço asas confiantes;
Não temo barreira de cristal ou de vidro;
Transpasso os céus e voo para o infinito.
E enquanto subo de meu próprio globo em direção a outros
E penetro sempre mais através do campo eterno,
Aquilo que outros viram de longe, deixo muito para trás
[os itálicos foram acrescentados].[28]

Ao longo de toda a sua vida, Bruno teve grande dificuldade para assimilar a consciência cósmica. Parece que ela chegou até ele mais ou menos por acaso, ocasionada, talvez, por uma impressão de infância sobre a vastidão do universo. Quando ainda era menino, em Nola, ele escalou uma elevação perto do Monte Cicala para observar as estrelas e notou como o Monte Vesúvio era negro e sombrio observado dessa distância. Mas quando esteve nos declives do próprio Vesúvio, ele o achou luxuriante e fértil, e o distante Cicala agora se lhe afigurava esmaecido e indistinto. Isso o levou a acreditar que o universo em seu todo deve ser o mesmo por toda parte. A similaridade podia ser encontrada em meio aos horizontes mutáveis do mundo vivenciado. Isso sugeriu uma unidade presente por toda parte e que se manifestava em um universo infinitamente variado, que carecia de um centro único. Qualquer lugar dentro dele era aproximadamente equivalente a qualquer outro. Apenas a distância fazia com que as estrelas parecessem tão pequenas quando vistas da Terra; se ela fosse vista de uma estrela, os tamanhos relativos seriam invertidos.

Desse modo, Bruno chegou a uma concepção do universo que foi posteriormente formulada como *princípio cosmológico*. Essa experiência deve ter deixado nele uma profunda impressão, pois ele ainda se referiu a ela numa ocasião muito posterior da sua vida. Essa impressão foi reforçada por sua leitura do poema então recém-redescoberto de Lucrécio sobre o antigo atomismo, *De Rerum Natura*, em conjunto com as novas ideias copernicanas na astronomia, que apenas começavam a varrer a Europa.[29]

Bruno tentou assimilar sua experiência da consciência cósmica desenvolvendo um elaborado sistema filosófico. Ele viu o universo como uma *manifestação divina* na qual Deus poderia ser encontrado por toda parte. Declarar isso publicamente exigiu coragem, provocando uma severa reação por parte da Igreja Católica. Ao voltar à Itália depois de passar anos perambulando, ele foi aprisionado e, subsequentemente, queimado na fogueira como um herege perigoso.[30] Por volta do final de seu longo período de aprisionamento nas masmorras da Inquisição, depois de alguma hesitação inicial, ele se recusou firmemente a abjurar suas crenças cosmológicas. Pode-se considerar isso como um resultado do seu sucesso em, finalmente, chegar a um acordo com a consciência cósmica. De qualquer maneira, parece que ele atingira uma paz completa em seu íntimo por ocasião de sua última provação nas mãos de seus torturadores. A visão de Bruno de um universo infinito contendo mundos inumeráveis foi o verdadeiro início da moderna cosmologia ocidental.[31]

Visões de Mundo e Cosmologia

Antes de abordar os diferentes tipos de cosmologia, precisamos dizer algo a respeito das visões de mundo. Num sentido bastante elástico, uma visão de mundo pode ser chamada de "cosmologia", mas é possível que isso leve a confusões. A cosmologia *envolve* visões de mundo, que são maneiras gerais de considerar a natureza do mundo e o nosso lugar nele. Algumas delas não são simpáticas a uma abordagem puramente científica do universo. Há também muitos tipos de visões de mundo, tais como o materialismo e o teísmo, que são insuficientes para nossos propósitos integrativos. Cada um dos quatro tipos de cosmologia que distinguimos está associado com uma concepção particular do universo como um todo. No entanto, ao mesmo tempo, os quatro tipos estão inter-relacionados uns com os outros. Por exemplo, a visão de mundo subjacente à cosmologia mítica contém a realidade de um universo psíquico. Isso, no entanto, não precisa excluir o mundo físico, que é o objeto da cosmologia científica.[32] Nesse caso, pode-se conceber que o mundo físico deriva, de alguma maneira, de uma realidade psíquica mais profunda. Considerações semelhantes se aplicam igualmente aos outros tipos. Visões de mundo são expressas simbolicamente nos mitos da criação e também, logicamente, nos sistemas filosóficos. Em sua maioria, as pessoas assimilam inconscientemente essas visões, ou as adquirem por meio do condicionamento social. Várias visões de mundo podem existir lado a lado em uma sociedade complexa, mas uma delas usualmente predomina. Elas podem mudar de uma era histórica para outra, embora algumas das características das visões mais antigas possam reaparecer em eras posteriores. Nenhuma pessoa ou sociedade carece de visão de mundo, independentemente de quão vaga ela possa ser, pois o fato de se ter uma visão é uma marca do ser humano.

As visões de mundo desempenham um papel importante na cosmologia, mas devem ser distinguidas dos modelos científicos específicos do universo. Essa distinção é mais ou menos paralela à que existe entre a *Weltanshauung* (visão total da realidade) e a *Weltbild* (teoria unificada do mundo físico) alemães. Uma extensa abordagem da relação entre esses termos pode ser encontrada em *Einstein and Culture* [Einstein e a Cultura], de Gerhard Sonnert, especialmente no Capítulo III (veja Bibliografia). O estudo científico do universo é sempre empreendido no contexto de um conjunto maior de suposições a respeito da natureza das coisas. Uma visão de mundo não é científica em si mesma, uma vez que não se pode deduzi-la exclusivamente da ciência, e nem está sujeita à verificação e à refutação científicas; em vez disso, ela é uma precondição para qualquer investigação cosmológica. Na história da cosmologia ocidental, havia várias tradições que competiam entre si, cada uma delas baseada numa diferente suposição sobre a natureza do universo. Essas suposições determinavam os tipos de teorias científicas que eram apropriadas a uma determinada tradição e os métodos que seriam utilizados para sua confirmação. Seria possível até mesmo sustentar que havia diferentes concepções da ciência operando em cada tradição. Todas elas se baseavam em suposições que envolviam objetivos específicos, embora eles nem sempre fossem claramente alcançáveis. Mas a racionalidade depende tanto da natureza dos objetivos que se está procurando como de sua realização efetiva. Os maiores sucessos da ciência moderna nos cegam para o fato de que ela não é a única maneira razoável de se fazer cosmologia. Daí se segue que o universo pode ser estudado e explicado de maneiras alternativas, cada uma delas dependendo do tipo de visão de mundo que está envolvido. No entanto, isso não implica o fato de que todas as visões de mundo sejam igualmente legítimas, desde que isso iria fazer da cosmologia um exercício de relativismo, e não uma busca séria pela verdade.

As várias concepções do universo na cosmologia ocidental se baseavam em analogias encontradas na experiência humana. Por exemplo, a antiga cosmologia grega devia muito à visão de um *universo orgânico*, que tinha por base as propriedades observadas dos organismos vivos. Consequentemente, os cosmólogos gregos (com algumas exceções notáveis) procuraram explicar o universo enquanto crescimento, potencialidade e propósito. A visão orgânica culminou na concepção de Aristóteles das causas finais, que continuou a dominar grande parte da filosofia medieval natural da Idade Média. Outra tradição, que utilizava a ideia de um *universo mágico*, entrou em voga durante a Renascença. A analogia-chave nessa tradição era uma correspondência entre o macrocosmo (grande mundo) e o microcosmo (pequeno mundo), sendo esse último identificado com o homem. Os cosmólogos da Renascença tentaram entender o universo em função da operação de forças misteriosas reveladas nas simpatias e antipatias entre suas diversas partes. Por exemplo, correspondências astrológicas entre os céus e a Terra eram consideradas fundamentais. Por volta do século XVII, uma terceira tradição cosmológica começou a aparecer. Nessa época, o universo era considerado análogo a uma máquina. Consequentemente, a ideia de um *universo mecanicista* finalmente substituiu as visões de mundo orgânica e mágica. Os cientistas se concentravam nos aspectos da natureza que eram mais facilmente explicáveis com base na mecânica. Essa visão do universo, com várias modificações importantes, tornou-se o alicerce da física newtoniana e levou aos desenvolvimentos sem precedentes da cosmologia científica do século XX.

Essas tradições não eram completamente distintas e, com frequência, operavam simultaneamente no período inicial da Europa moderna, influenciando-se mutuamente de modo significativo. Todas elas ofereciam concepções razoáveis do universo, mas apenas a visão de mundo mecanicista conseguiu ganhar ampla aceitação. Atualmente, ela domina a cena contemporânea, embora numa forma drasticamente revisada. A cosmologia científica é hoje uma reafirmação do mecanicismo à luz das inovações radicais da física teórica.[33] O sucesso da teoria da relatividade e da mecânica quântica levou à substituição da ideia mais antiga de um universo mecanicista (baseada na analogia com a máquina) pelo novo conceito de um *universo energético* que obedece a leis matemáticas precisas. Isso não constitui uma ruptura completa com as ideias mecanicistas anteriores; no entanto, a ênfase recai sobre as propriedades matemáticas das partículas e seus campos associados, em vez de recair sobre as analogias mecânicas. O universo energético é hoje a visão de mundo que domina a cosmologia científica, mesmo que os físicos não possam nos dizer que energia é essa, de onde ela veio ou por que ela existe.

Os Quatro Tipos de Cosmologia

Nos dois capítulos seguintes, discutiremos a *cosmologia mítica*, que é o mais antigo tipo de cosmologia registrado. Ela diz respeito, acima de tudo, à cosmogênese, a transição da consciência absoluta para o universo físico. Apesar de sua antiguidade, ela tem ainda muitas coisas valiosas a nos dizer a respeito desse processo. Em seguida, prosseguiremos examinando a *cosmologia científica*, a *cosmologia tradicional* e a *cosmologia evolutiva*. Tomadas conjuntamente, elas nos proporcionam uma figura completa do universo como um todo. Em si mesmo, cada tipo de cosmologia se baseia numa visão de mundo geral que determina os tipos de princípios e modelos que podem ser utilizados para se obter uma descrição do universo. Embora elas fossem consideradas mutuamente antagônicas, nossa abordagem aponta para o fato de que, na verdade, elas são complementares. Cada uma delas chama a atenção para aspectos do universo ignorados pelas outras. Desse modo, isso reforça a imagem de um universo complexo, que não é esgotado por nenhum dos tipos. Essa maneira de abordar a cosmologia nos permite olhar mais profundamente dentro da Consciência que se manifesta em todas as coisas.

A FACE PSÍQUICA

Reclinado com indolência
Sonhando com mundos que ainda não nasceram
Ele deriva em silêncio.

Prancha II. Helena Petrovna Blavatsky

II

A Cosmologia Mítica

A Ciência Antiga

A cosmologia mítica aparece em mitos da criação que expressam simbolicamente as visões de mundo de antigas culturas. A função geral desses mitos consiste em relacionar de maneira harmoniosa as pessoas com o mundo em que vivem. Esse tipo de mito promove a ligação mútua de grupos humanos ao mostrar a eles um propósito para a existência além da mera luta pela sobrevivência. Embora ainda desempenhem um papel nas sociedades modernas, os mitos da criação têm raízes no passado, onde eles eram mais ampla e popularmente conhecidos do que são hoje. No entanto, não devemos supor que os antigos confiavam no pensamento mítico como única fonte de suas ideias sobre o universo. Até recentemente, os estudiosos consideravam as primeiras sociedades como pré-científicas e supunham que as explicações que elas ofereciam baseavam-se inteiramente em crenças ingênuas a respeito do mundo. Mas essa visão mudou radicalmente graças ao trabalho de um intrépido grupo de pesquisadores da nova disciplina da *arqueoastronomia*, que é o estudo da prática da astronomia nas culturas pré-letradas. Valendo-se da descoberta dos alinhamentos astronômicos em monumentos pré-históricos (por exemplo, em Stonehenge e outros sítios arqueológicos ao redor do mundo), assim como em registros escritos disponíveis, arqueoastrônomos descobriram toda uma riqueza de informações sobre o conhecimento científico dos povos mais antigos.[1]

Sua tecnologia era simples em comparação com os padrões modernos, e eles estavam restritos a observações a olho nu na astronomia. No entanto, eram capazes de fazer medições precisas quando elas convinham aos seus propósitos. Apesar de terem uma experiência limitada do mundo físico ao seu redor, eles produziram uma ciência que era plenamente adequada às suas necessidades. Não há razão para se supor que fossem menos dotados do que os cientistas modernos, mesmo que o seu pensamento possa não ter sido o mesmo que o nosso. Eles pensavam a respeito do mundo de maneira simbólica, e não de maneira lógica, uma vez que o consideravam um lugar sagrado habitado por poderes misteriosos. Isso não os impediu de desenvolver intrincadas cosmologias que envolviam tanto a ciência como o mito. Essas cosmologias desempenhavam um papel indispensável na vida deles, estendendo-se até mesmo ao planejamento das cidades e à construção dos templos para o culto de seus deuses.

No que se segue, vamos nos concentrar no quadro geral do universo que emerge dessas antigas culturas. Embora apresente variações nos detalhes, esse quadro parece se repetir por toda parte no mundo antigo e a maioria dos mitos da criação o consideravam uma certeza. A cosmologia mítica considera a Terra como um princípio cósmico em coigualdade com o céu. Há uma importante verdade contida nessa ideia, e essa verdade é obscurecida pela maneira científica de considerar a Terra como um planeta que circula ao redor do sol. A humanidade vive na superfície da Terra, que era concebida como um disco plano com uma borda que representava o horizonte. As cavernas subterrâneas da Terra se estendiam para o interior de misteriosas regiões abaixo delas. Essas regiões eram identificadas com águas negras; elas se tornaram a localização dos vários infernos das religiões antigas. Acima do céu, que era visualizado como uma cúpula imensa que cobria a Terra, havia regiões que, em sua maior parte, eram desconhecidas, e essas regiões eram imaginadas como águas brilhantes.[2] O domo do céu representava a separação entre o tríplice mundo da Terra, da atmosfera (ou "região média") e do céu e os mundos espirituais situados além, o lar dos deuses superiores. Esses mundos mais elevados representavam os céus das religiões antigas. É obvio que esse quadro do universo, embora parcialmente baseado na observação, vai muito além do que poderia ser percebido pelos sentidos físicos. Os mitos da criação lidam simbolicamente com ele, embora ainda permaneça uma questão relativa aos recursos interiores e sobre a qual os poetas míticos escreveram. Essa questão será examinada no próximo capítulo, mas, em primeiro lugar, devemos examinar uma visão da astronomia antiga que está emergindo de recentes estudos sobre o assunto.

Astronomia Mítica

Um aspecto importante, embora geralmente mal compreendido, das sociedades mais antigas é o papel cultural desempenhado pelo sol, pela lua e pelas estrelas. Havia então uma "astronomia mítica", que antecipou tanto a astronomia como a astrologia conforme foram moldadas pelo desenvolvimento subsequente da matemática. A astronomia mítica antecipou até mesmo a remota cultura babilônica. Ela se baseava em uma crença geral na correspondência entre fenômenos do céu e acontecimentos na Terra. Em tempos antigos, o céu era observado mais por motivos de orientação prática e espiritual do que para satisfazer a curiosidade.[3] Sabe-se que eram mantidas observações astronômicas detalhadas e precisas. Os corpos celestes eram observados e seus movimentos eram calculados; às vezes, seus ciclos eram representados por meio de construções, alinhamentos e monumentos de pedra. Em grande parte, nosso conhecimento a respeito da astronomia antiga é reconhecidamente especulativo, mas a arqueoastronomia, suplementada por estudos antropológicos sobre grupos tribais existentes, dá apoio à crença na existência de um extenso corpo de conhecimento astronômico em sociedades pré-letradas. De acordo com uma visão discutida mais adiante, esse conhecimento era codificado na linguagem do mito a fim de ser preservado para as gerações futuras.[4]

Uma preocupação central das sociedades antigas se referia à orientação no mundo físico. Por exemplo, em muitos mitos atribui-se à criação direções espaciais específicas. As direções nas culturas norte-americanas nativas eram determinadas pela observação do nascer do sol e do pôr do sol por ocasião dos solstícios. Elas eram tratadas como zonas da Terra presididas por poderes cósmicos especiais. Nos mitos da criação, as quatro direções eram traçadas em primeiro lugar, e só depois disso o céu acima e as regiões abaixo passavam a existir. Esse processo não estava restrito apenas aos mitos, uma vez que o traçado das direções era deliberadamente imposto sobre a organização física das culturas antigas. As cidades, províncias e países eram erguidos em direções estabelecidas, e se atribuía aos quadrantes várias forças e qualidades. As tribos, castas e atividades de todos os tipos eram organizadas ao redor de um "cubo da roda" central. A cultura humana estava localizada no centro de um cosmos vivo ordenado e povoado por poderes conscientes.

A ordenação direcional da sociedade estava, portanto, arraigada no mito da criação, e não em qualquer outro motivo. Além disso, quando o espaço é definido de acordo com as quatro direções, com o céu acima e o mundo inferior abaixo, a Terra e a humanidade constituem uma região existente entre o céu e o mundo inferior num universo multinivelado que inclui esses três diferentes mundos. E esses mundos eram mantidos juntos por meio de um *Axis Mundi*, ou Eixo do Mundo, ao redor do qual gira o céu.[5] Em muitos lugares, o *Axis* era simbolizado por uma árvore, por exemplo, a Árvore do Mundo escandinava (Yggdrasil), ou por uma montanha, por exemplo, o Monte Meru, na Índia, mas também podia ser representado por um mastro ou estaca vertical que ligava a Terra e o céu onde quer que ele fosse colocado.

Parece que havia uma base astronômica para essa imagem mítica do universo. Entre os povos antigos, era crucial a importância de se estabelecer um calendário como meio de eles ordenarem suas experiências temporais da mudança das estações. Os pontos de transição importantes que marcavam o ciclo anual da agricultura eram os solstícios do inverno e do verão, bem como os equinócios da primavera e do outono. Observando a posição do sol relativamente a marcadores conhecidos no horizonte – por exemplo, uma certa árvore ou pico de montanha – eles identificavam esses pontos cardeais. Prestar atenção em quais estrelas apareciam no horizonte oriental pouco antes do nascer do sol (ascensão helíaca) também seria suficiente. Uma tentativa controversa de conectar a cosmologia mítica com a astronomia antiga foi realizada por Giorgio de Santillana e Hertha von Dechend em seu livro *Hamlet's Mill* [O Moinho de Hamlet]. Eles interpretaram o Moinho como uma imagem do universo em revolução e propuseram a ideia de que toda mitologia derivava da astronomia.

De acordo com esses autores, a "terra" a que o mito se referia não era, na verdade, a Terra em que vivemos. Em vez disso, ela representava um plano ideal definido pela *eclíptica* (a trajetória aparente do sol), ou *equador celeste*, que separava a "terra seca" das "águas inferiores". As direções eram definidas com base em uma imagem da Terra como um plano que passa pelo equador celeste. A eclíptica é dividida em duas metades. A *metade setentrional* (que vai do equinócio da primavera até o do outono) representa a terra seca, e a *metade meridional* (que se estende no sentido oposto) as águas inferiores, ou águas profundas. Nessa imagem, os quatro cantos do mundo são os equinócios e os solstícios, que estão localizados nas constelações zodiacais que sobem com eles em sua ascensão helíaca. Consequentemente, a antiga ideia de uma Terra plana pode ter uma referência astronômica que não está relacionada com a forma efetiva da Terra. Se for esse o caso, a concepção que esses antigos povos tinham é mais sutil e sofisticada do que nós imaginamos. O arcabouço central do cosmos é estabelecido pelo Eixo do Mundo, que atravessa os três mundos. Mas essa é, com certeza, apenas uma das várias maneiras pelas quais os antigos possivelmente entendiam a cosmologia mítica. Dizem que há mais de uma chave para destravar os mistérios da mitologia. Mesmo assim, é possível que tivesse ocorrido um paralelismo subjacente a todas as interpretações que foram dadas aos mitos, pois todas elas eram legítimas aos olhos deles.

Os autores de *Hamlet's Mill* também afirmaram que o mito estava ligado à *precessão dos equinócios*. Eles acreditavam que essa precessão foi observada, e posteriormente esquecida, muito antes de sua redescoberta pelo astrônomo grego Hiparco, no século II a.C. Em sua busca pela harmonia, os antigos procuravam a ordem perfeita nos céus. Quaisquer irregularidades, tais como eclipses ou o aparecimento de cometas, eram consideradas agourentas ou ameaçadoras. A precessão dos equinócios, se eles tivessem ciência dela, seria realmente perturbadora. Uma rotação aparente e diária das estrelas ao redor da Terra, num movimento que vai de leste para oeste, e a passagem observada do sol, da lua e dos planetas em direção ao leste durante todo o ano, eram familiares a eles. A precessão é um terceiro movimento, no qual os equinócios parecem se deslocar lentamente ao longo da eclíptica no sentido oposto ao curso do sol. Um circuito completo ao longo da eclíptica leva aproximadamente 26.000 anos. A mudança anual é tão pequena que é quase imperceptível. De acordo com a história convencional da ciência, uma mudança tão lenta não seria percebida antes da época de Hiparco. Mas não há razão empírica para se rejeitar a possibilidade de que os antigos sacerdotes-astrônomos anteriores a Hiparco pudessem tê-la reconhecido com base em observações sistemáticas transmitidas ao longo de várias gerações.[6]

Além disso, os autores sugeriram que a precessão foi utilizada para definir as grandes eras do mundo, que eram marcadas pela passagem aparente dos equinócios pelos signos do zodíaco. Há vários mitos a respeito de atos monstruosos infligidos por seres celestiais sobre seus companheiros e que poderiam estar ligados com o universo. Por exemplo, a história de Crono castrando seu pai Urano pode representar a separação entre a Terra e o Céu. Em muitas civilizações antigas, a inclinação da trajetória do sol com relação ao equador celeste era considerada evidência de algum desastre cósmico anterior. A mudança precessional do ponto equinocial de uma constelação para a seguinte (que dura aproximadamente 2.160 anos) também poderia ser considerada como uma alteração importante, e cada uma dessas mudanças anunciaria uma nova era para a humanidade. Os antigos acreditavam que o fim de cada era no ciclo precessional era precedido por inundações e incêndios cataclísmicos. Também se pensava que culturas passadas pertencentes a diferentes períodos equinociais exibissem mudanças de ênfase correspondentes, desde o motivo dos *Gêmeos Cósmicos* (Era de Gêmeos), passando pelo do *Touro* (Era de Touro), do *Carneiro* (Era de Áries), até o dos *Peixes* (Era de Peixes). Parece que, em cada era, os povos criavam um novo imaginário para antigas crenças. A próxima constelação equinocial será a de *Aquário* (o Portador de Água), mas ninguém sabe quando a "Era de Aquário" começará.

É possível que o mito esteja ligado com a observação prolongada das posições dos corpos celestes. Isso é especialmente verdadeiro no que diz respeito à precessão dos equinócios. Os mitos da criação se interessam basicamente pelo que veio antes do início de todo o ciclo precessional, mas eles também poderiam lidar com as "recriações" que ocorriam quando os equinócios movimentavam-se ao longo do zodíaco.

O quadro todo apresentado em *Hamlet's Mill* permanece especulativo, embora os autores tenham coletado um número impressionante de evidências para isso, o que merece cuidadosa atenção. Além disso, a interpretação astronômica do mito tem apenas importância secundária para a nossa abordagem. De acordo com nossa visão dos mitos da criação, eles originalmente derivaram de uma fonte mais profunda que a astronomia, e lidaram com o estado de coisas *anterior ao* surgimento de um mundo físico.

Os Mitos da Criação e a Cosmologia Científica Moderna

Os mitos da criação constituem-se em narrativas simbólicas que descrevem como o universo começou. Há uma ampla variedade de histórias da criação encontradas ao longo de todo o mundo (nem todas elas são *mitos* genuínos), e os antropólogos coletaram milhares delas. Elas estão classificadas de maneira variada, diferindo em qualidade e complexidade desde simples contos folclóricos a profundos poemas metafísicos. Mas os mitos que nós temos hoje são muito posteriores aos originais, e foram adaptados para se ajustar às condições das sociedades que se sucederam às primeiras. Ninguém realmente sabe quando ou onde apareceram os primeiros mitos da criação. Eles foram transmitidos oralmente desde o passado distante, antecipando-se aos nossos mais antigos registros sobreviventes. Os estudiosos não são capazes de estabelecer uma data confiável para sua origem e para as tradições que eles representavam. Os mitos sempre estiveram presentes, de uma maneira ou de outra, como partes permanentes da cultura humana. Muitos mitos da criação, além de apresentarem uma visão do princípio do universo, incorporaram lendas a respeito de seres sobrenaturais, elementos de história cultural, uma sucessão de eras do mundo, e, às vezes, até mesmo uma concepção do fim do mundo.

Os mitos tomam a forma de histórias porque a narrativa é um princípio ordenador indispensável quando lida com acontecimentos associados com o mundo psíquico. Mas os mitos não são meras ficções ou fantasias sem qualquer base na realidade. Embora não sejam literalmente verdadeiros, eles nos dizem muito a respeito de coisas que transcendem nossa experiência sensorial. Eles são encontrados com frequência num contexto religioso, mas isso nem sempre é essencial. A maioria das religiões contém um pivô interno que persiste apesar do seu fardo de rituais e interpretações doutrinárias. É por isso que os mitos são criados, que igrejas e templos são construídos e que hinos são cantados. As formas que eles recebem são tentativas humanas para preservar e transmitir realizações passadas, as quais de outro modo poderiam se perder. Qualquer pessoa pode inventar histórias sobre como o mundo começou: é o simbolismo que transforma uma história em um mito genuíno.[7] Os psicólogos afirmam que os mitos, assim como os sonhos, vêm da chamada "mente inconsciente". Há nisso um grão de verdade, contanto que nos lembremos de que essa expressão se refere àquilo de que *nós* somos normalmente inconscientes, e não ao inconsciente considerado como uma categoria ontológica fixa.

Os mitos da criação começaram como histórias a respeito da origem do universo, mas, à medida que se tornavam mais elaborados, eles também podiam incluir uma descrição do nascimento dos deuses e da humanidade.[8] Esses mitos são, portanto, parte da *cosmogonia*, que lida com as hipóteses referentes à origem e à evolução do universo. Qualquer visão especulativa desse tipo pode ser chamada de cosmogonia, seja ela um mito antigo ou um modelo científico recente; em qualquer dos casos, supõe-se que o universo teve uma origem única. No entanto, os mitos da criação não constituem explicações causais de como o universo passou a existir. Eles são, basicamente, maneiras de ensinar certas verdades a respeito do universo que não podem ser totalmente expressas com base na lógica ou na ciência. Esse fato responde pela existência dos mitos da "não criação", os quais negam que houvesse um início cósmico único, pois eles também revelam algo importante sobre o universo. Os mitos da criação genuínos utilizam símbolos que apontam para um domínio do ser, de natureza psíquica, o qual transcende o mundo físico. Eles descrevem o universo que emerge para fora desse domínio e que tem a capacidade de ampliar nossa compreensão a respeito das possibilidades da existência cósmica. Esses mitos lidam basicamente com a *face psíquica do universo*, situada além da face física.[9]

Atualmente, a cosmologia é desenvolvida como uma ciência física que utiliza uma multidão de instrumentos sofisticados para explorar o universo. A importância do mito não é nada clara para os cientistas que se empenharam nesse tipo de pesquisa. Porém, toda cultura antiga tinha uma visão do cosmos sacralizada nos mitos da criação, que foram compostos muito antes de a física e a astronomia se tornarem ciências exatas. Embora as histórias apresentem muitas variações em conteúdo e qualidade, há consistência em seus temas básicos. Os mitos da criação eram mais do que relatos pré-científicos sobre a origem do universo, uma vez que também lidavam com a história do mundo, a origem do homem e o desenvolvimento da sociedade humana. A emergência do universo remontava a uma fonte pré-cósmica divina; além disso, acreditava-se que o cosmos mítico tivesse um propósito. Esses mitos manifestavam um profundo interesse por questões referentes ao destino humano e enfatizavam a importância do homem como parte integrante do universo. Uma visão unificada do mundo potencializava os seres humanos para que vivessem vidas significativas em seu âmbito. Para realizar isso, utilizavam-se imagens simbólicas que deveriam despertar sentimentos apropriados a respeito do relacionamento da humanidade com o cosmos. Por essas vias, os mitos da criação revelavam aspectos do universo essenciais para uma compreensão completa da cosmologia.

Essa profundidade de entendimento não pode ser obtida sem se recorrer ao mito, uma vez que o universo *como um todo* não está aberto à inspeção direta. Concebê-lo como um objeto único, e não como uma associação elástica de coisas distintas, requer um constante esforço da imaginação. Para sermos honestos conosco, deveríamos reconhecer que o universo, em última análise, desafia uma explicação exclusivamente científica. Por exemplo, o modelo contemporâneo do *big-bang* não pode escapar da linguagem mítica por causa dos problemas relacionados com a singularidade presente no início das coisas. Essa teoria descreve a origem do universo como uma explosão de partículas elementares que emergiram espontaneamente de um vácuo virtual. A formação de átomos, de estrelas e de galáxias ficou sujeita ao esfriamento termodinâmico enquanto o universo se expandia. Para a ciência, a vida é uma combinação acidental de moléculas em um planeta dotado das condições exatamente favoráveis para o seu desenvolvimento, e a existência humana não tem nenhum propósito cósmico. O valor da vida é reduzido a uma adaptação bem-sucedida de indivíduos ou grupos de indivíduos em luta instintiva pela sobrevivência. No final, presume-se que o universo esteja condenado a uma morte térmica definitiva, da qual nada pode escapar. Todo o processo é concebido como uma interação de forças físicas cegas contra um pano de fundo de vazio espacial.

Visões como essa são amplamente aceitas nos dias de hoje, o que nos leva a perguntar por quanto tempo uma cultura pode se manter por si só com base em tal "história da criação". Também não se pode afirmar que a ciência comprovou que tudo isso é verdadeiro. A ciência moderna não é capaz de responder por suas próprias suposições, uma vez que ela negligencia atribuir ao mito um papel digno de crédito em sua visão de mundo predominante. Ela não pode oferecer um mito verdadeiro para as pessoas porque lhe falta o sentido de um propósito transcendente além das exigências necessárias para a sobrevivência humana.

A situação está se tornando mais crítica à medida que a ciência se aproxima cada vez mais da confirmação da teoria do *big-bang*. Independentemente da forma final que essa teoria adote, é difícil ignorar o número crescente de evidências de que o universo físico como nós o conhecemos não existiu desde sempre. A ideia de uma origem cósmica é admitida como uma certeza pelos mitos da criação. Para muitos mitos, esse fato não tem mais importância do que qualquer outro início que houvesse ocorrido no decurso do tempo. A importância mítica das origens reside na sugestão de que tudo deriva de uma fonte transcendente que precedeu o aparecimento do mundo atual. As conexões entre essa fonte e a organização subsequente do cosmos são desenvolvidas de diferentes maneiras em vários mitos, mas, no final, o objetivo é o de colocar o homem dentro de um arcabouço cósmico significativo. Muitos mitos começam com um caos primordial de onde o cosmos emanou como resultado da pressão de forças ativas dentro dele. Em alguns mitos, o próprio caos é explicado com base em princípios mais profundos. O caos, mesmo que ele não tenha forma própria discernível, atua como um grande útero, ou matriz, que contém as sementes de todas as coisas. Em algum momento da história, os deuses podem nascer para superar as forças reacionárias do caos e estabelecer a ordem do universo. A implicação disso no mito é que os seres humanos deveriam lutar para se unir com os deuses e partilhar dos frutos de uma vitória divina final.

Teorias do Mito

A moderna ciência da mitologia começou no século XIX, quando estudiosos ocidentais se interessaram seriamente, pela primeira vez, por uma grande variedade de mitos encontrados em diferentes culturas ao redor do mundo. Esses mitos iam desde as histórias simples narradas em sociedades primitivas, passadas e presentes, até as de culturas mais altamente desenvolvidas, que ainda estavam em contato com suas antigas tradições. Os primeiros mitólogos estavam basicamente interessados nas origens do mito, que eles tentavam entender com base em um modelo evolutivo derivado das concepções cada vez mais populares de Darwin na biologia. Para eles, os mitos eram remanescentes obsoletos das tentativas do homem primitivo para explicar o mundo ao seu redor. Estudiosos como Max Müller e Sir James Frazer desenvolveram teorias elaboradas ao longo dessas linhas. Seu método era comparativo, uma vez que eles esperavam encontrar uma chave universal para entender os mitos. As ligações entre mito, ritual e magia foram exploradas, e elaboradas teorias foram construídas para se explicar o que fora descoberto. Esses estudiosos ignoravam completamente as pressuposições e preconceitos culturais que estavam introduzindo inconscientemente em seu trabalho. No entanto, suas concepções têm mérito quando convenientemente integradas num quadro abrangente do mito.

No século XX, os mitólogos se afastaram de um interesse literário pela origem dos mitos e passaram a investigar como os mitos tinham o propósito de funcionar na sociedade. Isso exigiu muito trabalho de campo, no qual os antropólogos abandonavam a própria rotina e iam viver nas sociedades tradicionais sobreviventes que eles queriam estudar. Eles criticavam os estudiosos que os precederam pelo fato de eles apenas especularem sobre mitos com base na leitura em vez de empreenderem estudos empíricos em seu ambiente vivo. O resultado disso foi um preconceito fortemente antropológico no estudo acadêmico do mito. Além disso, esse estudo gerou uma multidão de novas teorias a respeito da estrutura e do propósito dos mitos, muitos deles acentuadamente conflitantes uns com os outros. Há hoje uma ampla variedade de teorias, incluindo interpretações *sociológicas* (Durkheim), teorias *psicológicas* (Freud e Jung), teorias *não psicológicas*, como o "estruturalismo" (Lévi-Strauss), e a abordagem da "história das religiões" (Eliade). Independentemente de sua sofisticação, essas teorias não captaram a essência do mito da criação como um tipo de pensamento cosmológico. Isso pode ter como causa sua falta de familiaridade (talvez mesclada com desdém) com a consciência cósmica, a qual seria com certeza estranha aos métodos utilizados em seus estudos. Porém, é exatamente aqui que pode estar a chave para se entender os mitos da criação.

O problema inerente à erudição mitológica é o fato de que ele é, em grande medida, um estudo externo do mito. Os eruditos registraram um grande número de mitos, mas a mera riqueza de todo esse material dificulta a descoberta de um fio unificador capaz de trazer ordem a esse assunto como um todo. É útil catalogar os mitos de acordo com diferentes motivos (como faz, por exemplo, a magistral compilação de Stith Thompson, *Motif-Index of Folk Literature*), ou classificar os mitos da criação em tipos gerais que negligenciam seus contextos culturais diversificados. Todo esse trabalho tem importância inestimável para o uso de estudiosos acadêmicos, mas tem pouco valor para não profissionais que carecem de interesse e de treinamento para tirar dele o devido proveito. É uma pena, uma vez que o mito se destinava historicamente a exercer um impacto direto e poderoso sobre a maneira como as pessoas efetivamente vivem. O estudo científico do mito não pode desempenhar esse papel, pois as suposições que governam tal estudo são basicamente intelectuais, e não míticas. Até recentemente, a única voz que se voltou publicamente contra essa inadequação do estudo erudito do mito foi a de Joseph Campbell.

Por muitos motivos, Campbell teve uma vida extraordinária, que é adequadamente caracterizada como uma "Jornada do Herói".[10] Ela ilustrou o conselho que ele deu a outras pessoas ao lhes dizer "sigam sua felicidade". Depois de dedicar vários anos ao estudo das literaturas medieval e romântica, tanto na América do Norte como em outros países, ele decidiu não fazer um doutorado. Em vez disso, se empenhou em uma odisseia intelectual pessoal que finalmente o levou a ocupar um posto de professor no Sarah Lawrence College, em Nova York. Ele permaneceu aí durante 38 anos, até se aposentar. Durante esse tempo, introduziu um curso popular sobre mitologia comparativa no qual os mitos eram utilizados como modelos para se entender o mundo. Além de escrever muitos livros, ele editou as notas de conferências de Heinrich Zimmer, proeminente estudioso do pensamento indiano, que morreu sem completá-las para publicação. Campbell afirmou que tinha uma profunda dívida para com Zimmer pelo seu método de interpretar livremente os símbolos do mito a fim de trazer significado à vida pessoal. Campbell concebia os mitos como imagens que afirmavam a vida, que encorajavam uma perspectiva positiva do mundo e circundavam a vida cotidiana com uma aura de transcendência. Ele seguiu seu próprio caminho em face da crescente crítica acadêmica, despertando um interesse difundido pela mitologia por meio dos seus numerosos livros, aparecimentos na televisão e seminários.

Em um de seus livros, *Myths to Live By*,* ele afirmou sucintamente sua visão sobre a natureza dos mitos:

> Eles estão nos contando, na linguagem das imagens, sobre os poderes da psique, para que sejam reconhecidos e integrados na nossa vida, poderes que sempre foram comuns ao espírito humano, e que representam essa sabedoria da espécie por meio da qual o homem venceu os milênios. Desse modo, eles não foram, e nunca poderão ser, destituídos pelas descobertas da ciência, que se relacionam, em vez disso, com o mundo externo e não com as profundezas onde ingressamos durante o sono.[11]

Como se pode ver, sua abordagem do mito é basicamente psicológica. Embora não fosse um discípulo, no sentido estrito, do psicólogo suíço Carl Jung, sua orientação é junguiana. Jung supôs a existência de um "inconsciente coletivo" que é comum a todos os seres humanos independentemente de sua cultura. Ele afirmou que o inconsciente coletivo contém certos padrões, chamados "arquétipos", que aparecem em sonhos e no mito. Esses

* *Para Viver os Mitos*, publicado pela Editora Cultrix, São Paulo, 1997.

arquétipos podem influenciar o comportamento de uma pessoa quando sobem à tona da consciência. Mas essa não é a única maneira de se interpretar o mito e Campbell nunca conclui que ela o é. Em vez disso, parece que ele a concebe como a maneira mais adequada de se fazer essa interpretação, e, portanto, por que não lançar mão dela?

Uma crítica mais séria afirma que Campbell oscila entre duas diferentes abordagens do mito. Numa delas, ele interpreta o mito como *psicológico*, funcionando apenas como um meio de ajustar a vida interior de uma pessoa às demandas do mundo que a cerca e no qual ela vive. Na outra, que é *metafísica*, ele concebe o mito como reflexo de uma realidade psíquica que transcende o mundo físico.[12] De algum modo, ele é negligente com relação ao metafísico, preferindo enfatizar a interpretação puramente psicológica no corpo da sua obra. Mas uma visão mais ampla da cosmologia mítica sugere que uma nítida diferenciação entre as interpretações psicológica e metafísica do mito é desnecessária. Isso porque, se nós aceitarmos a Consciência como a realidade essencial, ambas as interpretações se fundirão numa só.

Duas questões gerais, refletidas, mas de modo algum resolvidas, nos escritos de Campbell, acompanham nossas atuais preocupações. Uma delas está relacionada com a diferença entre um ponto de vista universalista e um relativista, e a outra aos méritos de uma interpretação simbólica *versus* uma interpretação literal do mito. Campbell era um universalista com relação ao mito, enfatizando semelhanças encontradas nos mitos, e não suas diferenças. No entanto, estudos sobre a distribuição dos mitos sugerem que não existe um mito universal, um mito que esteja presente em todas as culturas. Por isso, em sua maior parte os antropólogos que estudam mitos são relativistas culturais incorrigíveis. Eles afirmam que as diferenças entre os mitos ultrapassam em importância as semelhanças que os universalistas tendem a encontrar neles. No entanto, há paralelismos entre os mitos (especialmente entre os mitos da criação) que lhes permitem ser classificados em tipos gerais. Mesmo que esses tipos difiram entre si, eles sugerem que há algumas semelhanças entre os mitos, pelo menos no âmbito de uma dada classe.

Aqueles que apoiam teorias universalistas precisam explicar por que os mesmos mitos deixam de aparecer em todas as culturas. Duas teorias proeminentes a respeito disso são a da difusão e a da unidade psíquica. Na teoria da *difusão*, afirma-se que os mitos se originaram em alguns centros de alta civilização e em seguida se espalharam de uma cultura para outra, sempre retendo certas características essenciais. Uma extensão dessa ideia afirma que os mitos centrais, como os mitos da criação, constituem diferentes versões de uma antiga doutrina que se corrompeu no decurso do tempo. No entanto, a difusão não explica como os mitos surgiram em sua pátria original. A teoria da *unidade psíquica* remonta as semelhanças encontradas nos mitos a alguma coisa inerente à psique humana (por exemplo, o inconsciente coletivo), ou então à estrutura psíquica universal da realidade.

A outra questão que nos interessa é a de saber se uma abordagem literal ou simbólica dos mitos é ou não a maneira correta de entendê-los. Isso levanta a questão de como os mitos devem ser interpretados. Devemos procurar uma explicação racional dos textos disponíveis ou uma visão mais intuitiva e mística seria mais apropriada? Se a teoria psicológica dos arquétipos estiver correta, então é preferível uma interpretação mística e simbólica, pois os arquétipos pertencem ao inconsciente coletivo. De acordo com Jung, eles jamais poderão se tornar totalmente conscientes, e desse modo não podem ser objetos de análise racional.[13] Por outro lado, há tratamentos do mito que afirmam ser ele, ao mesmo tempo, literal e suscetível a uma explicação racional. Bronislaw Malinowski, um antropólogo pioneiro, rejeitava a ideia de que o mito é simbólico. Ele pensava que o mito fosse uma explicação literal de costumes e práticas sociais.[14] Mircea Eliade, um estudioso da história das religiões, vai mais longe ao afirmar que o mito representa "história sagrada"; nesse sentido, ela também deveria ser tomada literalmente. Ele acreditava que o mito é uma parte permanente da consciência humana refletindo uma realidade que transcende o mundo mundano (ou "profano"). As instituições, a moralidade e a cultura de uma sociedade são, portanto, dependentes de uma história sagrada compartilhada e não podem ser entendidas separadamente dela.[15] Aqui, mais uma vez, sem nos comprometermos totalmente com a teoria dos arquétipos de Jung ou com a maneira como Eliade entende a história sagrada, ficaremos com a visão segundo a qual o mito se refere a um mundo psíquico transcendente que é mais bem descrito em imagens simbólicas. Essa visão é ilustrada pela interpretação do Rig Veda por Sri Aurobindo.

A Interpretação do Rig Veda por Sri Aurobindo

Uma profunda concepção do mito se encontra na abordagem, por Sri Aurobindo, do *Rig Veda* da antiga Índia.[16] Esse Rig Veda é uma coleção de mais de mil hinos endereçados a vários deuses e deusas. Eles foram compostos para acompanhar um sacrifício do fogo, que constituía o ritual central da antiga religião védica. Alguns estudiosos remontam os hinos aproximadamente ao ano 1500 a.C., mas outros acreditam que eles provêm de um período muito mais antigo. Embora Sri Aurobindo esteja preocupado principalmente com o Rig Veda como a fonte da cultura indiana, ele observa que esses hinos são representativos de desenvolvimentos em outros lugares:

> Ora, na antiga Europa as escolas de filosofia intelectual foram precedidas pelas doutrinas secretas dos místicos; os mistérios órficos e os mistérios de Elêusis prepararam o rico terreno de mentalidade do qual emergiram Pitágoras e Platão. Um ponto de partida semelhante é, no mínimo, provável para a marcha do pensamento que ocorreu mais tarde na Índia. De fato, grande parte das formas e símbolos de pensamento que encontramos nos Upanishads, grande parte da substância dos Brahmanas supõem um período na Índia no qual o pensamento tomou a forma ou o véu de ensinamentos secretos, tais como os dos mistérios gregos.[17]

Ainda não se sabe até quão longe no tempo o período védico se estende. A explicação clássica de uma invasão ariana que ocorreu por volta de 1500 a.C., subjugando os povos drávidas nativos, se mostra cada vez mais improvável à luz de recentes evidências arqueológicas. Há uma forte possibilidade de que o *Rig Veda* represente uma alta civilização que existia no norte da Índia em tempos pré-históricos; é possível que os arianos fossem efetivamente uma cultura nativa que habitava lado a lado com os outros elementos da sociedade.[18] Essa visão estaria mais de acordo com o *status* preeminente atribuído à sabedoria espiritual da tradição védica do que com a teoria de que os hinos foram compostos por tribos nômades invasoras com uma religião primitiva de culto da natureza.

No século XIX, estudiosos europeus começaram a manifestar um interesse crítico pelo Rig Veda. Eles interpretaram os hinos como produtos de um culto supersticioso dos fenômenos da natureza (tais como o sol, a chuva, o trovão e a aurora), personificados como deuses por um povo primitivo. A erudição indiana tradicional, representada pelo comentarista védico Sayana, não se saiu muito melhor. Sayana entendeu o Rig Veda do ponto de vista dos ritos sacrificais. Ele tentou descobrir a natureza do sacrifício védico e fazer um relato completo das cerimônias realizadas nele. Mas nenhum desses pontos de vista explica o *status* supremo atribuído ao Rig Veda como o fundamento da cultura indiana. No entanto, para Sri Aurobindo, o Rig Veda ("Conhecimento") é a expressão de realizações espirituais, relatando o conhecimento da Verdade suprema vivenciada pelos antigos videntes poetas (rishis ou kavis). Ele afirmou que um exame psicológico cuidadoso dos hinos revelaria o íntimo "segredo do Rig Veda", que fora ocultado do profano:

> A hipótese que eu proponho é a de que o Rig Veda é, em si mesmo, o único documento considerável que nos restou do período antigo do pensamento humano do qual os mistérios de Elêusis e os mistérios órficos foram os remanescentes históricos debilitados, quando o conhecimento espiritual e psicológico da raça foi ocultado, por razões que são hoje difíceis de se determinar, em um véu de figuras concretas e materiais e de símbolos que protegiam o sentido contra o profano e o revelavam aos iniciados.[19]

Essa hipótese de um duplo significado no Rig Veda é a base de sua abordagem dos hinos.

A visão de Sri Aurobindo é resultado de se examinar atentamente a linguagem dos hinos com uma mente aberta, não obstruída por teorias eruditas anteriores, das quais ele estava bastante ciente. Isso foi suplementado pelos instintos de um grande poeta e vidente. Ele sustenta que:

> Um dos principais princípios dos místicos era a sacralidade e o segredo do autoconhecimento e do verdadeiro conhecimento dos Deuses. Essa sabedoria era, conforme eles pensavam, inadequada, e talvez até mesmo perigosa, para a

> mente humana comum ou, em qualquer caso, estava sujeita à perversão, ao mau uso e à perda da virtude se fosse revelada a espíritos vulgares e impuros. Consequentemente, eles favoreceram a existência de um culto externo, efetivo, mas imperfeito, para o profano, e uma disciplina interna para o iniciado, e revestiram sua linguagem com palavras e imagens que tinham, igualmente, um sentido espiritual para o eleito e um sentido concreto para a massa dos crentes comuns.[20]

Um moderno estudioso do Rig Veda precisa, portanto, tentar descobrir o "sentido dos símbolos védicos e das funções psicológicas dos deuses".[21] Nesse caso, o sacrifício védico torna-se um veículo para o crescimento espiritual presidido pelos deuses. O homem, por intermédio de sua auto-oferenda, atualiza dentro de si as qualidades divinas, adquirindo dessa maneira os meios para viver uma vida mais opulenta sobre a Terra. O ritual sacrifical era entendido pelos Videntes como o símbolo externo de um processo psicológico profundo. Seu significado central era o de *uma jornada interior* até o lar dos deuses, na qual o executor do sacrifício oferece a si mesmo, juntamente com suas obras e realizações, a fim de obter uma verdade superior e um deleite mais intenso da existência. Nas palavras de Sri Aurobindo:

> A obra do ariano é um sacrifício que, ao mesmo tempo, é uma batalha, uma ascensão e uma jornada, uma batalha contra os poderes da escuridão, uma ascensão aos picos mais elevados da montanha além da terra e do céu e para dentro do Swar [o céu luminoso da Verdade divina], uma jornada até a outra praia dos rios e do oceano para dentro do mais longínquo Infinito das coisas... A existência superior é o divino, o infinito do qual a Vaca resplandecente, a Mãe infinita, Aditi, é o símbolo; a inferior está sujeita à sua forma negra, Diti. O *objeto* do sacrifício consiste em ganhar o ser superior ou divino, e exercer posse com ele, e sujeitar à sua lei e à sua verdade a existência inferior ou humana.[22]

De acordo com essa interpretação, os deuses do Rig Veda são os poderes e as personalidades da suprema Realidade una que se manifesta no universo em formas variadas. Por exemplo, no famoso "Hino da Criação" (*Rig Veda*, 10.129), "Esse Um" (*Tad Ekam*) ingressa deliberadamente na existência cósmica por meio de uma maciça concentração de força espiritual (*Tapas*); as energias liberadas nesse processo resultam no aparecimento de um mundo ordenado. A característica essencial do universo manifesto é o *Rita* (Ritam), a que Sri Aurobindo se refere como "quase a palavra-chave de qualquer interpretação psicológica ou espiritual" do Rig Veda.[23] *Rita* é a Retidão, a imensa Verdade do ser, sobre a qual todo o cosmos se baseia. É o aspecto objetivo da consciência cósmica e pode, portanto, ser traduzido como a Ordem Cósmica, ou Harmonia Cósmica; enquanto Lei Eterna, ela regula a atividade correta no mundo.[24] Os conceitos hinduístas posteriores de *karma* (ação) e *dharma* (lei) representam seus principais aspectos. *Rita* também governa o sacrifício védico, sustentando as relações recíprocas apropriadas entre os deuses e o homem. Portanto, a interpretação do Rig Veda por Sri Aurobindo é, ao mesmo tempo, psicológica e metafísica; ela fornece a chave não apenas para o segredo do Rig Veda, mas também para um entendimento mais profundo dos mitos da criação, pois a criação pode ser considerada como um *Sacrifício Supremo* por meio do qual o Uno se torna fragmentado nos Muitos, sem perder sua unidade essencial. Ao fazer isso, ele pode experimentar o deleite da existência múltipla em um universo manifestado por sua própria natureza. Porém, um aspecto posterior do mito, encontrado no Rig Veda e em outros lugares, merece ênfase – o papel da Grande Mãe no processo criativo.

A Grande Mãe e o Mito da Criação

Os mitos mais antigos podem pertencer a culturas pré-históricas que cultuavam uma Deusa como a fonte original de todas as coisas. Ela foi identificada com a Natureza em geral e com a Terra em particular. Toda cultura no mundo antigo a reconhecia sob uma forma ou outra. Enquanto Grande Mãe, ela deu à luz o Universo ou os deuses menores que em seguida prosseguiram na tarefa de moldá-lo; ela adota todos os seres como seus filhos e os nutre até a maturidade. No Rig Veda, ela aparece como *Aditi*, a infinita Mãe dos Deuses, que no hinduísmo posterior se tornou *Mahādevī* (Grande Deusa), o divino feminino manifesto em mil formas de deusas. Ela é *Shakti*

(Força Divina), que salva o mundo repetidas vezes quando invocada para subjugar os poderes negros que o ameaçam. Os gregos a conheciam sob muitos aspectos. Entre os mais antigos estava *Gaia* (Terra) e *Réia* (o Fluir), uma vez que ela estava associada com as águas da criação. Esse tema também se encontra nos primitivos mitos da criação do Oriente Próximo, onde as águas aparecem como *Tiamat* na Mesopotâmia e *Nun* no Egito, ambas significando um oceano primordial de onde surgiu o mundo. Mais tarde, ela tomou as formas de *Ísis* no Egito, de *Inanna* na Suméria, de *Astarte* na Fenícia e de *Ishtar* na Babilônia, mas os homens não entenderam os caminhos da deusa e aviltaram-na em seus ritos. Na antiga Pérsia, ela era conhecida como *Amrita* (a Pura) e estava associada com as águas cósmicas primordiais. Para os romanos ela era *Cibele*, a Magna Mater, cuja ascendência pode ser remontada até a selvagem Deusa da Montanha da antiga Anatólia. Os gnósticos a chamavam de *Sofia* (Sabedoria) e os cabalistas de *Shekinah* (Glória que Habita o Interior); no cristianismo, ela aparece como *Maria*, a Mãe de Deus. O budismo Mahayana a considera como *Prajñāpāramitā* (a Perfeição da Sabedoria) e *Tārā*, a Divina Salvadora. A China a venera como *Kwan Yin*, a Deusa da Misericórdia. Filosoficamente, ela é a Natureza Universal, *Natura naturans* (a Natureza procriadora), e a causa imanente de todas as coisas (Espinosa).

Há uma extensa literatura disponível sobre a Deusa e suas raízes culturais.[25] Seu culto é muito antigo; de acordo com uma teoria, ela precedeu o aparecimento de bélicas tribos nômades que fundaram as sociedades patriarcais da Idade do Ferro. Essas sociedades foram responsáveis pela reelaboração dos mitos anteriores da Deusa para que refletissem sua própria veneração de um deus da guerra masculino associado com o céu. Muitas das deusas subordinadas que foram incluídas em seus panteões eram originalmente aspectos da Deusa única, ou Grande Mãe. No século XIX, o estudioso suíço Johann Jacob Bachofen desenvolveu a teoria de um estágio primitivo da cultura matriarcal que existia antes da reorganização patriarcal da sociedade; esse estágio foi seguido pelo declínio gradual do culto da Deusa.[26] Sua teoria foi recentemente revitalizada e consideravelmente elaborada por escritores feministas que viram nela uma justificativa de sua luta pelos direitos das mulheres. Independentemente das questões sociais e políticas envolvidas nesse conflito, é óbvio que o *status* da Deusa sofreu com a concepção exclusivamente masculina de Deus que predominava nas religiões monoteístas.

Evidências que apoiam a crença na Deusa na "Velha Europa" foram reunidas pela notável arqueóloga Marija Gimbutas, cujas obras tiveram uma importância seminal para uma renovação do interesse sobre o assunto. Essas evidências estão apinhadas de uma multidão de detalhes arqueológicos, que são interpretados com base em sua teoria das invasões Kurgan vindas das estepes da Ásia.[27] O material que ela descobriu em suas pesquisas sustenta a visão de uma sociedade pré-histórica igualitária que existiu na Europa, mas essa visão ainda não é conclusiva e encontra muitos críticos nos círculos acadêmicos. Embora tenha sido denegrida por muitos, em parte por causa do papel proeminente que ele atribui ao feminino na criação, o culto da Deusa está vivo e cresce atualmente. Como as evidências tangíveis são escassas, os especialistas diferem em sua avaliação da interpretação de Gimbutas a respeito do papel central da Deusa nas antigas culturas. Antes do advento da escrita, os mitos foram transmitidos oralmente durante muitos milênios. Por volta da época em que se passou a manter registros escritos, sua forma original pode ter desaparecido desde muito tempo antes. No entanto, há sugestões da Grande Mãe nos mitos da criação de que dispomos atualmente, pois ela aparece sob forma disfarçada em muitos deles. Isso ficará evidente na próxima seção, onde são examinados alguns mitos da criação típicos.

Tipos de Mitos da Criação

Os mitos da criação podem ser classificados e categorizados de diferentes maneiras. Cada classificação tem seus méritos, mas não estamos interessados em uma tipologia exaustiva. Em vez disso, escolhemos alguns mitos para ilustrar várias visões sobre a criação que tiveram influência na cosmologia mítica. Além disso, vamos nos concentrar nessa parte da história que descreve como o universo inicialmente passou a existir. Esse processo é inteiramente psíquico, mas também implica o fato de que seu resultado último será o aparecimento do mundo físico. Não é essencial que o universo tivesse efetivamente um início no tempo, uma vez que o tempo mítico (que pode ser cíclico ou espiralado) não é a mesma coisa que o tempo físico, o qual é linear. Sob as condições apropriadas, é até mesmo concebível que o tempo possa desaparecer retornando à condição pré-cósmica da qual emergiu. O mito, embora expresso com base em elementos temporais, parece dizer algo a respeito de uma "Origem" que transcende completamente o tempo. A Origem para a qual nossa atenção está dirigida é eterna e, por isso, está presente em todos os tempos. Onde a ciência falha em descobri-lo, o mito revela sua presença permanente no universo. São utilizados diferentes símbolos que exibem uma notável semelhança, sugerindo a possibilidade de uma chave universal para se entender os mitos da criação. No entanto, essa chave é esquiva.[28]

Examinaremos quatro tipos de mitos da criação: a criação por Deus, a retirada divina, a emergência a partir do caos e os ciclos cósmicos. Cada tipo é ilustrado por um mito tirado de uma das principais tradições culturais. Eles representam diferentes maneiras de se considerar os princípios psíquicos do universo. Tenha em mente que o processo criativo é anterior ao tempo físico. Embora a forma narrativa do mito geralmente comece em um instante definido, isso não precisa significar que a criação (ou manifestação) esteja restrita a esse instante, uma vez que ele pode se estender ao longo de todo o âmbito do tempo (veja o Capítulo VII).

A Criação por Deus

> No princípio, criou Deus os céus e a terra. (2) A terra, porém, era sem forma e vazia; havia trevas sobre a face do abismo, e o espírito de Deus pairava por sobre as águas. (3) E disse Deus: Haja luz; e houve luz. (4) E viu Deus que a luz era boa; e fez separação entre a luz e as trevas. (5) Chamou Deus à luz Dia e às trevas Noite. Houve tarde e manhã, o primeiro dia. (6) E disse Deus: Haja firmamento no meio das águas e separação entre águas e águas. (7) Fez, pois, Deus o firmamento e separação entre as águas debaixo do firmamento e as águas sobre o firmamento. E assim se fez. (8) E chamou Deus ao firmamento Céus. Houve tarde e manhã, o segundo dia.[29]

Por causa de sua difundida familiaridade, nosso primeiro exemplo foi extraído da história bíblica em Gênesis 1-2:3. Muitos estudiosos acreditam que ele foi inserido na Bíblia depois do retorno dos israelitas do seu cativeiro na Babilônia. Eles geralmente o distinguem do relato mais antropomórfico em Gênesis 2:4-23. Nessa versão mais antiga, Deus (*Yahweh*) parece derivar do deus-céu, masculino cultuado por antigas tribos guerreiras. Ele caminha sobre a Terra e conversa com Adão, o primeiro homem, que ele moldou com "o pó do chão". De acordo com essa história, a mulher foi criada depois do homem, e quase como uma segunda reflexão. A versão posterior, onde Deus (*Elohim*) é mais remoto e impessoal, é o mais elaborado mito da criação que há na Bíblia. Chamar o Gênesis de mito pode parecer singular, uma vez que ele foi incorporado num extenso arcabouço teológico que o considera literalmente como uma verdade divinamente revelada. Porém, ele está decorado com a influência de tradições mitológicas vindas da Mesopotâmia e de outros lugares.

A história no Gênesis 1-2:3 é mais intelectual do que outras, sugerindo que materiais míticos anteriores foram minuciosamente trabalhados por sacerdotes e escribas. Em particular, ela contém traços de ideias babilônicas sobre o mundo emergindo de um caos aquoso. Embora os teólogos tenham interpretado o Gênesis afirmando que Deus havia criado o universo *ex nihilo*, as referências ao "abismo" e às "águas" (1:2) parecem indicar algo que precede a criação. No primeiro versículo, somos informados de que "criou Deus os céus e a terra", mas a criação das águas não é mencionada. A água é um símbolo mitológico fundamental que pode ser remontado ao culto da Grande Mãe como a criadora fundamental do mundo. As águas primordiais do mito estavam geralmente associadas com qualidades femininas, possivelmente por causa da relação percebida com os fluidos amnióticos do nascimento. Na mitologia hindu, dizia-se que eles consistiam em leite – outra conexão com o imaginário da Grande Mãe.

Uma característica enigmática da história do Gênesis está no fato de que a luz é criada antes do sol e das estrelas (1:3). Isso é difícil de se entender, a menos que se refira a um processo psíquico que teria ocorrido antes do nascimento do universo físico. Esse processo, que chamamos de cosmogênese, é o cerne de muitos mitos da criação. Em Gênesis 1:4-5 esse mito é desenvolvido ainda mais, pois se diz que Deus "fez a separação entre a luz e as trevas", e chamou a luz de "Dia" e as trevas de "Noite". Esse simbolismo é semelhante ao de outros mitos nos quais os fenômenos da noite e do dia, das trevas e da luz, desempenham um papel essencial na história, mas eles são termos relativos, que podem ser entendidos de diferentes maneiras. Para os místicos, escuridão significa luz em um nível de existência superior e, inversamente, a luz em nosso nível é vista como escuridão.[30] Nesses versículos, a escuridão pode se referir ao ser não manifesto de Deus, que permanece oculto de nós; a luz então representaria a primeira manifestação do cosmos psíquico, do qual o mundo físico derivou. A sugestão de uma separação, ou fronteira, entre opostos também é importante em muitos outros mitos da criação. Ela reaparece em Gênesis 1:6-8 como o firmamento (ou céu) que divide as águas acima das águas abaixo dele.

O restante da história narra os atos de Deus modelando a Terra, preenchendo os céus com "luzes", produzindo criaturas vivas e criando o homem à sua própria imagem.[31] De um ponto de vista cosmológico, esses detalhes são secundários; em muitos mitos, eles são deixados a cargo de deuses menores. Naturalmente, há outras maneiras de se interpretar o Gênesis, mas é claro que ele pode ser tratado como mito. Uma vantagem de se fazer isso é o fato de que nós podemos então ver paralelismos com outros mitos da criação. Não obstante as diferenças entre culturas, há semelhanças notáveis em seus padrões de pensamento a respeito da criação. As imagens das águas primordiais, da noite e do dia, das trevas e da luz, são comuns entre eles. No entanto, os mitos que serão considerados a seguir contrastam acentuadamente com o Gênesis. O primeiro deles oferece uma percepção mais profunda da perspectiva bíblica, o segundo oferece uma visão da emergência a partir do caos e o terceiro apresenta a concepção de ciclos cósmicos.

Retirada Divina

> No princípio da criação, quando Ain Soph retirou sua presença de toda a parte em todas as direções, ele deixou um vácuo no meio, circundado de todos os lados pela luz do Ain Soph, vazio precisamente no meio ... Ao descer dentro do vácuo, ele o transformou em uma massa amorfa, circundada em todas as dire-

ções pela luz do Ain Soph. Para fora dessa massa emanaram os quatro mundos: emanação, criação, formação e realização (ou ação). Pois em seu simples desejo de realizar sua intenção, o emanador reiluminou a massa com um raio da luz que se retirou de início – não toda a luz, pois se toda ela tivesse retornado, o estado original teria sido restaurado, o que não era a intenção.[32]

Uma versão esotérica do Gênesis pode ser encontrada nas especulações cabalísticas referentes à relação entre Deus e o mundo que ele criou. Por exemplo, Isaac Luria, místico de Safed do século XVI, desenvolveu a ideia de uma contração intencional (*tzimtzum*) do Infinito (*Ain Soph*) para dentro de si mesmo. Esse "Deus além de Deus" é um abismo absoluto, a realidade ilimitada e insondável que está além e dentro de todas as coisas. Portanto, sem limitar sua própria infinitude, nada poderia passar a existir. Somente algum tipo de autolimitação poderia restringir o Infinito. Nesse mito, a contração não é entendida como concentração em um único ponto, mas como retirada ou retração *a partir de* um ponto. Desse modo, foi deixado espaço para que o universo passasse a existir. Foi necessário que um espaço primordial (*tehiru*), ou "vácuo", fosse estabelecido, no qual a criação poderia prosseguir. Esse espaço não é o "nada" da teologia bíblica, que está fora de Deus, mas um lugar criado *dentro* de Ain Soph, onde o universo poderia passar a existir. Ele não é completamente vazio, pois um "aroma" do Divino permanece nele.

A retirada divina foi seguida pela emanação de um único raio de luz para dentro do espaço, onde ele se tornou a "massa amorfa" mencionada na citação acima. A dupla atividade – retirada e emanação – é comparável com a inalação e a exalação da respiração. É o dinamismo subjacente a todos os processos cósmicos. O primeiro ser a emergir da luz divina foi *Adão Kadmon*, o Homem Primordial, que abrange toda a humanidade. Ele é o arquétipo humano andrógino, um princípio macrocósmico (e microcósmico) que incorpora as dez *sephiroth*, ou emanações divinas. As *sephiroth* estão associadas com os vários nomes e atributos de Deus. Elas podem ser visualizadas como globos de luz separados e ligados por uma rede de linhas ou "caminhos". Originalmente contidas no raio inicial, mais tarde elas se arranjaram na forma de *Adão Kadmon*. À medida que a criação prosseguia, elas se diferenciavam mais e adquiriram vasos translúcidos próprios. No entanto, nesse estágio primitivo, elas eram simplesmente concentrações de luz que não precisavam de vasos especiais para contê-los.

Quatro mundos emanaram da massa central, agora identificada com *Adão Kadmon*: *Atziluth* (Emanação), *Beriah* (Criação), *Yetzirah* (Formação) e *Asiyyah* (Realização). Às vezes, eles são imaginados como esferas concêntricas que definem a estrutura do universo cabalístico. *Atziluth* é o mais espiritual dos quatro, e está mais próximo da fonte de luz. *Beriah* é o seguinte, e contém as formas mentais que organizam os fenômenos dos mundos inferiores. Em *Yetzirah*, as energias criativas tornam-se forças vitais fluidas que procuram corporificação no quarto mundo das coisas materiais (*Asiyyah*). Mesmo aqui há uma luz orientadora, a *Shekinah*, ou presença da Mãe Divina, que habita o interior deste mundo caído. Todos esses mundos estão cheios de seres de sua própria espécie, tais como anjos e arcanjos. Portanto, o universo físico é apenas uma parte de uma extensa rede de mundos de natureza psíquica que penetram uns nos outros e interagem uns com os outros. À medida que eles descem de *Atziluth*, a diferenciação aumenta e há um espessamento da sua substância.

As *sephiroth* aparecem em todos os mundos, e sua força diminui em cada mundo sucessivo; em seu estado mais puro, elas residem no mundo de *Atziluth*. *Kether* (Coroa), *Chokmah* (Sabedoria) e *Binah* (Entendimento) são as *sephiroth* mais elevadas. Todo o ser está unido em *Kether*, também chamado de "nada" (*ayin*) porque sua natureza é incognoscível. Ele é comumente descrito como "a raiz sem raiz" da Árvore da Vida cósmica, composta das *sephiroth* originais. Assim como a árvore *Ashvattha* no *Bhagavad-Gītā*, ela cresce para baixo atravessando os mundos. *Chokmah* é o ponto ou semente primordial da criação (e, portanto, o Pai) que procede de *Kether*. Ela deu origem a *Binah*, a versão cabalística da Grande Mãe, pois o "Entendimento" concebe e gera as sete *sephiroth* inferiores, que completam o corpo espiritual de *Adão Kadmon*. As três *sephiroth* mais elevadas representam sua cabeça. Depois desse início, o restante da criação se tornou mais complexo.

No processo seguinte de emanação, a luz jorrou em todas as direções dos olhos, da boca, dos ouvidos e do nariz de *Adão Kadmon*, emanando de maneira mais concentrada dos seus olhos. Embora essa corrente de luz fosse facilmente contida pelas três primeiras *sephiroth*, sua intensidade excessiva despedaçou os vasos mais fracos das *sephiroth* restantes. Esse cataclismo é chamado de *shevirah*, a ruptura dos vasos, que espalharam faíscas em todas as direções. Muitas das faíscas foram aprisionadas por cacos que caíam, que são comparados com cascas negras (*klippoth*). Essas cascas são poderes demoníacos que desceram no mais profundo abismo do universo. Elas geralmente se opõem à intenção divina da criação. Tudo foi atirado na confusão por essa falha aparente no processo cósmico; alguns cabalistas acham difícil explicar por que isso ocorreu. A intenção de Ain Soph era iluminar o mundo todo com sua luz, mas apenas algumas porções foram clareadas por faíscas, que deixaram o restante do universo na escuridão. Portanto, ele teve de ser libertado da influência poluidora das *klippoth* demoníacas.

Quando os vasos se estilhaçaram, a maior parte da luz refluiu para sua fonte. Isso permitiu que os poderes demoníacos, com suas faíscas aprisionadas, perturbassem a harmonia dos mundos inferiores. Uma nova luz então irrompeu da fronte de *Adão Kadmon* num esforço para controlar os danos. Os vasos quebrados foram reconstituídos em *Atziluth* e, mais uma vez, foram capazes de reter a luz divina. Foi o começo da obra de restauração, ou reparo (*tikkun*), por meio da qual as faíscas espalhadas devem ser reunidas. Esse trabalho se tornou mais difícil porque a ruptura dos vasos implica o fato de que *Adão Kadmon*, por causa de sua vontade própria irrestrita, rompeu a unidade divina. Uma vez que ele é o arquétipo da humanidade, todas as almas humanas partilharam da catástrofe. Por isso, a desunião que se seguiu à ruptura dos vasos tornou-se mais severa e só pode ser reparada com a ajuda de uma humanidade espiritualmente regenerada. Muitos cabalistas acreditam que isso faz parte do propósito de Ain Soph ao criar o mundo.[33]

Há vários aspectos importantes desse mito que merecem ser destacados. A intenção de Ain Soph foi a de manifestar a luz divina em um universo infinitamente variado, a fim de contemplar a si mesmo objetivamente a partir de incontáveis centros individuais. A ruptura dos vasos, longe de ser um defeito de sua intenção, teve importância instrumental para o aparecimento de uma maior multiplicidade no mundo. Porém, uma ação suplementar é necessária para reparar a ruptura que isso causou, com a humanidade desempenhando um papel de importância fundamental na renovação da harmonia cósmica. Os três estágios do desdobramento criativo (contração, ruptura dos vasos e restauração) podem ser concebidos como fases de um plano abrangente para a manifestação divina. Embora as transições internas não sejam fáceis de serem acompanhadas, o arcabouço global permanece intacto. Uma consideração aparentada é a de que os mundos inferiores não estão mais localizados em seus lugares apropriados depois da ruptura dos vasos, pois cada mundo foi deslocado para um nível mais baixo do que antes. Por exemplo, o mundo de *Asiyyah* está agora misturado com o domínio demoníaco das *klippoth*, onde se localiza a matéria mais densa. Uma parte importante da obra de restauração consiste em elevá-lo até o nível superior seguinte, agora ocupado por *Yetzirah*. Se isso acontecer, um mundo físico mais sutil, composto por um grau mais refinado de matéria, poderia substituir o mundo presente.

Há outras implicações desse mito que estão sendo seriamente consideradas por alguns grupos de estudiosos atualmente. Muitos deles veem paralelismos entre esse mito e ideias da cosmologia científica moderna, em particular a teoria do *big-bang*. A imagem do universo explodindo em estrelas e galáxias traz à mente a dispersão das faíscas quando os vasos de luz se despedaçaram. Por mais sugestivo que isso possa ser, deve-se lembrar de que a visão cabalística da criação é fundamentalmente psíquica e vai muito além do universo físico. Este último é apenas o resultado final de uma série de acontecimentos complicados que ocorreram antes que o universo passasse a existir. Portanto, de acordo com a cabala, os mundos psíquicos são mais vastos e mais poderosos do que nós podemos sequer imaginar.

Emergência a partir do Caos

> No princípio, este [universo] não existia. Ele passou a existir. Ele cresceu. Ele se transformou num ovo. O ovo ficou em repouso durante o período de um ano. Então sua casca se abriu. Das duas metades da casca, uma delas era de prata e a outra de ouro. A que era de prata se tornou a terra; a que era de ouro, o céu. O que era a membrana espessa [da clara] tornou-se as montanhas; a membrana delgada [da gema], o nevoeiro e as nuvens. As veias se tornaram os

rios; o fluido no saco membranoso, o oceano. E o que nasceu dele foi o longínquo *Aditya*, o sol. Quando ele nasceu, gritos de "Hurrah!" se ergueram, juntamente com todos os seres e todos os objetos de desejo. Por isso, em sua ascensão e em cada retorno, erguem-se gritos de "Hurrah!" juntamente com todos os seres e todos os objetos de desejo.[34]

Há muitos mitos da criação que narram a emergência do universo a partir do *caos*. O significado original da palavra grega "caos" (como ela aparece, por exemplo, no início da *Teogonia* de Hesíodo) era "fenda" ou "abismo", e não implicava a ideia posterior de uma mistura confusa de elementos. O que ele parece representar é um estado de existência informe, indiferenciado, que prevalecia antes que o cosmos passasse a existir. Aparecendo no início de um mito da criação, a melhor maneira de se entender o caos é como potencialidade para se tornar um universo que ainda não se manifestou.[35] Ele sugere que alguma coisa, independentemente de quão indefinida ela seja, já existia; por isso, mesmo no estado de caos, existe a possibilidade de um cosmos. O caos quase nunca significa uma condição de nada absoluto. Nos antigos mitos do Oriente Próximo, ele era simbolizado pelas águas primordiais de onde os deuses nasceram; e depois de nascerem, eles prosseguiram modelando o mundo. O mito de Hesíodo descreve a Mãe Terra (Gaia) emergindo do Caos e produzindo o Pai Céu (Urano), o que implica a primazia do princípio feminino na criação.

Uma interessante versão desse tema ocorre num dos Upanishads (veja a citação acima).[36] Ela descreve um ovo do mundo surgindo a partir do não existente. A não existência não implica o *nada absoluto*, pois o universo não poderia, em absoluto, ter surgido do nada. Aqui ele se refere ao estado de caos informe anterior ao advento de um cosmos. Outros mitos hinduístas o representam como um oceano de leite primordial. Depois de um ano, diz esse mito que o ovo rachou e se abriu para se tornar o universo. Muito provavelmente, o ano mencionado é simbólico, uma vez que a tradição hinduísta incorpora um complexo sistema de cálculos calendáricos nos quais os anos humanos são substituídos por anos divinos de duração muito mais longa. Esses cálculos são baseados na ideia de ciclos cósmicos, que serão discutidos mais extensamente na próxima seção. O mito que estamos agora considerando prossegue dizendo que o sol (*Āditya*) nasceu do ovo quando ele chocou, mas também pode ser uma referência ao nascimento do primeiro Deus (*Brahmā*?), que se tornou o progenitor do cosmos.

O imaginário associado com o ovo do mundo é comum nos mitos da criação e, com frequência, aparece junto com o do caos. Não se trata de uma tentativa grosseira de oferecer um relato biológico sobre a origem do universo físico, pois o ovo representa uma formação que reside totalmente no mundo psíquico; suas várias partes significam princípios psíquicos em vez de físicos. Detalhes adicionais a respeito disso serão considerados no próximo capítulo, que tratará das *Estâncias de Dzyan*. O ovo é um símbolo universal da unidade original do cosmos e do seu potencial para a vida. Obviamente, esse é um outro aspecto do princípio criativo feminino associado com a Grande Mãe. Um ovo do mundo também ocorre no antigo mito órfico a respeito de Phanes, o Deus primogênito. No princípio, o Tempo (um símbolo do caos?) criou um ovo de prata do qual nasceu Phanes. Ele era um ser andrógino que trazia dentro de si as sementes dos deuses e de outras criaturas. Como se pode ver, os paralelismos com o mito hinduísta são notáveis. Mesmo que em ambos os mitos o ovo passe a existir sem a intervenção de uma divindade suprema, um Deus que aparece depois que ele choca gera o universo. A relação entre esse Deus e o "não existente" anterior à criação será explorada mais extensamente na próxima seção, sobre os ciclos cósmicos.

Ciclos Cósmicos

> Na noite de Brahma, a Natureza está inerte, e não pode dançar até que Shiva queira fazê-lo: Ele se ergue do Seu arrebatamento e, dançando, envia através da matéria inerte ondas pulsantes de som que desperta, e, veja!, a matéria também dança, aparecendo como uma glória ao Seu redor. Dançando, Ele sustenta sua multidão de fenômenos. Na plenitude do tempo, ainda dançando, ele destrói todas as formas e nomes pelo fogo e produz novo repouso.[37]

Um quarto tipo de mito da criação, mais característico do pensamento hinduísta posterior, retrata um universo que é criado e destruído num ciclo que se repete ao longo de todo o tempo infinito; desse modo, como uma roda sempre em movimento, ele não tem princípio nem fim. Isso implica uma distinção entre o *tempo linear* e o *tempo cíclico*. O primeiro continua para sempre (embora possa ter um princípio), mas o último se renova incessantemente. No mito hinduísta, há ciclos dentro de ciclos, construídos sobre um ciclo básico consistindo em quatro "eras" (*yuga*). Um ciclo de quatro eras representa o declínio constante de um estado perfeito no princípio até o *kali-yuga*, que termina em devastação generalizada; esse esquema é incorporado em ciclos maiores, até o ciclo do próprio universo. O período das quatro eras (*mahāyuga*) corresponde a 4.320.000 anos humanos. Mil *mahāyuga* é um período conhecido como *kalpa*, ou "Dia de *Brahmā*". Esse Dia é seguido por uma "Noite de *Brahmā*", na qual o universo permanece inerte num estado de dissolução (*pralaya*). Há um ciclo ainda maior, de cem anos de *Brahmā* (mais de 300 trilhões de anos humanos), que não está refletido na citação acima. O Deus criador (aqui chamado de *Shiva*) reemerge depois de cada *pralaya* para renovar todo o processo. As cifras exatas apresentadas não são importantes, mas as imensas escalas de tempo envolvidas são impressionantes.[38]

O tempo cíclico é ilustrado pela figura bastante conhecida de Shiva Dançante (Prancha III). O universo é concebido como uma manifestação recorrente do poder de *Shiva*. Como *Natarāja* (Senhor da Dança), ele dança em êxtase circundado por um halo flamejante simbolizando o Fogo Cósmico que consome os mundos. O Fogo representa sua *Shakti* (energia feminina divina do hinduísmo). O tambor em uma de suas mãos emite a batida cósmica que dá o compasso à sucessão dos ciclos, enquanto na outra ele segura o fogo que destrói, ou torna não manifesto, cada mundo no final do seu ciclo. Desse modo, a figura retrata as forças criativas e destrutivas que impulsionam o universo para a frente. Está subentendido que a fonte inicial dessas forças é Shiva, cuja expressão arrebatada significa seu equilíbrio interior.

Há um pano de fundo intemporal desse processo, chamado Brahman (o Absoluto) na metafísica hinduísta.[39] Brahman não é outro deus além de *Shiva*, mas a Realidade Una que há por trás e no interior de toda manifestação (inclusive *Shiva*). Desse modo, Brahman é o Ser eterno, enquanto *Shiva* cria e destrói mundos em ciclos inumeráveis. No entanto, na tradução do mito aqui apresentada, o tempo não parece contínuo ao longo de ciclos sucessivos. A "noite de *Brahmā*" (*pralaya*) se refere a um período de inatividade entre os *kalpas*; *Shiva* se acalma no total silêncio de Brahman ("Seu arrebatamento"). O tempo também desaparecerá, pois nada existe para marcar sua passagem. Quando o próximo mundo começar, ele terá um novo tempo. Esse fato parece implicar que o tempo é descontínuo de um ciclo para o seguinte. Cada ciclo seria um novo universo com um princípio único, em vez de uma reciclagem do mesmo universo.

De acordo com esse mito, um novo mundo não aparece do nada, pois até mesmo durante o *pralaya* há o Ser eterno (Brahman). Mas a relação entre tempo e eternidade permanece misteriosa. Há várias razões para se rejeitar a ideia de um universo que recorre continuamente no tempo, sendo uma delas a de que, de uma perspectiva física, o aumento da entropia em ciclos sucessivos as limitaria a um número finito.[40] Outra razão é que ela implica um monótono "eterno retorno", com o mesmo universo se repetindo incessantemente. A visão de uma descontinuidade no tempo parece preferível a essa, não obstante a dificuldade de se concebê-la.

Além disso, se não há continuidade, em absoluto, entre ciclos sucessivos, então por que postular mais de um mundo, uma vez que jamais poderemos ter conhecimento dos outros? Porém, no mito presente, há um pano de fundo eterno a partir do qual *Shiva* surge para dançar a existência de novos mundos. Por isso, alguma coisa precisa se transferir de um ciclo para o seguinte, sugerindo uma continuidade de algum tipo entre eles. O capítulo seguinte contém uma sugestão que projeta alguma luz sobre esse mistério, pelo menos sob o aspecto simbólico. Pois as *Estâncias de Dzyan* afirmam que antes que este universo passasse a existir, o tempo "jazia adormecido no seio infinito da duração" (*Estância* I.2). Duração significa tempo eterno, que é sempre o "agora". O tempo de nossa experiência, por outro lado, é concebido como uma entidade viva que cresce de um universo para o seguinte, com períodos de inatividade entre eles. Isso significa que, em vez de ser completamente aniquilado no final de um ciclo cósmico, o tempo deixa temporariamente de ser ativo.[41]

Prancha III. Shiva Dançante

Mesmo que se admita que outros universos tenham existido antes deste, podemos ficar inclinados a nos perguntar se qualquer outro universo o sucederá. Será sempre necessário que um universo termine em um *pralaya*? Há uma curiosa referência a isso nas *Collected Works of the Mother* (Obras Reunidas da Mãe). Ela observa que:

> As tradições dizem que um universo é criado, e em seguida se retira no *pralaya*, e em seguida um novo universo emerge, e assim por diante; e, de acordo com elas, deveremos estar no sétimo universo, e como estamos no sétimo universo, somos aquele que não retornará ao *pralaya*, mas progredirá constantemente sem voltar para trás.[42]

A Mãe não identifica as tradições a que se refere, mas sua observação pode ser uma percepção significativa para o futuro.[43] À primeira vista, é difícil imaginar que haja progresso constante num mundo governado pela lei da entropia, uma vez que tudo está fadado à dissolução final (*pralaya*).[44] Além disso, há evidências de que uma organização progressivamente mais complexa ocorreu no universo. A única maneira pela qual o progresso poderia continuar a ocorrer seria se outro tipo de matéria se tornasse operacional no mundo, possivelmente sob uma forma mais sutil do que aquela que existe atualmente. Isso dependeria de um processo psíquico interno, e não de um meio físico. A matéria sutil também poderia obedecer a novas leis, que transcenderiam aquelas que operam hoje no mundo físico. Com relação a tal possibilidade, deveríamos observar que na teoria hinduísta dos cinco elementos, ou princípios substanciais, o elemento fundamental é *Ākāsha* (Éter). Esse elemento é mais sutil e fluido do que os outros, e difere do obsoleto éter mecânico da física clássica.[45] *Ākāsha* preenche o espaço por toda parte; se uma parte dele se condensasse em formas definidas, elas poderiam se tornar características permanentes do universo que não estão sujeitas à decadência entrópica. No entanto, por enquanto, essa possibilidade permanece trancada nas profundezas do mundo psíquico, que é o tema fundamental dos mitos da criação.

III

As Estâncias de Dzyan

A Doutrina Secreta

As *Estâncias de Dzyan*, embora raramente citadas no mundo acadêmico, constituem um exemplo excelente do mito da criação. Muitos estudiosos as negligenciam por causa das suas origens ambíguas, do seu diversificado ecletismo e da sua dificuldade de interpretação. Elas apareceram em uma maciça obra em dois volumes, *A Doutrina Secreta*, escrita pela carismática e muito difamada ocultista russa Madame Helena Petrovna Blavatsky. O que se sabe sobre sua infância e sua juventude se constitui de informações incompletas, mas ela própria proclamava que esteve em todos os lugares e fez quase de tudo. Em suas próprias palavras, sua infância na Rússia estava repleta de experiências paranormais. Depois de um casamento breve e infeliz, ela viajou extensamente pela América do Norte, pelo Egito e pelo Tibete (onde afirmou ter estudado os segredos do universo com sábios eruditos). Depois de morar nos Estados Unidos durante um curto período, ela se encontrou com o Coronel Henry S. Olcott, que se tornou seu colaborador na fundação da Sociedade Teosófica. Juntos, viajaram para a Índia, onde ela se tornou um centro de controvérsias. Finalmente, deixou a Índia em face de críticas venenosas, passando a última parte de sua vida na Europa. Sua obra-prima foi completada na Inglaterra, pouco antes da sua morte com a idade de 59 anos.[1]

Madame Blavatsky não afirmava que era a principal autora dos seus livros. Não obstante, sua personalidade dominante se reflete invariavelmente neles. Ela investiu contra o materialismo científico de sua época, e também desaprovou vigorosamente o espiritismo do século XIX e o cristianismo dogmático. Inimiga juramentada da falsidade e da hipocrisia, ela desprezava todas as formas de autoridade exercida sobre a liberdade do espírito inquiridor.

Todas as suas dádivas consideráveis, e suas falhas ocasionais, estão refletidas em *A Doutrina Secreta*. Esse livro é um extenso comentário a respeito das *Estâncias de Dzyan*, que constitui o cerne do seu ensinamento. Madame Blavatsky as apresentou como parte de um antigo texto perdido acessível apenas por meio de mediunismo, uma afirmação que confunde a comprovação fácil. Elas podem ter efetivamente ter se originado da sua imaginação fértil, embora ela insistisse que apenas as transcrevera. Podemos ignorar essas posições alternativas: as *Estâncias* são capazes de se sustentar por seus próprios méritos, independentemente de sua origem. Elas transmitem todas as marcas de um autêntico mito da criação, e numa busca genuína de uma percepção profunda sobre a natureza do universo, somos livres para fazer uso delas. Quando lidamos com um assunto tão vasto quanto o universo *como um todo*, elas nos permitem ter uma percepção melhor de suas raízes psíquicas. Sob esse aspecto, é notável que um físico da estatura de Einstein estivesse lendo *A Doutrina Secreta* pouco antes de morrer. Encontrou-se um exemplar do livro aberto em sua escrivaninha depois de sua morte. Isso poderia indicar uma percepção crescente de sua parte da profunda conexão entre as áreas física e psíquica da experiência.

A Doutrina Secreta foi publicada em 1888. Ela consiste em dois volumes que declaram apresentar a sabedoria primordial da qual derivaram todas as religiões, filosofias e ciências. O primeiro volume (*Cosmogênese*) contém sete Estâncias que tratam da origem do universo, e o segundo volume (*Antropogênese*) descreve a evolução da Terra e da humanidade ao longo de uma sucessão de "raças-raízes", cada uma delas habitando um continente diferente. Focalizaremos alguns versos extraídos das três primeiras Estâncias sobre a cosmogênese. As *Estâncias de Dzyan* estão menos presas a formas religiosas e culturais específicas do que outros mitos, e, portanto, são mais universais. Elas constituem a tentativa de Madame Blavatsky de traduzir o texto original da melhor maneira que pôde a partir de um idioma arcaico (*senzar*), desconhecido dos eruditos, no qual elas foram supostamente escritas. Para esse propósito, ela utilizou palavras tiradas do sânscrito, do tibetano, do chinês e de outras fontes de escrituras sagradas que não são familiares para a maioria das pessoas. Isso provocou confusões intermináveis, e por isso nós as evitaremos tanto quanto nos seja possível ao discutir as Estâncias.

Precisamos distinguir a tradição da "Doutrina Secreta" do livro que traz o seu nome. A primeira não tem idade, e o segundo procura captar sua essência. A "Doutrina Secreta" nunca foi deliberadamente retirada daqueles que estavam preparados para recebê-la. Pelo contrário, ela aponta para uma sabedoria inata que todos possuem, mas somente poucos utilizam. Como apontou o yogue Sri Krishna Prem, ela não pode ser adequadamente conhecida ou explicada em palavras:

> É a eterna Sabedoria subjacente aos ensinamentos de todas as religiões, são os fatos efetivos, dos quais nunca podemos ter mais do que interpretações, a não ser que nós mesmos ganhemos experiência a respeito deles. Por essa razão ela é secreta.[2]

De acordo com Madame Blavatsky, seu livro representa uma parte diminuta dessa sabedoria da qual emergiram as religiões do mundo. Seu propósito ao escrever *A Doutrina Secreta* é declarado no Prefácio do livro:

> O objetivo desta obra pode ser expresso desta maneira: mostrar que a Natureza não é "uma concorrência fortuita de átomos", e designar ao homem seu lugar apropriado no esquema do Universo; resgatar da degradação as verdades arcaicas que constituem a base de todas as religiões; e desvelar, até certo ponto, a unidade fundamental de onde todas elas emanam; finalmente, mostrar que o lado oculto da Natureza nunca foi abordado pela Ciência da civilização moderna.[3]

Para realizar esses objetivos, ela recorre às *Estâncias de Dzyan*.

As Estâncias estão baseadas em três proposições gerais: (1) a existência de uma Realidade ilimitada que é a causa infinita e eterna do cosmos, (2) o aparecimento e o desaparecimento de inumeráveis universos em uma sucessão interminável de ciclos, e (3) a identidade de todas as almas no Absoluto e sua peregrinação ao longo do "ciclo da encarnação" de acordo com a lei kármica.[4] Embora Madame Blavatsky ofereça apenas uma pequena seleção do material selecionado de uma obra maior e hoje perdida, ela ilustra amplamente essas proposições. As Estâncias sugerem a existência de um domínio psíquico de mundos e de forças invisíveis que, de algum modo, estão ligados com o universo que percebemos. Eles consistem em diferentes graus de matéria, que são mais sutis do que os sentidos físicos podem detectar. Esses graus constituem uma série de níveis ou planos cósmicos sobre os quais se diz que existem vários tipos de seres.

Madame Blavatsky nos diz que as *Estâncias de Dzyan* se referem basicamente ao nosso Sistema Solar, e não a todo o universo. O conhecimento a respeito desse último estava disponível, mas fora temporariamente retirado de uma humanidade não preparada para recebê-lo e assimilá-lo.[5] A figura cósmica apresentada no primeiro volume de *A Doutrina Secreta* é um complexo sistema de mundos compostos de correntes planetárias com globos que existem em diferentes níveis psíquicos. Em geral, há sete correntes planetárias em um Sistema Solar, cada uma delas constituída por sete globos que se interpenetram. Todos esses globos, exceto um, em cada corrente se encontram no mundo psíquico e são, por isso, invisíveis a nós. O quarto globo, o mais material deles, é o único que pode ser visto. Em nossa corrente planetária, a Terra física é o exemplar visível dos outros. Ondas vitais atravessam esses globos em arcos evolutivos ascendentes e descendentes. À medida que elas passam de um globo para outro, esses globos se tornam, correspondentemente, ativos ou inativos. Quando uma onda vital termina seus circuitos em uma corrente, ela se move para outra, numa progressão aparentemente infinita. O comentário prossegue descrevendo em grandes detalhes o desenvolvimento da vida na Terra, que experimenta sete circuitos ou ciclos de evolução. A materialização crescente prossegue até o quarto circuito sobre a Terra visível. Na época atual, diz-se que a evolução humana acabou de passar pelo ponto médio do quarto circuito, quando a onda vital começa a sua ascensão rumo a formas de ser superiores. O segundo volume, a respeito da antropogênese, prossegue a narrativa sobre a história da Terra, focalizando na evolução das raças humanas conforme elas vão aparecendo nas eras sucessivas.

Nossa preocupação é com as Estâncias como mito da criação, e não com a riqueza de detalhes, que podem nos confundir e nos distrair, nos afastando dos princípios cosmológicos essenciais. O relato também vai muito além do que pode ser estabelecido pela ciência moderna. Médiuns treinados alegam que constataram parte dele utilizando métodos introspectivos, mas esses métodos raramente são acessíveis e dependem das capacidades interpretativas do investigador. Não é necessário que aceitemos tudo o que é apresentado em *A Doutrina Secreta* a fim de nos beneficiarmos do quadro que ela nos oferece sobre a evolução cósmica. Na época em que esse livro foi escrito, a cosmologia estava atolada numa massa de especulações científicas inadequadamente justificadas. Até mesmo hoje, quando o avanço da ciência atraiu nossa atenção para além do Sistema Solar em direção ao imenso domínio das galáxias, vale a pena ter em mente a possível importância da nossa existência sobre a Terra. O sentido de um destino maior para a humanidade pode facilmente se perder no esmagador panorama astronômico que está se desdobrando diante de nós. O conhecimento cosmológico parece progredir em ciclos, e depois de cada período de aumento, precisamos retornar às nossas raízes terrestres a fim de recuperar uma perspectiva humana. O conhecimento da extensão do universo físico que está sendo adquirido atualmente precisa ser assimilado. Para essa tarefa, as *Estâncias de Dzyan* têm importância inestimável. Por exemplo, o uso da analogia no mito pode ser um poderoso recurso para estender o alcance da investigação para além do âmbito ao qual esses versos estavam originalmente restritos. Isso se torna evidente com base num exame das primeiras Estâncias, que podem ser aplicadas tanto ao universo como um todo quanto ao Sistema Solar.

Vamos recorrer a *Man, the Measure of All Things*, soberbo comentário sobre a cosmogênese descrita nas Estâncias, para nos guiar em nossa interpretação. Seu principal autor, Sri Krishna Prem, apreendeu de maneira excepcional a face psíquica do universo. A introdução do seu livro é uma análise penetrante da natureza e do propósito dos mitos da criação.[6]

Sri Krishna Prem foi um inglês (Ronald Nixon) que serviu na Royal Air Force como piloto de avião de combate durante a Primeira Guerra Mundial. Depois da guerra, ele obteve um mestrado na Universidade de Cambridge e em 1920 foi para a Índia em busca da sabedoria do Oriente. Lá ele ensinou literatura inglesa durante muitos anos na Universidade de Lucknow, deixando-a somente para seguir sua guru até um remoto ashram no sopé do Himalaia. Depois que ela morreu, ele foi encarregado de conduzir o ashram, o qual ele dirigiu até sua morte.[7] Além da sua obra sobre as *Estâncias de Dzyan*, ele escreveu comentários de aguçada percepção sobre o *Bhagavad-Gītā* e o *Katha Upanishad*. Em *Man, the Measure of All Things*, ele resume sua abordagem das Estâncias na seguinte passagem:

> O leitor não encontrará astronomia nem geologia, nem planetas, nebulosas e rochas, nada que constitua o aparato de uma cosmogonia "verdadeira". Repetimos que este comentário lida com a cosmogênese *de um ponto de vista psíquico*. Estamos considerando o universo como um tecido de experiência psíquica; nossas categorias são psíquicas, e com sua ajuda nós tentamos mostrar que o processo da manifestação cósmica é inteiramente um movimento dentro da unidade do ser consciente e direcionado para a realização da experiência autoconsciente [os itálicos foram acrescentados].[8]

Isso levanta uma questão relacionada com a fonte interior dos mitos da criação em geral; de acordo com Sri Krishna Prem, seus autores eram místicos e videntes. Antes de passarmos à interpretação das Estâncias, devemos examinar os recursos psicológicos aos quais esses autores poderiam ter recorrido.

A Fonte Interior dos Mitos da Criação

Essas Estâncias, com certeza, provêm de uma camada da consciência mais profunda do que aquelas que são normalmente acessíveis. Nas sociedades antigas, os autores de tais mitos eram separados das outras pessoas por sua sabedoria superior e seus poderes mágicos. Havia profundos místicos entre eles, os quais eram capazes de expressar suas realizações em grandes feitos, na poesia e na música. Pensamos em figuras lendárias, como Orfeu, Merlin, Hermes Trismegisto e Krishna. Lendas a respeito de suas proezas persistem até os nossos tempos. Eles nos lembram dos "não reconhecidos legisladores do mundo" proclamados por Shelley em seu ensaio "A Defense of Poetry" [Uma Defesa da Poesia].[9] Não sabemos se esses nomes se referem a pessoas históricas, mas eles estão associados a tradições famosas por possuírem um conhecimento secreto das coisas divinas. No velho mundo, havia centros místicos que preservaram e transmitiram um conhecimento dessa espécie. Eles incluíam os mistérios gregos, as escolas druidas nas terras celtas, antigos ensinamentos do templo egípcio e academias védicas na Índia ariana. Seu conhecimento sagrado estava disponível apenas a iniciados que se submetiam a um rigoroso treinamento psicológico e espiritual para obtê-lo. Se estivermos procurando a fonte dos mitos da criação, faremos bem em procurar por ela em lugares como esses. Os mitos da criação variam em sofisticação, dependendo das capacidades dos primeiros xamãs tribais para compô-los. Mitos mais profundos derivaram de culturas antigas nas quais místicos e videntes mais consumados puderam florescer.

Mas se os mitos da criação são obra de avançados Videntes-Poetas, como podemos entendê-los? Supondo que eles se aprofundam naquilo que chamamos de "Inconsciente" utilizando métodos que eles dominavam, podemos ter uma visão melhor dos mitos se os concebermos como relatos de suas experiências interiores. Eles tratavam o universo de um ponto de vista psíquico e não estavam basicamente preocupados com o mundo exterior dos sentidos. Ler os mitos da criação como explicações pré-científicas ingênuas do mundo físico é perder totalmente o seu significado essencial. A posição de partida dos Videntes estava dentro de si mesmos, e eles utilizaram as descobertas interiores que fizeram como analogias que se estendiam para todo o cosmos.

Portanto, se quisermos compreender os mitos da criação, teremos de procurar seu significado dentro de nós mesmos. Os mitos da criação podem ser definidos como elos simbólicos entre os mundos de experiência interiores e exteriores; concebe-se para ambos os mundos uma estrutura psíquica semelhante. Essa é a profunda percepção central da antiga doutrina da correspondência entre o macrocosmo e o microcosmo, segundo a qual o universo e uma de suas partes são tratados como imagens de espelho um do outro. Nos mitos mais desenvolvidos, o microcosmo é identificado com o homem, mas também pode ser igualmente aplicado a outras coisas. O homem é concebido como um reflexo em miniatura de todos os níveis do macrocosmo, embora a plena compreensão desses níveis seja incomum. Embora o macrocosmo seja comumente considerado como o universo físico do qual todos nós somos parte, ele também pode se referir ao grande Cosmos uno, cujos níveis correspondem subjetivamente a cada pessoa, ou microcosmo.

Podemos encontrar uma ilustração sugestiva dessa ideia no familiar diagrama de um yogue sentado na chamada postura de "lótus" (Figura 1). Variações do simbolismo representado nesse diagrama foram descobertas em todo o mundo, desde o antigo Oriente Próximo até as culturas nativas norte-americanas, mas atingiram sua expressão mais plena na Índia.[10] Nós a utilizamos aqui como um meio de aprofundar nosso entendimento dos mitos da criação. O yogue sentado tem várias características notáveis. A figura é uma representação visual do corpo sutil, e não do corpo físico. Vários centros chamados chakras (simbolizados por "lótus") estão localizados ao longo da coluna dorsal no diagrama. Eles se referem a locais dentro do corpo sutil que têm relação com os níveis cósmicos do universo. Não estamos cientes desses centros (ou graus de experiência) porque normalmente eles estão inativos, mas quando estimulados eles proporcionam acesso a mundos interiores de que antes não suspeitávamos. Esse processo está relacionado com a circulação da energia vital (prāna), que tem origem no mundo psíquico.

Recorrendo a tradições recebidas, os Poetas identificaram os princípios do universo de acordo com as estruturas que descobriram dentro de si mesmos. No diagrama, o nível mais baixo é o físico, embora uma região subconsciente também esteja ligada a ele. No topo da cabeça, há uma fronteira entre as camadas mentais e as regiões superconscientes, ou transcendentes, acima dele. Essa fronteira adota várias formas em muitos mitos da criação, inclusive nas *Estâncias de Dzyan*. Na cosmologia mítica, o limite inferior do físico veio a ser correlacionado com a Terra e a fronteira superior da região mental com o céu. Desse modo, poderíamos dizer que o Vidente toca o céu com sua cabeça enquanto permanece firmemente sentado sobre a Terra. Os níveis entre esses dois limites são identificados como o mental e o vital, correspondendo a regiões do cosmos. Cada nível do microcosmo tem sua contrapartida no microcosmo, ou grande universo.[11]

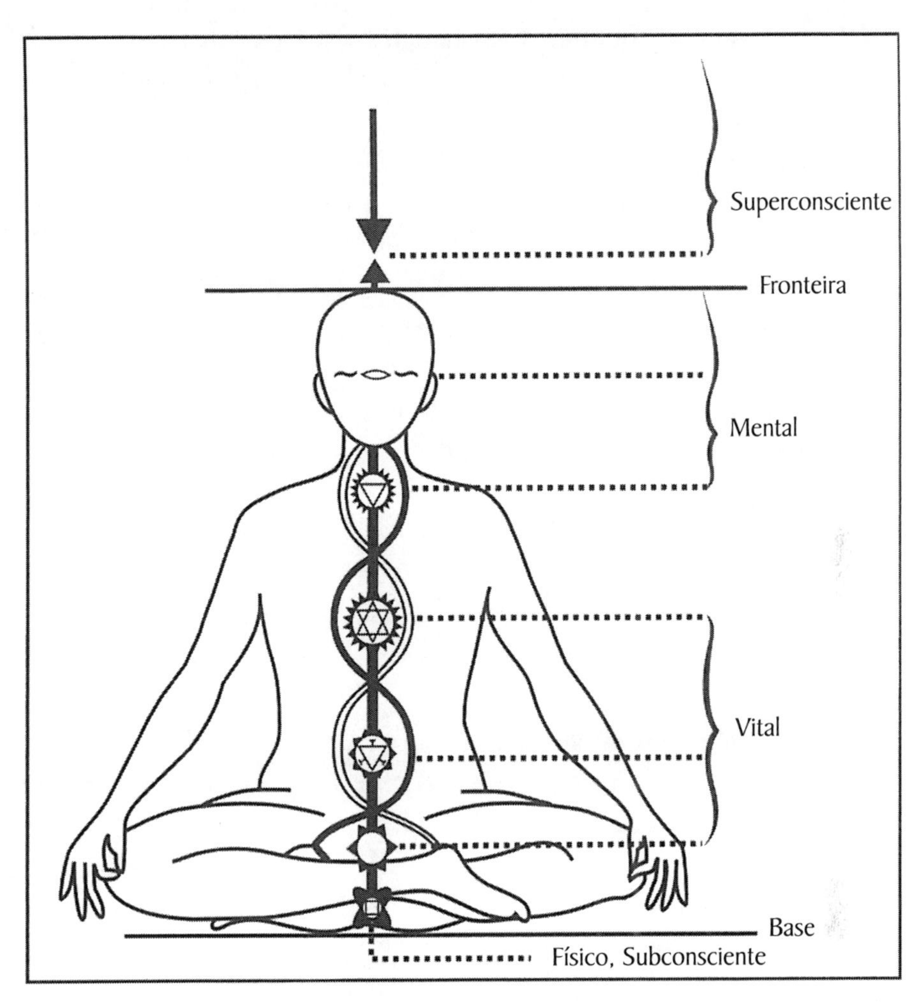

Figura 1. Um Yogue Sentado

A Importância dos Estados de Transição

Antes de proceder a uma análise das próprias Estâncias, devemos dizer uma palavra sobre os estados de transição. O simbolismo sugere uma transição entre diferentes estados do ser. A realidade não está nitidamente polarizada em opostos como escuridão e luz, noite e dia, sono e vigília, pois há uma transição gradual de um estado para o outro. Os estados de transição entre os opostos são locais onde ambos estão presentes, e, no entanto, nenhum deles o está em sua plenitude. Por exemplo, na Estância II.2 somos informados a respeito de um estado no qual "não havia nem silêncio e nem som".[12] O título da Estância II, "A Ideia de Diferenciação", nos sugere que até mesmo antes que tivesse ocorrido uma completa diferenciação de opostos, a preparação para ela já havia começado. Essas transições são chamadas de "estados intermediários" (*bardos*) no budismo tibetano, e se acredita que tenham uma profunda significação espiritual; elas são valorizadas como tempos auspiciosos para se praticar a meditação. Nesses períodos, diz-se que os deuses caminham sobre a Terra. Nas *Estâncias de Dzyan*, várias imagens são utilizadas para se representar os diferentes estágios da manifestação cósmica. Elas podem ser classificadas como se segue:

Estância I:	*Não manifesto*:	Noite	Escuridão	Sono
Estância II:	*Intermediário*:	Pré-Aurora	Crepúsculo	Sonho
Estância III:	*Manifesto*:	Dia	Luz	Vigília

Há uma interação constante entre essas imagens, cada um dos conjuntos paralelos sendo superposto aos outros a fim de trazer à luz nuanças sutis de significado que podem ter sido negligenciadas.

Por exemplo, na transição da Noite para o Dia, há um breve período antes da Aurora quando um vislumbre de luz quase indiscernível começa a iluminar a silenciosa escuridão. Esse período de Pré-Aurora é um estado intermediário cheio de expectativas a respeito do dia que virá. Para ilustrar isso, Sri Aurobindo começou seu grande poema épico, *Savitri: Uma Lenda e um Símbolo*, nessa época, referindo-se a ela como "a hora antes de os Deuses despertarem".[13] É um tempo de introspecção que precede a primeira luz da Aurora. Que melhor simbolismo poderia haver para essa misteriosa passagem da condição não manifesta que precede a criação para a manifestação de um cosmos? Outra versão simbólica, que transmite uma qualidade mais subjetiva, é o jogo do Sono e da Vigília. O momento mágico entre o sono e a vigília é inapreensível pela nossa mente consciente. Pode haver uma breve agitação de sonho antes da vigília, e, no entanto, em algum ponto, nós cruzamos uma barreira invisível de um estado de ser para o outro.

Quando despertamos, estamos completamente inconscientes de como isso aconteceu.

Ambas as imagens são exemplos da fronteira onipresente que aparece com frequência nos mitos da criação, a qual pode ser representada como o horizonte sobre o qual o sol se levanta ou como a transição misteriosa entre o sono e a vigília. Essa fronteira separa o universo manifesto de sua fonte não manifesta. É o lugar onde ocorre uma transição de um estado de ser (ou consciência) para outro. Há uma notável referência a ele no "Hino da Criação" védico:

> Os videntes da Verdade descobriram a construção do ser no não ser pela vontade no coração e pelo pensamento; *o raio deles foi estendido horizontalmente*; mas o que estava abaixo, o que estava acima? Havia Semeadores, havia Grandezas; abaixo, havia a lei do eu, e acima havia Vontade [os itálicos foram acrescentados].[14]

Uma transição através da fronteira pode ocorrer nos dois sentidos, dependendo do contexto, mas, no âmbito cosmológico, isso representa a descida da consciência na manifestação. A fronteira tem muitas aplicações, e aparece por toda parte nas mitologias do mundo como portas, véus, limiares, paredes de fogo, e assim por diante. Várias fronteiras são mencionadas nas *Estâncias de Dzyan*, onde a expressão mais inclusiva é o *Anel "Não Ultrapasse"*. Fronteiras sempre indicam um limite além do qual seres em um dado nível cósmico normalmente não podem transpor. No entanto, muitos mitos sugerem a possibilidade de uma passagem mística através da fronteira. Com relação à cosmologia, a fronteira deveria nos dizer que, em vez de procurar por *causas físicas* anteriores para explicar a origem do universo, deveríamos considerar a possibilidade de uma transição entre diferentes estados do ser. Isso porque a manifestação do universo pode, efetivamente, ser uma *transformação psíquica* de um estado para outro. Isso é tão misterioso quanto a transição sutil do sono para a vigília, que também se esquiva de nossa apreensão mental. Alguma percepção aguçada desse fato pode ser adquirida por meio dos símbolos míticos nas *Estâncias de Dzyan*. O simbolismo cosmológico da cruz também pode enriquecer essa percepção.

A imagem da cruz é essencialmente uma representação de uma transição entre diferentes estados do ser. A cruz é um símbolo universal que se originou na remota antiguidade, sugerindo o "cruzamento", ou "travessia", de uma fronteira de um lado para o outro. No âmbito cosmológico, é o signo do macrocosmo, e também do microcosmo, pois tem a forma de um homem com os braços estendidos. A maioria das pessoas está familiarizada com seu uso no cristianismo, mas pode não estar ciente da sua significação cosmológica subjacente. O cristianismo enfatiza a crucifixão, ou o sofrimento sobre a cruz, mas a cruz é um símbolo muito mais antigo, que tem muitas variações. A figura primordial é simplesmente o cruzamento de duas linhas, uma vertical e a outra horizontal. No plano horizontal, essas linhas definem as quatro direções espaciais sobre a superfície da Terra; situadas dessa maneira, elas simbolizam toda a Terra ou, mais geralmente, a *matéria*. Quando a cruz é erguida, a linha vertical se torna o caminho da descida e da ascensão através da fronteira (linha horizontal) entre o espírito e a matéria. O centro da interseção tem enorme importância, uma vez que é o lugar através do qual o espírito passa em qualquer dos sentidos. O espírito desce através dele para a manifestação e deve atravessá-lo novamente se anseia por retornar à sua fonte.

Considerada em seu todo, a cruz significa a unidade do espírito e da matéria. Em um sentido cosmológico, a linha horizontal representa a fronteira misteriosa entre o não manifesto acima e o universo manifesto abaixo. Essa fronteira é cruzada durante a cosmogênese, conforme o cosmos começa a aparecer em toda a sua glória. A linha vertical indica a transição efetiva ou o "cruzamento" ("travessia") de um estado de ser para o outro. Porém, o que é que cruza a fronteira para se tornar o universo manifesto? Algo existe em um estado não manifesto que se revela no processo criativo. As *Estâncias de Dzyan*, como veremos, podem sugerir o que é isso, embora não ofereçam uma resposta completa. Além disso, por que afinal deveria haver uma fronteira, e se houver uma ela deve estar sempre lá? A resolução desses enigmas precisa esperar até começarmos a estudar a cosmologia evolutiva.

O que as Estâncias nos Dizem sobre a Cosmogênese

Nas *Estâncias de Dzyan*, os principais poderes ativos na criação do cosmos são apresentados numa roupagem simbólica. Eles representam os movimentos psíquicos que precederam o aparecimento do universo físico. As Estâncias estão carregadas de simbolismo, com um símbolo superposto a outro a fim de explicitar as muitas camadas de significado ocultas dentro deles. Não obstante esse simbolismo complexo, nós precisamos apenas de alguns princípios para entender o mito da criação. Símbolos são utilizados para evocar sentimentos apropriados àquilo que Sri Krishna Prem chamou de "o grande tema do universo".[15] Eles deveriam ser lidos como se lê um poema, e não um tratado científico ou filosófico. Embora haja sete Estâncias sobre a cosmogênese, estamos interessados principalmente nas três primeiras, pois elas descrevem a emergência gradual dos princípios transcendentes responsáveis pela manifestação de um cosmos. Segue-se um breve resumo dessas Estâncias.

Na primeira Estância, faz-se uma tentativa para sugerir o estado de um Ser ilimitado em *Pralaya*, "antes que ocorra a primeira agitação da manifestação do redespertar".[16] Ao contrário disso, o período de manifestação cósmica é chamado de *Manvantara*. Obviamente, é impossível descrever de maneira direta o estado não manifesto, e por isso apenas palavras e expressões negativas são utilizadas para indicar o que está latente dentro dele. Esse dispositivo também serve para identificar os princípios que se tornarão posteriormente importantes no processo da cosmogênese. O estado não manifesto do Ser é simbolizado como Noite Cósmica, ou Sono. A Estância II sugere que alguma coisa está começando a acontecer na escuridão primordial ao apontar para sinais de agitação, lembrando o que acontece na transição entre sono e vigília. Na Estância III, descreve-se o despertar do cosmos no início de um novo ciclo. Ela descreve o nascimento da Mente Universal, que contém todo o universo que se manifestará. Esse fato é simbolizado pela Aurora Cósmica, o princípio de um novo *Manvantara*. Estâncias posteriores prosseguem desenvolvendo o que está implícito nos princípios gerais esboçados nas três primeiras.

A Estância IV trata da diferenciação da Mente Universal dentro dos poderes conscientes que são investidos de poder para modelar e governar o universo. Eles são os construtores dos vários mundos, ingressando neles como preservadores da ordem cósmica. Esses poderes incorporam em si mesmos as chamadas "leis da natureza", que são diferentes aspectos da Harmonia Cósmica una que abrange tudo. A Estância V elabora o processo por meio do qual os mundos são formados. O trabalho de Fohat, o Redemoinho de Fogo é apresentado aqui em grandes detalhes. Na Estância VI, descreve-se o estabelecimento das correntes e globos planetários. Os globos fornecem ambientes para a evolução de sucessivas ondas vitais. A Estância VII remonta a descida da vida ao nascimento do homem, que é a culminação do processo descrito nas Estâncias precedentes. Pois, em última análise, "essas Estâncias se referem a nós, às nossas origens, nosso desenvolvimento, nossos eus conscientes e nossas formas corporais".[17] O homem é o microcosmo no qual o universo se reflete; ele é a "medida de todas as coisas" – não no sentido subjetivo de Protágoras, mas como uma imagem de todo o Cosmos em que ele aparece.

A Noite do Universo

Estância I

A Mãe Eterna [Espaço], envolvida em seus mantos sempre invisíveis, dormia mais uma vez durante sete eternidades. (2) O Tempo não existia, pois jazia, adormecido, no seio infinito da duração. (3) A Mente Universal não existia, pois não havia Ah-hi [seres celestiais] para contê-la [e, portanto, para manifestá-la]... (5) Somente a escuridão preenchia o todo ilimitado, pois pai, mãe e filho eram mais uma vez um só, e o filho ainda não havia despertado para uma nova roda, e sua peregrinação depois disso... (7) As causas da existência foram abolidas; o visível que era, e o invisível que é, repousavam no não ser eterno – o ser uno. (8) Sozinha, a forma una da existência se estendia ilimitada, infinita, sem causa, no sono sem sonhos; e a vida pulsava inconsciente no espaço universal, por meio de toda essa Presença Total que é sentida pelo olho aberto do Dangma [uma alma purificada].

Estância II

(2)... Onde estava o silêncio? Onde os ouvidos para senti-lo? Não, não havia silêncio nem som; nada a não ser o incessante sopro eterno [Movimento] que não conhece a si mesmo.[18]

Os versos acima se referem ao estado de coisas anterior à manifestação de um cosmos. De início, os poderes que o farão existir ainda estão indiferenciados e só podem ser descritos indiretamente. A cosmogênese deve ser considerada simbolicamente, uma vez que nossas noções ordinárias de causalidade não se aplicam ao mundo psíquico. De acordo com os Videntes, imagens míticas são reveladas em estados superiores da consciência; elas não são meramente produtos da imaginação humana. Note a referência, no primeiro verso, a períodos prévios de atividade ("mais uma vez"), sugerindo que existiram universos anteriores. Os detalhes são deixados vagos.

Mesmo que os poderes básicos sejam não manifestos no início, não se deve pensar que eles sejam irreais ou que nada sejam, em absoluto. Eles ainda estão potencialmente lá, assim como nós mesmos quando estamos profundamente adormecidos. A Estância I se abre com a condição não manifesta do "todo ilimitado" (I.5), que significa o Ser infinito, sem causa e eterno. A identificação do Ser com a Consciência também é pressuposta nas Estâncias. O Ser está presente por toda parte, e todas as coisas são formas dele. Desse modo, se deve haver um universo, é preciso que ele seja uma manifestação do Ser. Mas como essa manifestação ocorre? Nada pode agir sobre o Ser a partir de fora, pois não existe um lado de "fora" do Ser; portanto, o universo precisa vir de dentro dele. Isso pode acontecer somente por meio de uma diferenciação interna em opostos que, em seguida, prossegue interagindo na formação de um cosmos.

O papel fundamental que os opostos desempenham na descrição do processo criativo já foi examinado.[19] Deve ter ocorrido algum tipo de diferenciação no princípio, o que as Estâncias apresentam em descrições simbólicas. Elas dizem que o Ser repousava num "sono sem sonhos", mas até mesmo nesse estado "a vida pulsava inconsciente no espaço universal".[20] O espaço universal está relacionado com a "Mãe Eterna" do primeiro verso e não deve ser confundida com o espaço físico, embora haja uma conexão entre ambos; ele significa a pura extensão da Consciência. Se nós tentamos imaginar esse espaço "subjetivo", só podemos pensar a respeito dele como um objeto dimensional porque ele é demasiadamente sutil para ser apreendido diretamente pela mente.[21]

Incidentalmente, um bom exemplo dessa ambiguidade é proporcionado por concepções rivais a respeito do espaço na física moderna. As duas teorias físicas mais bem-sucedidas são a *relatividade geral*, que trata da gravidade numa escala cósmica, e a *mecânica quântica*, que descreve os fenômenos que ocorrem no mundo subatômico. Cada uma delas é incompleta como permanece atualmente, pois nenhuma inclui a matéria que é o objeto de estudo da outra. Na relatividade, uma métrica é imposta sobre uma extensão amorfa preexistente (veja a nota 21). O espaço-tempo toma a forma de um *continuum* quadridimensional curvo, embora muitas formas sejam possíveis. Por outro lado, algumas versões da mecânica quântica favorecem um espaço composto de inúmeros pontos cujas relações mútuas respondem por uma métrica.

A relatividade geral foi repetidamente confirmada por observações cosmológicas, como também o foi a mecânica quântica, nos experimentos detalhados da física das partículas. No entanto, cada uma delas parece se basear em uma diferente filosofia do espaço. O problema é que é intuitivamente insatisfatório pensar que o universo é governado por dois conjuntos de lei incompatíveis, um deles para o macrocosmo e o outro para o microcosmo.

Hoje, os cientistas estão à procura de uma teoria unificada que tenha por base uma forma de gravidade quantizada ("gravidade quântica"), mas a matemática envolvida é extremamente complicada e nenhuma confirmação experimental está em vias de ser obtida. As duas principais candidatas são a teoria das supercordas e a da "gravidade quântica de laços". A teoria das cordas supõe que a dimensionalidade preexiste em um meio espacial contínuo, repleto de minúsculos filamentos vibrantes de energia (muito menores que as partículas elementares). Nesse sentido, ela se parece com a relatividade geral, embora inclua mais de quatro dimensões. A gravidade quântica de laços constrói o espaço a partir de laços geométricos discretos, respondendo, desse modo, pelas suas propriedades de larga escala em função de elementos mais fundamentais. Como se pode ver, há visões alternativas do espaço subjacentes às novas teorias.

Historicamente, essas diferentes concepções espaciais remontam, pelo menos, à controvérsia entre Newton e Leibniz referente ao espaço e tempo absolutos *versus* relativos.[22] Ambas as visões parecem recorrer sob formas cada vez mais sutis à medida que a física progride, e podem representar maneiras complementares de se entender o universo físico. Talvez seja impossível para a mente decidir entre elas. Nesse caso, esse malogro poderia ter origem na natureza da própria realidade, na insuficiência da mente como instrumento para se entender o universo, ou numa combinação de ambas (veja os Capítulos IV e V para uma discussão mais detalhada desse tópico).

Quando visualizado, o espaço se torna o oceano primordial dos mitos, no qual a ênfase é colocada em seu dinamismo de maré. A pulsação rítmica que preenche o espaço é comparada com a respiração.[23] Em outro lugar de *A Doutrina Secreta* ela é chamada de o "Grande Sopro". Ela está presente até mesmo durante o período de não manifestação, como o ronco de um dínamo ocioso. A cosmogênese começa quando a pulsação atinge uma amplitude crítica e os poderes adormecidos começam a despertar.[24]

O processo de diferenciação, que se desenvolve sob a influência do sopro que se intensifica gradualmente, é descrito em expressões simbólicas. Em I.1, somos informados sobre uma Mãe Eterna adormecida, que despertará para iniciar um novo cosmos. Isso é uma referência à Grande Mãe das antigas culturas. Como a inerente Força do Absoluto, ela traz o universo dentro de si mesma e sem ela nenhuma manifestação pode ocorrer. Madame Blavatsky descreve a Mãe Eterna como a "Raiz da Matéria" (e não a própria Matéria), que inclui potencialmente o conteúdo objetivo do Ser. Ela também é chamada de as "Grandes Águas", pois são elas que constituem a base substancial do cosmos que passará a existir.[25] Todas as possibilidades da existência residem nela, bem como as energias criativas que irão manifestá-las. Por trás dela está o próprio Ser, sem o qual ela não poderia existir. Juntos, eles formam uma realidade una, mas devem ser distinguidos um do outro quando ela se torna ativa. O que permanece por trás, sancionando e dando apoio à obra dela, é deixado indefinido. É chamado de "Espírito", e às vezes de "Pai", pois só podemos descrever a cosmogênese com uma abordagem dualista.[26]

Várias expressões adicionais utilizadas nas Estâncias de abertura requerem um breve comentário. A melhor maneira de se entender "Mantos invisíveis" em I.1 é como uma referência ao Ser. Como se assinalou previamente, o Ser está além de toda descrição; ele não pode ser conhecido como um objeto, pois todas as dualidades se fundem nele. Podemos conhecer o Ser apenas realizando nossa identidade com ele. A expressão "sete eternidades" também é simbólica, pois o tempo só começa a operar depois de o universo passar a existir. Pode-se pensar que ele é um período indefinido de não manifestação correspondente a um *Manvantara*, pois o tempo não é completamente aniquilado durante o *Pralaya*. Mesmo quando colocada em contraste com a duração intemporal, a raiz do tempo permanece no Grande Sopro que nunca cessa. Como já se disse, o tempo "jazia adormecido no seio infinito da duração".[27] Nenhuma sucessão de eventos entre universos é discernível, uma vez que nada existe para se medir o tempo, e não há ninguém para sentir o seu transcorrer. Não obstante, de algum modo o tempo está lá, o que sustenta a referência a sete eternidades. A analogia com o sono projeta algumas luzes nessa questão. Quando estamos dormindo, não percebemos a passagem do tempo. Não há tempo para nós, enquanto experiência subjetiva, pois estamos inconscientes de nós mesmos ou do mundo ao nosso redor. E, no entanto, a respiração, ou sopro, continua, embora não estejamos cientes dela. Se não continuasse, nunca despertaríamos para nos tornar novamente cientes do tempo. Desse modo, há um *continuum* da consciência. Naturalmente, poderíamos argumentar que, embora estejamos dormindo, o tempo cósmico objetivo permanece em andamento. Mas ele não existe *para nós* enquanto estamos dormindo, nem existiu para o Ser absoluto antes da manifestação de um Cosmos. Isso sustenta a correspondência entre o indivíduo e o universo.

Também deveríamos considerar a referência misteriosa em I.5 ao pai, à mãe e ao filho sendo "mais uma vez um só".[28] As relações de família são frequentemente utilizadas nos mitos da criação para designar princípios cósmicos. Eles se referem a qualidades *universais* que estão apenas refletidas nas relações entre pais humanos e crianças.[29] Isso pode ser resumido em um diagrama simples (Figura 2); a forma circular sugere que tudo está contido dentro do Ser. Isso pode ser enganador, pois na realidade o Ser não tem fronteira. Ele seria mais bem representado como um plano infinito, que naturalmente não pode ser desenhado.[30] Já identificamos a Mãe e o Pai. Que princípio deve ser designado como o Filho? Ele é o seu filho *andrógino*, mais tarde chamado de "Pai-Mãe" por causa do seu papel no processo criativo em andamento. Em I.3, ele é chamado de Mente Universal, embora também se diga que, no princípio, não havia Ah-hi (seres celestiais) para contê-lo.[31] Esse é o Filho, que "ainda não havia despertado para a nova roda, e sua peregrinação depois disso".[32] O Filho nasceu da Mãe, e contém todo o universo dentro de si mesmo:

> A Mente Universal é o primeiro princípio manifesto, a mais distante praia do Cosmos. Em tempos védicos, ela era simbolizada como o deus Varuna, o céu cuja envergadura abrange tudo o que existe. É o Tesouro da Consciência (*Ālaya Vijnāna*) dos budistas Yogāchāra, a Inteligência Universal ("Agl-i-kull") dos sufis, e também o Mundo Noético, o Cosmos Espiritual de Plotino... De qualquer maneira, é uma consciência unitária que tudo abrange e que tem como conteúdo os Arquétipos Divinos, as chamadas Ideias Divinas de Platão, e é da participação nessas Ideias que surgem todas as formas concretas dentro do cosmos.[33]

A Mente Universal é o poder de "ver" a verdade das ideias (intuição intelectual) e não deveria ser entendida como um órgão do "pensamento" (pensamento discursivo). Ela é comparável ao termo neoplatônico *Nous*, ou Intelecto. Como tal, ele é ele mesmo e o conteúdo de sua própria intelecção (Ideias Arquetípicas). Nas Estâncias, a Mente Universal é o poderoso ser do qual emergirá o cosmos. Muitas tradições a identificaram com o Deus do universo. No hinduísmo posterior, ele era conhecido como *Brahmā*, o Deus criador de quatro faces que nasceu do ovo do mundo, ao qual as Estâncias se referem como "o germe que morava na escuridão".[34]

Além do Filho estão os princípios ainda não manifestos (Mãe e Pai) que o geraram. Ele não é a totalidade do Ser, mas seu representante cósmico. A Mente Universal não poderia se manifestar até que houvesse veículos para contê-la, os quais são identificados como os Ah-hi (seres celestiais) da I.3.

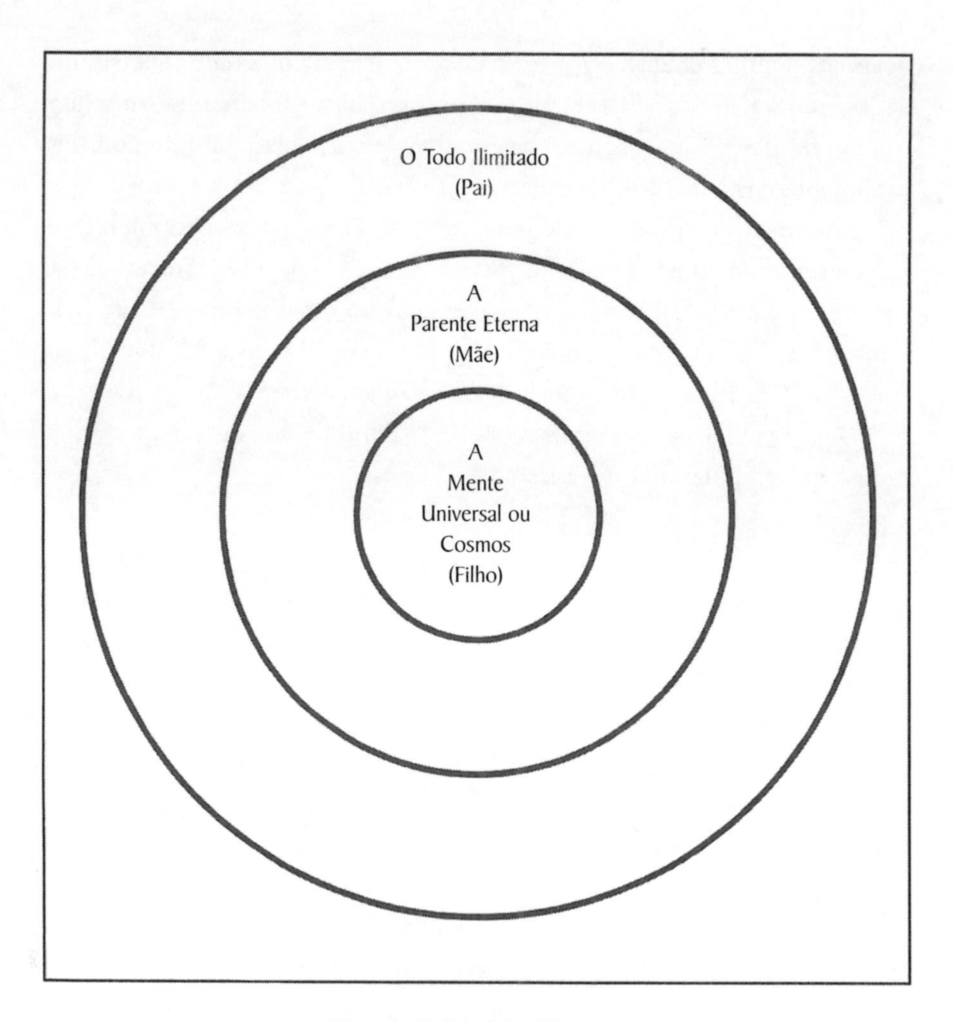

Figura 2. Os Princípios Cósmicos

Como diz Madame Blavatsky: "Eles são as Forças Inteligentes que dão à Natureza, e nela decretam, suas 'leis', embora elas mesmas atuem de acordo com leis impostas sobre elas, de uma maneira semelhante, por Poderes ainda mais altos; porém, elas não constituem 'as personificações' dos poderes da Natureza, como se pensava erroneamente."[35] O Filho é o mais alto desses três seres e os inclui como partes de si mesmo. Seu nascimento pode ser comparado com o clímax de uma grande sinfonia, digamos, a Nona de Beethoven, que começa com a procura, por tentativas, de um tema e termina com um triunfante hino à alegria depois que foi descoberto. Nessa sinfonia, Beethoven exibe uma percepção mais profunda e aguçada do processo criativo do que se pode muitas vezes encontrar nos escritos de cientistas e teólogos.[36]

O Despertar do Cosmos

Estância III

A última vibração da sétima eternidade palpita através da infinitude. A mãe incha, expandindo-se de dentro para fora, como o botão do lótus. (2) A vibração passa rapidamente, tocando com sua asa veloz [*simultaneamente*] todo o universo, e o germe que mora na escuridão: a escuridão que sopra [*se move*] sobre as adormecidas águas da vida... (7) Olhai, ó Lanu [discípulo]!, o radiante Filho dos dois, a refulgente Glória sem paralelo: Espaço Brilhante Filho do Espaço Negro, que emerge das profundezas das grandes Águas Negras... Ele brilha como o Sol; ele é o resplandecente Dragão Divino da Sabedoria... Contemplai-o erguendo o Véu e o desenrolando de Leste a Oeste. Ele exclui o acima, e deixa o abaixo para ser visto como a grande Ilusão. Ele marca os lugares para Os Que Brilham, e transforma o superior num Mar de Fogo sem praias, e o Uno manifesto nas Grandes Águas... (10) Pai-Mãe tece uma teia cuja ponta superior se prende ao Espírito – a luz da Escuridão una – e a ponta inferior à sua [*do Espírito*] extremidade de sombra, a Matéria; e essa teia é o Universo fiado a partir das duas substâncias tornadas uma só, que é Svabhavat [o "Vir a Ser de Si Mesmo"]. (11) Ela [*a Teia*] se expande quando o sopro de fogo [*o Pai*] está sobre ela; ela se contrai quando o sopro da Mãe [*a raiz da Matéria*] a toca. Então, os filhos se dissociam e se espalham, para voltar ao seio de sua mãe no fim do grande dia, e voltam a se tornar um só com ela; quando ela [*a Teia*] está se esfriando, ela se torna radiante, e os filhos se expandem e se contraem por meio de seus próprios eus e corações; eles abraçam a infinitude. (12) Então, Svabhavat envia Fohat [o Redemoinho de Fogo para endurecer os átomos. Cada um [*desses átomos*] é uma parte da teia [*Universo*]. Refletindo o "Senhor Autoexistente" [*Luz Primordial*] como um espelho, cada um, por sua vez, se torna um mundo.[37]

A Estância III começa com uma referência à "vibração" que produz o nascimento do Filho. Essa vibração corresponde à Palavra criativa (*Logos*) de várias tradições religiosas.[38] Ela transforma a pura felicidade do Ser na pulsação do deleite que preenche o universo quando ele começa a se manifestar. Esse momento auspicioso é descrito por Sri Aurobindo em seu poema épico *Savitri*:

A persistente pulsação de um toque transfigurador
Persuadiu a inerte quietude negra
E a beleza e maravilha perturbaram os campos de Deus.[39]

O triunfante clímax das Estâncias ocorre em III.7, com o nascimento do Filho (Mente Universal), que é a glória do Cosmos:

> Esse é o nascimento daquilo que os gregos chamavam de Cosmos, ou o adornado, e cultuavam como a um Deus. Essa é a Maravilha Brilhante, da qual um mero lampejo tornou ébrios com o vinho da completa intoxicação por Deus os videntes que foram afortunados o bastante para atingir essa visão... Toda a força, toda a beleza e toda a verdade têm sua morada dentro da sua luz. Seu símbolo é a brilhante abóbada do céu, que contém o sol, a lua e as estrelas, todos ligados em harmonia interpenetrativa. O conteúdo dessa Mente é um conteúdo vivo; as cintilantes Imagens Arquetípicas são uma hierarquia de poderes espirituais vivos, cada um deles com o seu ser misturado a todo o restante, pois, acima de tudo, esse é um plano de unidade harmoniosa, a música das esferas.[40]

Todos os níveis cósmicos estão contidos dentro dele; assim, ele é apresentado como o "Cosmos". Esse é um termo amplamente utilizado como sinônimo para o universo, mas com uma ênfase na ordem, na harmonia e na beleza. A palavra grega *kosmos* também significa "adorno" – o que nos leva a perguntar o que ou quem se pensava que o universo adornasse. No contexto das Estâncias, pode-se considerar que isso sugeria que o universo é o adorno do Filho, ou Mente Universal, embora isso possa ter igualmente outras associações. Utilizaremos "cosmos" como uma palavra mais inclusiva do que "universo", que hoje está geralmente restrito ao mundo físico. De acordo com antigos testemunhos, Pitágoras foi a primeira pessoa a chamar o universo de cosmos. Talvez a Escola Pitagórica tenha sido o mais antigo grupo de pensadores gregos a formular modelos do universo. Essa escola exerceu uma vigorosa influência sobre a história subsequente da cosmologia. Eles foram famosos por sua doutrina da "Música das Esferas" e outras ideias cosmológicas inovadoras. O número "quatro" era importante para eles, pois desempenhava um papel de importância na estrutura da *Tetraktys* sagrada: significava completude em suas teorias numéricas especulativas. Filósofos neopitagóricos do período helenista também consideravam o universo como expressão de uma Mente Divina.

O aparecimento do Filho é anunciado por uma sucessão de esplêndidos epítetos: "radiante Filho dos dois", "Glória refulgente", "Espaço Brilhante, Filho do Espaço Negro", "o Sol" e "o resplandecente Dragão Divino da Sabedoria". Ele desenrola o Véu do Dia que faz com que os Poderes da Noite se desapareçam da nossa vista, embora ainda estejam lá na escuridão além da luz do Sol. Esse Véu é outra versão da "fronteira" discutida anteriormente, pois ele oculta a Fonte negra das coisas que permanecem escondidas acima.[41] Abaixo está a "grande Ilusão" do mundo – uma ilusão apenas porque se percebe, de maneira equivocada, que ela existe independentemente de sua raiz não manifesta, pois nada pode existir fora do todo ilimitado (Ser absoluto). Quando isso é esquecido, caímos como presas da ilusão. O Filho designa funções para os "Seres Luminosos" (Devas), que são partes de si mesmo. Eles são grandes seres impessoais que supervisionam os vários aspectos da ordem cósmica. Uma nova fronteira então se forma: o que está acima se torna "um Mar de Fogo sem praias", enquanto abaixo fluem as "Grandes Águas" das quais emergirá o universo.[42] Mas a manifestação não se completa com o aparecimento do Filho, pois os outros níveis do cosmos ainda precisam passar a existir.

Versos posteriores da Estância III descrevem a subsequente modelagem do universo. Essa modelagem é supervisionada pelo Filho, agora chamado de "Pai-Mãe" porque contém dentro de si as características de ambos os pais; desse modo, ele é capaz de fazer prosseguir o curso da manifestação cósmica. Ele é também chamado de "Svabhavat" (literalmente, "Vir a Ser de Si Mesmo"), mas a expressão também pode se referir ao Pai, ou "Senhor

Autoexistente" (III.12). Em III.10, recebemos a informação de que ele tece uma teia, que se prende, numa das extremidades, ao Espírito (Luz Primordial), e na outra à Matéria (as Grandes Águas). A teia é identificada com o Universo, que é um aspecto do próprio Filho. Em III.11 é dito que ela se expande ou se contrai quando é tocada pelos sopros do Pai e da Mãe. Isso redireciona a nossa atenção para o "incessante sopro eterno" original que é inerente ao Ser absoluto e é a fonte suprema da pulsação da teia.[43] Até mesmo os "filhos" (os "átomos" de III.12) compartilham do seu dinamismo. Eles se dispersam para ingressar no "grande dia" do novo universo e retornam novamente à Mãe no findar desse universo. Os que estão familiarizados com os modelos científicos de universos em expansão e contração poderiam ser tentados a reconhecer aqui uma conexão, mas ainda estamos descrevendo eventos que ocorrem no mundo psíquico antes do aparecimento do universo físico.

A teia representa o campo de forças sutis que liga todas as coisas umas às outras, tanto as psíquicas como as físicas, numa unidade total. Na física moderna, ela aparece como o ideal especulativo de um campo unificado que tornaria compreensível o universo físico. Essa teia é a corporificação sutil da Harmonia Cósmica, que é a base para as chamadas "leis da natureza". Em outro lugar de *A Doutrina Secreta*, isso é explicado em função do *karma* (ação).[44] Na passagem seguinte, Madame Blavatsky identifica a Lei Kármica com a manutenção da harmonia universal:

> Essa Lei [Karma] – seja ela Consciente ou Inconsciente – não predestina nada nem ninguém. Ela existe a partir da Eternidade, e na Eternidade, realmente, pois ela é a própria ETERNIDADE; e, como tal, uma vez que nenhum ato pode ser coigual com a eternidade, não se pode dizer que ela age, pois ela é a própria AÇÃO... O Karma nada cria, nem planeja. É o homem [ou a Natureza] que planeja e cria causas, e a lei Kármica ajusta os efeitos; esse ajuste não é um ato, mas a *harmonia universal*, que sempre tende a recuperar sua posição original, como um ramo que, flexionado com muita força, recupera sua posição com vigor correspondente... O KARMA é uma lei Absoluta e Eterna no Mundo da manifestação; e, como pode haver apenas um Absoluto, como uma Causa Una eterna e sempre presente, aqueles que creem no Karma não podem ser consi-

derados Ateus ou materialistas – e ainda menos fatalistas: pois o Karma é uno com o Incognoscível, do qual ele é um aspecto em seus efeitos no mundo dos fenômenos [os itálicos foram acrescentados].[45]

Portanto, o Karma não é um *ato* em si mesmo, mas o *princípio* da harmonia universal. Ele permeia todo o cosmos e conecta causas e efeitos particulares. Leis "causais" geralmente se referem a conexões específicas entre as coisas, como são percebidas e formuladas pela mente.[46] No entanto, o supremo laço de causalidade é a tensão entre Espírito e Matéria. Essa tensão mantém a rede no lugar e permite que a relação causa-efeito opere.

Em III.12, damos um passo a mais quando Fohat (o "Redemoinho de Fogo") é utilizado para endurecer os átomos. Podemos conceber Fohat como a energia da Mãe focalizada por meio do Filho. Ele é emitido a fim de preparar as almas para as peregrinações que lhes são destinadas no universo.[47] O que são os "átomos" e de onde eles vêm? Eles não são partículas físicas, embora talvez se relacionem com elas de alguma maneira, mas centros (ou "pontos de vista") para vivenciar o cosmos. Nesse sentido, os átomos são semelhantes às mônadas do filósofo alemão Leibniz, exceto pelo fato de que elas não são "sem janelas", mas se ligam por meio de fios (tensões) invisíveis da teia cósmica.[48] Outra diferença é que, enquanto as mônadas de Leibniz são *substâncias* criadas, esses "átomos" não são substâncias, em absoluto, mas formas individualizadas da Consciência una. Eles representam almas, e talvez seus Eus essenciais, embora não se tenha explorado essa distinção. Cada um deles reflete o "Senhor Autoexistente" como um espelho (ou microcosmo). Nas Estâncias, o "Senhor Autoexistente" se refere ao Pai (Espírito ou Luz Primordial) que é o Eu uno em todos os seres; os átomos são, desse modo, aspectos múltiplos desse Eu. O "endurecimento" os particulariza, respondendo por sua aparente distinção uns com relação aos outros. Uma imagem que capta o conceito todo é a "teia de Indra", como é utilizada em uma escola de budismo chinês.[49] A teia de Indra consiste em inúmeras joias que cobrem o palácio celestial do deus védico Indra. As joias espelham umas às outras de tal maneira que a rede toda é refletida dentro de cada uma delas, *ad infinitum*. Portanto, a rede é uma metáfora que ilustra a unidade interpenetrante daquilo que aqui é chamado de "átomos".

Conclusão das Estâncias

Nesse estágio, o universo físico permanece não formado nas sombrias profundezas inferiores. Os poderes transcendentes da Mãe e do Pai ainda estão escondidos na escuridão, aparentemente para assim permanecer até o final do *Manvantara*.[50] Nas Estâncias seguintes sobre a cosmogênese, descreve-se o trabalho dos poderes cósmicos para construir o arcabouço do universo, mas a efetiva transição do psíquico para o físico permanece obscura. Seus esforços culminam no nascimento do homem. Seguindo-se a isso, as Estâncias sobre antropogênese delineiam a história oculta da Terra e da humanidade até a era atual.[51] Elas nos levam além do âmbito do presente estudo. Porém, uma questão que essas Estâncias levantam deve ser mencionada, pois está em acentuado contraste com as ideias darwinistas a respeito da evolução do homem.

De acordo com *A Doutrina Secreta*, o homem está destinado a evoluir em um deus planetário. A fim de obter isso, é necessário que ele atravesse o estágio humano, considerado uma fase transitória. Os atuais deuses planetários eram outrora seres humanos, tendo merecido seus lugares graças ao uso adequado que fizeram de sua humanidade em outra corrente planetária. Eles ajudam de várias maneiras a evolução humana. Os teosofistas afirmam que esses deuses ajudaram a produzir as novas formas corporais no decurso da evolução. De acordo com essa doutrina, os primeiros seres humanos apareceram na Terra quando os *Pitris Lunares* (Pais Lunares) produziram corpos físicos sutis para as almas habitarem. Em cada estágio crítico do processo evolutivo, a assistência é proporcionada por seres provenientes de um nível superior do mundo psíquico. Consequentemente, a evolução humana envolve mais do que um processo de seleção natural. Além disso, *A Doutrina Secreta* sustenta que o Homem apareceu *antes* dos animais na ordem da evolução. Isso é concebível se o Homem começou como um arquétipo que-inclui-tudo presente na Mente Universal, do qual mais tarde as formas animais foram derivadas.

Deixamos de lado o simbolismo complexo das Estâncias posteriores. Parece que Madame Blavatsky considerou o mito verdadeiro como história literal que revela o remoto passado da humanidade sobre a Terra. Ela acreditava que ele envolve lembranças profundamente enterradas da existência prévia de dragões, gigantes e continentes perdidos. O Homem, na visão dela, evoluiu dos primeiros seres "sem ossos", ainda não completamente físicos, ao longo de uma sucessão de formas mais plenamente desenvolvidas que levaram até a atual Quinta Raça-Raiz. A escala de tempo de tais mudanças é enorme em duração, envolvendo longas eras reminiscentes da concepção hinduísta de *mahāyuga*. Ela tentou até mesmo projetar a evolução humana no futuro, uma vez que as Estâncias falam da Sexta e da Sétima Raças-Raiz, nas quais a humanidade se tornará mais espiritualizada. Por volta desse estágio da redação dos seus escritos, sua saúde estava se deteriorando rapidamente e seus poderes de inspiração começavam a falhar.

Não é fácil conciliar tudo isso com o que se sabe atualmente a respeito do passado humano. A origem da humanidade, não obstante tudo o que a ciência moderna foi capaz de descobrir, permanece um mistério. Quando o homem apareceu sobre a Terra, foi estabelecido um elo importante entre os mundos psíquico e físico, pois ele representa um novo poder (mente) no universo físico. Não se explicou de maneira convincente como essa conexão se originou. A criação é um processo psíquico em andamento, que continua a atuar ao longo de todo o curso da evolução – até mesmo depois do aparecimento de formas físicas concretas. Como ela afirma em *A Doutrina Secreta*:

> A evolução é *um eterno ciclo de vir a ser*... e a natureza nunca deixa um só átomo sem uso. Além disso, desde o princípio da Rotação, tudo na Natureza tende a se tornar Homem. Todos os impulsos da Força dupla, centrípeta e centrífuga, são dirigidos para um só ponto – o HOMEM.[52]

O Homem, enquanto microcosmo, reflete dentro de si todo o universo, inclusive a capacidade para evoluir. Mas o significado maior disso só se tornará claro quando discutirmos o universo em evolução no Capítulo VII. Por enquanto, simplesmente acentuaremos o fato de que a manifestação cósmica precisa ocorrer dentro do Ser absoluto, ou Consciência, pois é o mais longe que a mente pode nos levar.

Nossa visão da criação, expressando-nos de modo sucinto, é esta: o estado psíquico precede o físico, que dele deriva e com o qual interage. A origem do universo físico é análoga à transição do sono para a vigília. Ela reside em uma mudança do estado de ser, e não em uma sucessão linear de causas físicas que poderia facilmente levar a um regresso infinito. Aqui, meras especulações não nos ajudam. Mesmo que o universo tenha começado com um "bang", a mente nunca está satisfeita com uma sumária afirmação *ex nihilo*. Ela sempre procura por explicações adicionais.

A Nona Sinfonia de Beethoven: Uma Breve Análise

O seguinte esboço oferece uma interpretação da Nona Sinfonia de Beethoven de um ponto de vista cosmológico. Obviamente, essa não é a única maneira de apreciá-la. Sempre houve controvérsias a respeito da introdução da música coral no último movimento da sinfonia. Seria essa uma gigantesca asneira da parte de Beethoven, ou a única resolução aceitável das questões levantadas nos três primeiros movimentos? Estariam aí, na verdade, algumas perguntas que precisavam ser resolvidas nos movimentos anteriores, e que poderiam simplesmente ser pura música, sem qualquer programa, em absoluto? Uma vantagem da análise que oferecemos está no fato de que, quando a sinfonia é reconhecida como um desdobramento progressivo das etapas do processo criativo, o coral que encerra a sinfonia se torna um clímax indispensável para toda a obra. Aqui, novamente, os quatro movimentos significam integralidade:

PRIMEIRO MOVIMENTO (Allegro): Negras águas primordiais erguendo-se e se expandindo em resposta ao anseio criativo interior.
SEGUNDO MOVIMENTO (Scherzo): O jogo das selvagens energias dionisíacas nos espasmos da criação.
TERCEIRO MOVIMENTO (Adágio): Serena reflexão apolínea sobre a realização a que se chegou, seguida por uma sensação perturbadora de que algo ainda está faltando.

QUARTO MOVIMENTO (Coral): A triunfante alegria (deleite) da criação consumada, na qual a humanidade abrange todo o universo em sua exultação.

O último movimento é essencial, pois sugere que a obra criativa de um artista não está completa até que seja compartilhada com outras pessoas. Deveríamos esperar algo menor da manifestação de um Cosmos?

A FACE FÍSICA

Em céus adormecidos
Estrelas lustram a escuridão da noite
Com o doce brilho do anoitecer.

Prancha IV: Albert Einstein

IV

A Cosmologia Científica Moderna

Introdução

Quando passamos da cosmologia mítica para a científica, a face psíquica do universo desaparece no pano de fundo e é substituída por uma distribuição aparentemente ilimitada de estrelas e galáxias que se espalham pelo espaço e pelo tempo. Descemos abaixo da fronteira que separa os poderes não manifestos do universo manifesto. Com essa mudança de foco, a Mente Universal e o cosmos interior que deriva dela desaparecem da nossa vista. Na ciência moderna, a conexão entre o universo físico e suas fontes ocultas é rompida. A transição efetiva da consciência psíquica para um mundo físico permanece um mistério que a cosmologia mítica não esclarece. Na verdade, um cosmos psíquico poderia muito bem ter existido sem que qualquer manifestação física o acompanhasse. Alternativamente, o mundo físico poderia se constituir simplesmente em um tecido de eventos psíquicos sem qualquer função ou propósito próprios. Algumas tradições estão adotando essa última visão como a palavra final. Entretanto, os cosmólogos científicos gostariam de obter uma descrição mais detalhada do universo físico em que vivemos.

Cada tipo de cosmologia aborda de uma maneira diferente a existência do universo. Os cientistas aceitam o mundo físico como dado da experiência, e se empenham em estudar como ele funciona construindo modelos teóricos para representar o que observam. Eles descrevem as características mensuráveis do universo, mas não consideram como a consciência surge e floresce dentro dele.

Nossa visão, por outro lado, considera a alma como uma realidade sempre presente, e inerente ao universo. Quando a alma desperta e se torna autoconsciente em sua longa marcha evolutiva, ela descobre o mundo físico. De início, ela tenta responder por isso contando com seus poderes mentais limitados, mas em desenvolvimento.[1] A matéria é logo considerada como a base substancial de tudo. A física reina suprema, uma vez que ela é uma maneira sistemática de lidar com a matéria e a energia. A consciência é reduzida à condição de ser um mero subproduto do sistema nervoso e do cérebro conforme eles evoluíram na Terra. Tudo o que pareça diferente é reduzido a uma base material, e até mesmo a existência da alma é questionada. Esse não é o final da história, mas reflete uma compreensão limitada das profundas perplexidades da existência cósmica (ver Capítulo VII).

No entanto, para os cosmólogos científicos o universo contém tudo o que existe no espaço e no tempo. Essa é uma definição pouco precisa do universo. Nós não entendemos o que o espaço e o tempo realmente são, e nem sabemos quantos tipos diferentes de coisas existem. A atenção está concentrada no universo astronômico, pois sua estrutura global fornece o contexto físico para tudo o que se manifesta dentro dele. Os cientistas supõem que ele é uma totalidade ordenada, e não um mero aglomerado, mas não conseguem explicar por que ele é assim. No entanto, a suposição de uma ordem cósmica requer uma justificativa, e para isso eles recorrem às eternas leis da natureza ou a um poder superior capaz de estabelecê-la. Muitos cientistas, que acreditam que as leis da física são suficientes para explicar as coisas, rejeitam o apelo a um poder superior. No entanto, se tal poder é aceito, surge uma questão mais profunda: "Por que as leis da física o escondem de modo tão eficiente?" A abordagem de Sri Aurobindo oferece uma resposta satisfatória a essa questão, mas precisamos obter alguma familiaridade com outras visões cosmológicas antes de poder apreciá-la.

Logicamente, pode haver um só universo, pois, por definição, ele contém todas as coisas. Entretanto, alguns cosmólogos científicos estão utilizando agora a forma plural da palavra. Quando um sistema de coisas que interagem fisicamente é extenso o bastante (ou está a caminho de sê-lo), e está efetivamente isolado dos outros sistemas, ele pode ser chamado de universo. Seu isolamento pode ocorrer no espaço, no tempo ou numa combinação de ambos. Se outros universos existem, o nosso pode ser parte de um "Multiverso" maior, que contém um número ilimitado deles. Uma característica suplementar desses universos, que vieram à linha de frente em recentes discussões entre os físicos, é o fato de que eles podem ter leis diferentes das que regem nosso universo. Falaremos sobre isso no próximo capítulo. A palavra "Universo" no singular pode ser mantida, se preferirmos assim. Ele então consistirá em muitos domínios, grandes e isolados, num imenso superespaço. Qualquer que seja o caminho que escolhermos, a cosmologia ainda se preocupará com a natureza do universo *como um todo*, incluindo todas as suas faces, conteúdos e leis. Outrora, esse tema fazia parte da filosofia especulativa que lidava com as características mais abrangentes do universo, como o tempo, o espaço e a casualidade. Porém, desde o aparecimento da teoria geral da relatividade de Einstein, a cosmologia é considerada um ramo da física. Como começamos a reconhecer, essa abordagem científica ignora os outros tipos de cosmologia considerados neste livro.

Leis da Natureza

A base filosófica da ciência moderna é a ideia de "leis da natureza". A descoberta empírica dessas leis revela as forças físicas que operam no mundo "real" para produzir os fenômenos que observamos. Desse modo, essas leis desempenham um papel de suma importância na formulação dos modelos científicos do universo. Mas o conceito de lei da natureza é uma abstração baseada numa visão de mundo particular e não é, de maneira alguma, um fato inquestionável. Ele faz parte de uma abrangente abordagem materialista da natureza que distingue nitidamente o mundo "lá fora" e o sujeito que o percebe, reduzindo desse modo a consciência a um mero subproduto da matéria. O universo é concebido como uma máquina matemática impessoal onde não há lugar para a vida e para a humanidade, entendidas como ordens de existência superiores. Para a mentalidade científica, essa visão é o único meio de as coisas fazerem sentido. No entanto, apesar da sua utilidade científica, ela é uma pressuposição sobre a natureza do universo que não se sustenta.

O sucesso da física reside na descoberta de regularidades gerais no comportamento das coisas, que são por isso chamadas de leis da natureza. Previsões comprováveis a respeito do estado do mundo em qualquer dado momento podem ser derivadas dessas leis. Os físicos não têm ideias aceitas unanimemente a respeito de onde essas leis vieram ou por que elas têm uma forma específica. As leis são o fundamento da cosmologia científica, e questionar sua origem e formas vai além da prática da física como ciência. De um ponto de vista positivista, isso só pode gerar especulações infrutíferas. No entanto, como muitos físicos vieram a perceber, as questões metafísicas não podem ser completamente evitadas se nós quisermos entender as implicações das descobertas científicas. É óbvio que nem todo enunciado geral sobre o mundo merece o título de "lei da natureza". Embora a concepção de natureza que a reconhece sujeita a leis possa ser rastreada até um período muito antigo, a expressão só se difundiu por toda parte no século XVII, como resultado do triunfo da mecânica newtoniana.[2] A lei da gravitação universal de Newton foi utilizada como um caso-paradigma para a visão mecânica da natureza. Ela levou as pessoas a pensar que o universo é uma máquina enorme que obedece às eternas leis de Deus, assim como os súditos obedecem às leis civis de um rei. Essa visão não é comum na ciência atualmente, mas a concepção de leis da natureza ainda desempenha um papel fundamental.

A característica central de uma lei é sua universalidade; por isso, as leis da natureza são às vezes descritas como generalizações universais baseadas na experiência. Os filósofos discordam com relação ao que essas leis realmente representam. A principal diferença é a que separa duas visões gerais a respeito delas. Aqueles que apoiam uma das visões, associados com o filósofo escocês David Hume, sustentam que as leis da natureza são apenas generalizações que descrevem as relações observadas entre objetos físicos. Elas expressam as regularidades que os físicos descobrem no mundo natural ao nosso redor; nesse sentido, seria mais preciso chamá-las de "leis da física". Além disso, de acordo com essa visão, elas são afirmações contingentes que não expressam nenhuma necessidade causal. A outra visão que tradicionalmente se sustenta afirma que leis da natureza autênticas expressam relações necessárias entre as coisas. Essa ideia de leis difere radicalmente da anterior, uma vez que ela pressupõe um claro discernimento metafísico da natureza da realidade.

Os filósofos da ciência modificaram ambas as concepções, mas não vamos nos aprofundar nos detalhes. Em vez disso, aceitaremos a última visão como a mais fecunda para a cosmologia, e a apoiaremos interpretando as leis da natureza como aspectos parciais da Harmonia Cósmica, que abrange todo o universo. Embora expressem relações necessárias de algum tipo, essas leis podem ser suplantadas por outras no decorrer do tempo. Por exemplo, na física moderna, as leis da conservação exibem o caráter difundido de forças que operam atualmente no universo. Essas leis afirmam que certas quantidades de suma importância permanecem constantes em qualquer lugar no espaço e em qualquer momento do tempo. Mas a natureza das forças em ação não prossegue além do mundo físico. Do ponto de vista da cosmologia mítica, essas forças são concebidas como diferentes formas de uma consciência universal única. Esse fato sugere que as leis são expressões de vontades cósmicas inflexíveis. Mas é possível que, à medida que o universo evolua, constância assim indicada possa vir a ser substituída por leis de nível mais elevado, as quais seriam requeridas por harmonias ainda latentes no presente estágio de desenvolvimento cósmico. Essas exigências podem mudar, embora tendam a permanecer estáveis ao longo de grandes extensões do tempo. Em períodos de estabilidade, a harmonia é expressa do modo costumeiro que podemos chamar de leis da natureza, contanto que estejamos cientes do caráter metafórico dessa expressão.[3]

Um conceito básico na física atual é o de *campo*, que é uma versão desmaterializada do éter mecânico da física clássica.[4] Em vez de ser uma substância material que preenche todo o espaço, o campo é identificado com o próprio espaço (ou espaço-tempo). As relações de campo são expressas em símbolos matemáticos, uma vez que a física teórica está mais preocupada com a estrutura formal abstrata da natureza do que com seu conteúdo material. A relação entre o espaço-tempo e a matéria é representada pelas equações de campo formuladas pela primeira vez por Einstein e que descrevem as propriedades do campo gravitacional. Essas propriedades parecem se sustentar por toda parte ao longo de todo o universo, e até mesmo modelar sua estrutura global. Einstein não derivou suas equações diretamente da experiência, mas afirmou que elas eram uma criação imaginativa da mente. Elas constituem uma tradução matemática genuína, embora limitada, de um aspecto da harmonia cósmica. A gravidade, no entanto, também é uma força maciça de destruição no universo. Isso é evidente em fenômenos violentos, como as explosões de estrelas e os buracos negros. Aqui, opera alguma coisa que se opõe às tendências expansivas da natureza.[5] A gravidade não precisa ser considerada como uma lei eterna imposta seja por Deus ou pela Natureza, pois ela pode ser parte do tecido de um universo que muda ao longo do tempo. Não obstante, as equações de campo gravitacionais, às vezes chamadas de "equação de Einstein", descrevem com sucesso como a gravidade atua e se comporta. As equações de campo se tornaram posteriormente a base para o desenvolvimento de modelos cosmológicos abrangentes, que serão examinados mais adiante neste capítulo.

O Domínio das Galáxias

Antes de considerarmos as bases teóricas da cosmologia científica, vamos examinar brevemente o universo observado da ciência moderna. Por volta do início do século XX, a astronomia havia progredido de um mundo de estrelas e planetas para o domínio das galáxias. Novas descobertas se seguiram à introdução de grandes telescópios de reflexão capazes de recolher luz vinda de regiões do espaço cada vez mais distantes. Mas os astrônomos, de início, não conseguiram perceber a plena significação do que estavam observando. Num encontro promovido pela National Academy of Sciences em 1920, ocorreu um "Grande Debate" entre astrônomos que representavam pontos de vista opostos.[6] Um dos lados argumentava que a galáxia da Via-Láctea, à qual pertence o nosso Sistema Solar, continha todas as estrelas do universo. Observações feitas na época a respeito das então chamadas nebulosas espiraladas indicavam para aqueles que apoiavam essa visão que esses objetos misteriosos faziam parte da nossa própria Galáxia, além da qual havia apenas o espaço vazio infinito. O outro lado sustentava que as nebulosas eram sistemas estelares por si mesmos, chamados de "universos-ilhas", que existiam muito além dos confins da Via-Láctea.

A questão foi resolvida de modo conclusivo a favor dessa última visão quando o astrônomo norte-americano Edwin Hubble demonstrou, por volta de 1925, que a Galáxia de Andrômeda era um sistema independente que existia fora da Via-Láctea. Essa descoberta tinha a vantagem adicional de eliminar a ideia de uma imensa região vazia além das estrelas, pois agora se sabe que as galáxias existem por toda parte (Prancha V).

A ampliação da nossa imagem do universo foi apenas o primeiro passo para Hubble. Por volta de 1929, utilizando avançados métodos de espectroscopia, ele descobriu que a maioria das galáxias exibia um deslocamento das linhas espectrais em direção à extremidade vermelha do espectro. Esses desvios para o vermelho são interpretados como movimentos que se afastam de um observador (Efeito Doppler), e por isso Hubble considerou o que ele observava como um recuo geral das galáxias num movimento que as afastava umas das outras. Isso se tornou conhecido como o "universo em expansão". Hubble também descobriu uma relação linear, conhecida como "Lei de Hubble", a qual enunciava que a velocidade do recuo aumenta com a distância entre a galáxia e o observador.[7] Isso não significa que o restante do universo esteja se afastando de *nós*, mas que todas as galáxias (incluindo a nossa) estão se afastando umas das outras. Essa situação é resumida pelo *princípio cosmológico*, o qual afirma que, numa escala suficientemente grande, o universo parece o mesmo de qualquer lugar que se olhe dentro dele.

Uma ilustração conveniente do universo em expansão é a de uma bolha de sabão que infla e com partículas de poeira que aderem à sua superfície. À medida que a bolha se expande, as distâncias entre as partículas e suas velocidades de recuo, como são observadas a partir de qualquer uma dessas partículas, aumentam de acordo com a mesma relação matemática expressa pela Lei de Hubble. Nessa ilustração, as partículas de poeira representam as galáxias e a superfície da bolha de sabão representa o espaço em expansão que as contém. A analogia não é exata, pois uma bolha tem uma fronteira que se move para fora, em direção ao espaço que a circunda, ao passo que o universo real não tem uma tal fronteira. Um entendimento disso envolve

Prancha V. O Domínio das Galáxias

uma comparação entre diferentes geometrias, que consideraremos mais detalhadamente na seção sobre relatividade geral. A situação é mais complicada atualmente, pois agora se sabe que as galáxias se agrupam em gigantescos aglomerados e superaglomerados, mas ainda se acredita que o princípio cosmológico se mantenha numa escala suficientemente grande. Desde que Hubble descobriu a expansão do universo, nossa imagem cosmológica não é mais a mesma que a dos séculos anteriores. Agora se considera que o universo está se expandindo dinamicamente em vez de permanecer estático. É óbvio que essa situação requer novas teorias capazes de responder por ela. Elas já estavam disponíveis, mesmo antes das descobertas de Hubble, nos novos modelos matemáticos que se desenvolveram com base na relatividade geral.

A Teoria Geral da Relatividade

Antes de abordar teorias científicas, precisamos rever a função de uma teoria na ciência. Teorias são tentativas sistemáticas para explicar o mundo. Entre os muitos tipos possíveis, as teorias científicas modernas têm significados próprios precisos. Elas são úteis quando investigamos certas características do universo. Para muitos não cientistas, uma teoria é pouco mais que uma ideia não comprovada, ou mera especulação. No entanto, em ciência, isso é geralmente chamado de hipótese. Teorias podem começar como hipóteses, mas exigem um *input* adicional para se tornarem cientificamente estabelecidas. Uma hipótese científica se torna uma *teoria* madura apenas quando foi testada experimentalmente. Critérios filosóficos, tais como a completude causal, também são utilizados por alguns teóricos para distinguir entre hipóteses e teorias. Mas, de um modo geral, hipóteses que são confirmadas repetidas vezes finalmente são aceitas como teorias. Quando uma hipótese falha num teste, ela pode ser rejeitada ou posteriormente incluída numa teoria mais completa. Uma teoria científica, como qualquer outra, nunca é definitiva. No entanto, quando ela é testada o suficiente, fornece um nível de entendimento a respeito de um dado assunto. Além disso, ela funciona como um meio útil para se prever novos fenômenos.

Relatividade e Geometria

A cosmologia científica moderna começou em 1917 com um modelo do universo físico derivado por Einstein da sua teoria geral da relatividade. A relatividade geral é uma teoria da gravitação que suplanta a física newtoniana.[8] A fórmula de Newton para a gravitação afirma que todo corpo no universo atrai outros corpos com uma força que é proporcional às suas massas, e varia inversamente com o quadrado da distância entre eles.[9] Enquanto Newton concebia a gravidade como uma força de atração entre dois corpos separados por um espaço vazio ("ação a distância"), a relatividade geral é uma teoria de campo na qual a gravidade é entendida em função da geometria do espaço (ou do espaço-tempo). Consequentemente, ela prescinde da ideia de uma *força* que atua entre corpos, focalizando, em vez dela, a *estrutura* geométrica do campo que os circunda. Apesar das diferenças conceituais, a fórmula de Newton está agora incorporada como um caso especial da teoria mais geral.

A base filosófica da relatividade geral é a ideia de que as leis da natureza precisam ser as mesmas para todos os observadores, independentemente de onde eles estejam e de como estão se movendo. Esse é o ponto essencial do que é conhecido tecnicamente como "princípio da covariância":

> O princípio afirma que as leis da natureza precisam ter expressões independentes do sistema de referência no qual elas são representadas – independentes da visão particular de qualquer observador. Isso equivale a dizer que as leis da natureza são totalmente objetivas.[10]

Portanto, ao contrário da opinião popular a respeito da teoria da relatividade de Einstein, todas as coisas *não* são relativas. A natureza é concebida como a mesma em qualquer lugar, embora o que observamos dependa do nosso particular sistema de coordenadas de referência. Desse modo, o complexo mundo físico da experiência pode ser descrito por meio de umas poucas leis absolutamente invariantes. Isso capta a essência das genuínas leis da natureza, que (como vimos antes) são caracterizadas por sua universalidade. Por exemplo, na relatividade geral, a lei da gravitação é figurada como uma curvatura do espaço (espaço-tempo) ocasionada pela presença da matéria. Os planetas descrevem órbitas curvas ao redor do sol porque o espaço que o rodeia é curvo, e não porque eles sejam atraídos por uma força centralizada no sol. Mas o que significa a "curvatura do espaço"?

Para começar, há diferentes geometrias disponíveis aos cosmólogos atualmente. Três delas são particularmente pertinentes à cosmologia relativista, e podem ser distinguidas uma das outras por suas propriedades. Por exemplo, na geometria euclidiana apenas uma linha reta que passa por um ponto fora de uma dada reta pode ser paralela a ela, mas a geometria não euclidiana introduz duas outras possibilidades. Em um caso, há um número infinito de linhas que passam por um ponto e são todas paralelas à linha dada; no outro caso, não há nenhuma paralela. Essas três alternativas podem ser visualizadas em superfícies bidimensionais. Um plano que se estende infinitamente em todas as direções representa o espaço euclidiano; esse tipo de espaço é chamado de *plano*. Newton tomou como certa a geometria euclidiana ao formular sua lei da gravitação, uma vez que era a única geometria conhecida naquela época. Ele supôs que o espaço euclidiano era um recipiente passivo no qual ocorriam as interações entre os corpos materiais. Na teoria de Newton, considerava-se que os corpos se moviam uniformemente em linha reta a não ser que forças externas atuassem sobre eles. Essas forças eram necessárias para mudar o estado de movimento de um corpo (a primeira e a segunda lei do movimento).

Por outro lado, a geometria não euclidiana na qual um número infinito de linhas paralelas passa por um mesmo ponto pode ser representada por uma superfície em forma de sela; o espaço dessa geometria é *aberto*. Finalmente, a geometria não euclidiana na qual não há paralelas pode ser ilustrada pela superfície de uma esfera; o espaço dessa geometria é *fechado*. Todas as três geometrias diferem igualmente em outras propriedades, tais como a soma dos três ângulos de um triângulo, a área de um círculo, e assim por diante. As diferenças entre elas são completamente gerais e podem se estender para os espaços de mais de três dimensões, embora seja impossível visualizá-los. A curvatura é definida como uma propriedade *intrínseca* de um espaço e não depende da nossa capacidade para imaginá-la em espaços de maior número de dimensões. Qual geometria corresponde melhor ao espaço do nosso universo é uma questão empírica a ser determinada por medições feitas inteiramente no âmbito desse espaço. A escolha entre modelos cosmológicos alternativos é difícil, envolvendo delicadas técnicas de observação.

Até aqui, tudo o que dissemos é matemática abstrata, mas ela pode ser convertida em física se imaginarmos as linhas geométricas ideais como as trajetórias descritas por raios de luz.[11] O problema se torna então uma questão de se saber qual geometria os raios de luz obedecem quando viajam através do universo. O espaço cósmico é plano, aberto ou fechado? Num espaço aberto ou fechado, os caminhos dos raios de luz se curvam em conformidade com a curvatura das superfícies a que nos referimos no parágrafo acima. Uma resposta a essa pergunta sobre a natureza do espaço cósmico depende da maneira como a geometria não euclidiana está integrada na relatividade geral. Ela envolve a noção de que o espaço se deforma na presença da matéria, fazendo com que os raios de luz (assim como outros corpos) se movam segundo trajetórias curvas. A pista que levou Einstein a essa visão é conhecida como "princípio da equivalência". Em uma de suas formulações, ela afirma que os efeitos da gravidade são equivalentes ao movimento acelerado, o que lhe permitiu assim prescindir da força gravitacional como um conceito fundamental em sua teoria.[12] Ela só é útil em certos sistemas de coordenadas de referência. Tudo isso é resumido na *equação de Einstein*, que é a culminação dos seus esforços para desenvolver uma nova teoria da gravitação.

A Equação de Einstein

A equação de Einstein é uma das mais célebres equações científicas porque liga a geometria e a física de uma maneira matemática elegante. Embora o espaço, o tempo e a matéria sejam experimentalmente reais, essa equação sugere que eles não precisam ser entidades fundamentais em uma teoria unificada do universo. Eles são tratados como aspectos interdependentes de uma única realidade abrangente, ao passo que Newton as concebia como separadas e independentes umas das outras. Newton acreditava que Deus criara os corpos materiais e os colocara no espaço, que ele pensava ser o sensório divino.[13] As estrelas e os planetas resultaram da atração mútua desses corpos. No entanto, para Einstein o espaço-tempo e a matéria são modos relacionados de um único sistema físico identificado como campo gravitacional. Um livro recente sobre esse assunto tem o título de *God's Equation* [A Equação de Deus].[14] Isso poderia ser apenas uma hipérbole, mas há um ponto que se deve levar em consideração. Einstein foi motivado por uma convicção profunda sobre a harmonia do universo e pela confiança em que essa harmonia poderia ser expressa em leis conceitualmente simples. Ele passou dez anos de árduo trabalho intelectual para chegar a essa equação. Sua atitude nesses anos se reflete em um comentário que ele fez certa vez, dizendo que "Deus é sutil, mas não é malicioso".[15] Grandes sacrifícios pessoais fizeram com que ele envelhecesse prematuramente com a aparência de um mago de cabelos grisalhos e com a testa cheia de rugas, imagem com o qual ficamos familiarizados por meio das suas últimas fotografias. Em várias ocasiões, ele se referiu à inspiração de que o sustentara durante esses anos difíceis como um "sentimento religioso cósmico". Isso parece uma referência à consciência cósmica, embora tenha sido densamente matematizada por Einstein para propósitos científicos. Em seu trabalho criativo, ele enfatizava o aspecto cósmico da harmonia, e não a imensa variedade de coisas que ela abrange. Certa vez ele disse: "Eu quero conhecer os pensamentos de Deus... o resto são detalhes."

Einstein muitas vezes expressou sua admiração pelo filósofo racionalista Espinosa. Mas, com exceção de algumas observações gerais sobre a filosofia de Espinosa, ele nunca se dedicou a uma exposição detalhada dessa filosofia. Seu respeito por Espinosa era tão grande que ele considerava que seria presunçoso se empenhar em tal procedimento. Como ele diz:

> Muitos tentaram apresentar os pensamentos de Espinosa em linguagem moderna – um empreendimento ousado, e também irreverente, que não oferece nenhuma garantia contra a má interpretação. No entanto, ao longo de todos os escritos de Espinosa encontram-se proposições aguçadas e claras que são obras-primas de formulação concisa.[16]

O que parece razoavelmente correto é que Einstein via em Espinosa um espírito semelhante ao seu. Ele apreciava a profunda reverência do filósofo pelo universo e pela vida humana enquanto parte dele. Espinosa não estava particularmente interessado em física e não fez nenhuma contribuição notável para essa ciência. Seu interesse fundamental era desenvolver um sistema metafísico que daria apoio à sua concepção de uma vida santificada. Ele concluiu que a forma mais elevada de pensamento consiste em "perceber as coisas sob uma certa forma de eternidade".[17] Isso sugere um indício de consciência cósmica, mas Espinosa não o desenvolveu. Curiosamente, ele utilizou a expressão "a face do universo todo" (*facies totius universi*) para o universo físico e o identificou como um modo infinito mediado de Deus. Sua filosofia ressoa com a própria visão de mundo de Einstein como resume a seguinte passagem:

> O indivíduo sente a futilidade dos desejos e objetivos humanos bem como a sublimidade e a ordem maravilhosa que se revelam tanto na natureza como no mundo do pensamento. A existência individual o impressiona como uma espécie de prisão e ele quer experimentar o universo como um único todo significativo.[18]

A concepção impessoal do universo que era característica tanto de Espinosa como de Einstein, embora não seja a do todo da consciência cósmica, se refere a um aspecto importante desse todo. Ela nos oferece uma garantia útil contra o autoengano e as posturas dogmáticas dos quais muitas pessoas bem-intencionadas se tornam vítimas.

A equação de Einstein é muito complicada para que possamos analisá-la aqui em profundidade, mas pode ser esquematizada da seguinte maneira: Curvatura do espaço-tempo = $8\pi G$ x Matéria. Uma afirmação atribuída ao físico John Wheeler capta o aspecto essencial dessa equação. Ele disse que a matéria mostra ao espaço-tempo como se curvar, e a curvatura do espaço-tempo mostra à matéria como se mover. A equação geral é uma expressão simbólica em forma tensorial para dez equações de campo distintas.[19] Os tensores representam, em notação matemática concisa, a exigência fundamental da relatividade geral: as leis da natureza precisam conservar a mesma forma sob todas as transformações possíveis (princípio da covariância). Elas podem ser expandidas em um leque de equações diferenciais parciais que descrevem o movimento dos corpos em um campo gravitacional.

A principal característica da equação de Einstein é que a métrica define um campo espaço-temporal quadridimensional. Nesse caso, a quarta dimensão não é o tempo vivenciado, mas um termo espacializado que incorpora a medida do tempo. O espaço-tempo como um todo, à semelhança de um vasto oceano, é uma coisa una indivisível, na qual ocorrem movimentos. Esses movimentos relativos são responsáveis pelas variações em nossas medidas físicas. Nós experimentamos o espaço e o tempo separadamente, mas, a combinação de suas medidas sempre produz a mesma quantidade invariante. Isso sugere que elas são diferentes manifestações de um único *continuum* (o espaço-tempo). Embora as implicações metafísicas sejam de longo alcance, não iremos explorá-las agora. A estrutura do espaço-tempo não pode ser visualizada, mas é matematicamente precisa. Além disso, ninguém sabe com certeza o que fazer com espaços de mais de três dimensões.[20] Para fins práticos, é suficiente conceituar o espaço-tempo em termos de geometria, e não como uma entidade substantiva. A geometria descreve a maneira como a luz e a matéria se movimentam num campo gravitacional e, por sua vez, a matéria determina a estrutura geométrica do campo. Se mantivermos isso em mente, podemos evitar cair nas garras de quebra-cabeças lógicos como estes: "O que há fora do espaço?" e "O que havia antes do tempo?"[21]

Quando Einstein formulou sua equação, ele comentou que o lado esquerdo fora esculpido em mármore, mas o lado direito fora feito de palha. O lado esquerdo refere-se à geometria do espaço-tempo, que pode ser definida com precisão, enquanto o lado direito descreve as propriedades gerais da matéria e da energia. A relatividade geral não nos diz nada a respeito da natureza da matéria e da energia em si mesmas. Muito se aprendeu sobre essa natureza desde a época de Einstein; abordaremos parte desse conhecimento quando discutirmos a mecânica quântica. A equação de Einstein, por outro lado, nos diz muitas coisas importantes sobre o universo físico. A gravidade governa o universo em seu todo, e essa equação expressa a lei da gravitação universal. Ela descreve as formas das órbitas planetárias, o formato das galáxias, a curvatura da luz nos campos gravitacionais, a diminuição da marcha dos relógios por causa da gravidade, os efeitos das lentes gravitacionais, o colapso de estrelas em buracos negros e as ondas gravitacionais no espaço. Acima de tudo, ela segue o curso da história do universo desde sua origem no *big-bang* até sua possível morte num futuro muito distante. Somos tentados a dizer que ela contém todo o mundo físico dentro do seu simbolismo compacto, mas são necessários poderes matemáticos prodigiosos para extrair dela toda essa informação.

Por todos os seus sucessos, a relatividade geral é basicamente uma teoria de gravitação, que é apenas uma das quatro forças fundamentais da natureza, juntamente com o eletromagnetismo e as forças nucleares forte e fraca. Einstein estava ciente de que sua teoria era incompleta, e, conduzido por sua visão central de harmonia cósmica, ele tentou estendê-la de modo que incluísse outras forças numa teoria do campo unificado. Embora essa tarefa tenha se comprovado irrealizável para ele, outras abordagens com o propósito de unificação estão sendo feitas atualmente ao longo de diferentes caminhos. A tentativa mais promissora até agora é uma forma, ainda insuficientemente entendida, da teoria das cordas conhecida como "Teoria M". Suas sutilezas matemáticas, envolvendo muitas dimensões espaciais ocultas, desafiam as capacidades atuais da mente humana.[22]

Modelos Cosmológicos

Os modelos cosmológicos constituem o cerne da cosmologia científica. Entender sua natureza e sua função é essencial para uma discussão sobre o papel da relatividade na cosmologia. Um modelo cosmológico é uma representação teórica simplificada do universo em seu todo.[23] Os modelos científicos modernos consistem em uma combinação de enunciados gerais, de suposições geométricas e de equações matemáticas caracterizando um tipo específico de universo. Antes do advento da ciência moderna, os modelos do universo eram tipicamente pictóricos e não incluíam equações do tipo atualmente utilizado na física. Isso ainda é verdadeiro na cosmologia tradicional, que tem caráter fundamentalmente qualitativo. Alguns modelos pictóricos têm uma significação cósmica muito além do âmbito da astronomia convencional. Em geral, o universo não deveria ser confundido com um modelo de qualquer tipo, que é apenas um esboço esquemático dotado de uma estrutura própria nele embutida. Um dado modelo é comparado *in toto* com as observações disponíveis para se determinar o quão bem o universo observado se ajusta a ele. Portanto, diferentemente dos mitos da criação, um modelo cosmológico está sujeito a testes científicos específicos. O ajuste é sempre parcial e imperfeito; isso não é apenas o resultado de imprecisões nas observações, mas também ocorre porque muitos aspectos do universo são inevitavelmente deixados de lado no modelo. Consequentemente, um modelo perfeito, completo em cada detalhe, é algo que não existe.

Mesmo que um modelo definitivo fosse obtido, ele só seria definitivo para a física, pois ainda permanecem questões sobre a origem e o caráter das leis físicas nas quais ele se baseia. Convincente ou não, um modelo cosmológico bem-sucedido tende a ser identificado com o universo real. Em alguns casos, esse fato levou à incorporação do modelo na visão de mundo de toda uma cultura ou período histórico (pense no caso do cosmos geocêntrico medieval, que manteve seu domínio durante mais de mil anos). Porém, como vimos no Capítulo I, visões de mundo contêm muitos fatores não científicos. Mesmo que às vezes eles sejam chamados de "cosmologias", identificar visões de mundo com modelos científicos particulares empobrece muito nossa compreensão do universo como um todo.

Os *enunciados gerais* dos modelos científicos modernos incluem as leis aceitas da física (por exemplo, gravitação) e algumas suposições simplificadoras, como o princípio cosmológico, que implica homogeneidade e isotropia do universo. No contexto de um modelo cosmológico, as leis da física se tornaram regras para se definir a estrutura do modelo em vez de enunciados empíricos independentes. A justificativa para a sua escolha reside na eficiência com que o modelo *como um todo* oferece uma interpretação coerente das observações disponíveis. Isso também vale para as suposições simplificadoras que impõem restrições adicionais sobre o modelo. Além disso, o universo tem propriedades espaciais, e consequentemente o modelo precisa incluir *enunciados geométricos* que definam um tipo específico de espaço. Até o século XX, a geometria euclidiana era a única considerada seriamente pelos cosmólogos. No entanto, desde o advento da teoria geral da relatividade, geometrias alternativas estão sendo levadas em consideração. Atualmente, há um leque de geometrias disponíveis para a construção teórica de modelos cosmológicos. Na relatividade geral, a geometria desempenha um papel fundamental na formulação da equação de Einstein; portanto, o aspecto geométrico dos modelos contemporâneos é inseparável da física. *Equações matemáticas* aparecem nelas porque o programa básico da física moderna está interessado na estrutura matemática formal da natureza.

Cosmologia Relativista

Soluções específicas da equação de Einstein são difíceis de se obter, mesmo nesta época de poderosos computadores, a não ser que a distribuição de matéria seja muito simples. Por isso, o princípio cosmológico é utilizado como uma suposição simplificadora nos modelos relativistas do universo. O modelo original de Einstein indicava que, no caso especial do espaço vazio, a curvatura será zero e a geometria será a euclidiana. Porém, se houver uma massa esférica presente, como uma estrela, a geometria em sua vizinhança será não euclidiana e os raios de luz seguirão trajetórias curvas. Corpos que não estão se movendo tão depressa quanto a luz podem ser apanhados no campo gravitacional e passar a circular em torno da estrela como planetas. Por outro lado, a cosmologia relativista não está interessada em estrelas individuais, mas pelo universo em seu todo. Uma maneira simples de se construir um modelo cosmológico consiste em supor que a matéria está distribuída uniformemente através de todo o universo, como um gás rarefeito; a densidade desse gás será então a mesma em qualquer lugar. Quando se impõe essa condição, a equação de Einstein pode ser reduzida a uma equação geodésica que define um modelo cosmológico particular.

Os Primeiros Modelos Relativistas

Quando Einstein formulou seu primeiro modelo em 1917, ele acreditava que o universo fosse estático, pois os astrônomos ainda não haviam descoberto nenhuma evidência de sua expansão. Pode ser que ele também tivesse razões filosóficas, derivadas de Espinosa, para rejeitar um mundo não estático. A fim de evitar uma solução na qual todo o universo colapsa sob a influência da gravidade, ele acrescentou um termo extra à sua equação que continha uma constante (representada pela letra grega λ (lambda)) agora conhecida como a *constante cosmológica*. Ela foi interpretada na época como uma força repulsiva que contrabalançava a gravidade. Quando uma solução para um universo em expansão foi encontrada sem λ, sua introdução se comprovou desnecessária, e Einstein a eliminou de sua equação. Atualmente, λ foi ressuscitado com uma nova interpretação para responder por recentes evidências de que a expansão está se acelerando. Se isso for comprovado, poderia indicar que o espaço é um reservatório de enormes quantidades de energia (agora chamada de "energia escura") que dão impulso à expansão.[24] O universo de Einstein era fechado e finito, como uma esfera, e nada (nem mesmo a luz) podia escapar dele. Em nossa imagem da bolha de sabão, pode-se visualizar todo o universo como se ele estivesse encaixado na superfície bidimensional da bolha. Embora finito em volume, seu universo era ilimitado e os raios de luz viajavam em grandes círculos, sempre retornando ao lugar de onde eles haviam partido.

Além da crença equivocada segundo a qual o universo deveria ser estático, o que levou à introdução da constante cosmológica em sua equação, há outra consideração que Einstein achou convincente para a ocasião. Ele acreditou de início que sua equação sugeria que o espaço não poderia existir sem a presença de matéria. Isso foi uma reação contra os conceitos newtonianos de Espaço Absoluto e Tempo Absoluto, que já haviam sido repudiados na teoria especial da relatividade. No entanto, outra solução da equação de Einstein mostrava que, sob certas condições, o espaço poderia existir e até mesmo ter uma curvatura sem a presença de matéria.[25] Mas, naquela época, Einstein foi influenciado por uma ideia que ele encontrou nos escritos do filósofo austríaco Ernst Mach, que acreditava que a inércia dos corpos era determinada pela distribuição em grande escala da matéria no universo. Isso significa, por exemplo, que a resistência que nós sentimos quando empurramos um corpo pesado é causada por sua interação com galáxias distantes. Portanto, a inércia do corpo seria causada pelo efeito retardador do universo em seu todo. Einstein apelidou essa ideia de "Princípio de Mach", e até hoje os cosmólogos discordam sobre se, ou até que ponto, ela deveria ser incorporada como uma suposição especial nos modelos cosmológicos.[26]

A situação se combinou com desenvolvimentos posteriores na teoria. Pouco depois que o primeiro modelo de Einstein veio à luz, o astrônomo holandês Willem de Sitter introduziu outro, que não continha matéria alguma. A característica mais interessante desse modelo foi a sua previsão de que o espaço vazio está se expandindo com uma velocidade proporcional à distância entre dois pontos quaisquer dentro dele. Isso é resultado da constante cosmológica, que era interpretado como uma força repulsiva que estaria esticando o espaço até sua ruptura. Num universo vazio, a gravitação está ausente, e não deveria haver força atrativa para contrabalançar a repulsão cósmica. Como se dizia, o universo de Einstein continha matéria sem movimento, enquanto o universo de de Sitter tinha movimento, mas não tinha matéria. No entanto, eles representam duas soluções cosmológicas complementares da equação de Einstein.

Embora o universo de de Sitter não fosse realista, pois era vazio, quando se supunha que ele contivesse algumas estrelas (ou galáxias), elas seriam apanhadas pela expansão geral do espaço, como rolhas de cortiça flutuando rio abaixo. Uma vez que suas velocidades de recessão são proporcionais às distâncias que as separam, elas satisfariam a lei de Hubble. No entanto, essa lei ainda não havia sido formulada. Então, de fato, o modelo de de Sitter previu os deslocamentos cosmológicos das raias espectrais das galáxias para o vermelho, e que eram desconhecidos por ele, pois acabavam de ser detectados por astrônomos norte-americanos.[27] Outra consequência desse modelo foi que cada estrela (ou galáxia) tinha um horizonte além do qual o restante do universo era invisível. Isso porque a velocidade finita da luz coloca um limite à porção de universo que pode ser observada em um dado instante. Portanto, na expansão cósmica, os objetos que se afastassem uns dos outros com uma velocidade superior à da luz seriam para sempre invisíveis uns em relação aos outros.

Tudo isso mudou por volta de 1920, quando um cosmólogo russo, Alexander Friedmann, descobriu toda uma família de soluções dinâmicas para a equação de Einstein. Elas incluíam modelos de universo com movimentos de expansão, de contração e de oscilação, com ou sem a constante cosmológica. Dessas soluções, há três tipos importantes, todos com uma constante cosmológica igual a zero; qual deles corresponde ao universo real é algo que depende da densidade da matéria que ele contém. Se a densidade for menor que um certo valor crítico, o universo será *aberto* e continuará se expandindo para sempre. Por outro lado, se ele for igual ao valor crítico, o universo será *plano*. Nesse caso, a expansão diminuirá gradualmente à medida que se aproxima assintoticamente de um limite. A terceira possibilidade, em que a densidade é maior que o valor crítico, leva a um universo *fechado*. Matematicamente, tal universo poderia incluir mais de um único ciclo de expansão e contração. Esses três casos são todos determinados pelo *parâmetro de densidade*, ômega (Ω), que é a razão entre a densidade real e a densidade crítica. A escolha entre os modelos é uma questão empírica a ser determinada por meio da observação. Atualmente, parece que o universo continuará se expandindo para sempre, mas esse resultado poderá mudar com observações mais precisas.[28]

Em todos os modelos não estáticos, depois de uma fase inicial de expansão, o universo desacelera; isso ocorre porque a gravidade atua contra a força de expansão. Uma vez que nesses modelos se supõe que a constante cosmológica é igual a zero, a gravidade é a única força que atua sobre as galáxias que se afastam umas das outras. Mais adiante, nós veremos que observações recentes de supernovas em galáxias distantes sugerem que a constante cosmológica não é nula. Isso poderia significar que o universo está, na verdade, se acelerando rumo ao futuro (ver o Capítulo V). Uma característica importante de todos os três modelos é o fato de que há pelo menos um ponto (chamado de *singularidade*) em que a densidade se torna infinita e a equação de Einstein colapsa. A equação não apenas se torna incapaz de determinar um modelo único de universo, mas também não consegue nos dar qualquer informação a respeito de como o universo se comporta em regiões próximas da singularidade. Como consequência, isso levou ao desenvolvimento de modelos cosmológicos mais complexos. Além disso, houve novas observações que tiveram de ser levadas em consideração. A relatividade geral, como aconteceu com as teorias científicas anteriores, precisa, de algum modo, ser incorporada numa teoria mais completa. No entanto, seus fundamentos são demasiadamente substanciais, e o conhecimento do universo que ela proporciona é demasiadamente extenso, para que se possa abandoná-la inteiramente.

Transição para o Modelo Padrão

Todo esse trabalho teórico foi realizado antes que as observações de Hubble o levassem à descoberta que estabeleceu a imagem científica de um universo de galáxias em expansão. Entre os primeiros a perceber a conexão entre a teoria e a observação estava o astrônomo inglês Sir Arthur Stanley Eddington, que divulgou a ideia de um universo em expansão em vários livros científicos populares. A maior parte dos primeiros modelos relativistas envolvia uma singularidade no início da presente fase de expansão do universo. O cosmólogo belga Georges Lemaître apresentou uma interpretação física para a singularidade, chamando-a de "átomo primordial". Ele supôs que esse "átomo" seria instável e se dissolveria em fragmentos como resultado do decaimento radioativo. Isso daria origem a um universo de galáxias em expansão semelhante a uma exibição de fogos de artifício. Eddington, por outro lado, achava repugnante a ideia de um começo abrupto, e preferia um universo que tivesse existido por um tempo indefinido, como seria um mundo estático de Einstein antes que a expansão começasse. Ele então continuaria a se expandir até atingir o estado de de Sitter, no qual a força de repulsão domina a gravidade. Desse modo, Eddington uniu os mundos de Einstein e de de Sitter numa única concepção de história cósmica. Ele acreditava que a justificativa para esse modelo híbrido residia em sua descoberta de que o universo de Einstein era instável e não poderia permanecer para sempre numa condição estática.

Por volta de 1930, Einstein e de Sitter colaboraram em um modelo de universo em expansão baseado na ideia de espaço plano. Como vimos, nesse tipo de espaço o universo continua a se expandir numa taxa decrescente até parar, no infinito. Embora eles atribuíssem a λ o valor zero, eles conseguiram preservar algumas das características do modelo estático original de Einstein. No entanto, uma discussão sobre a origem da expansão foi intencionalmente evitada. Isso era justificável naquela época, uma vez que era muito pouco o que se sabia a respeito do comportamento da matéria no universo primitivo. Mesmo hoje, um universo plano permanece o ideal que cosmólogos científicos estão buscando. Mas a ideia de uma origem súbita e catastrófica do universo não poderia ser ignorada por muito tempo. Uma sucessão de novas descobertas estava tornando cada vez mais provável que o universo realmente tivesse começado assim.

Em 1948, George Gamow apresentou a ideia de uma explosão violenta de gases quentes condensados para explicar a expansão do universo. Ele baseou essa ideia na descoberta da fissão nuclear, que levara à construção da primeira bomba atômica. A imagem que ele apresentou do universo primitivo começa com uma "sopa primordial" de prótons, nêutrons e elétrons, que ele chamou de *ylem*. Também havia fótons intensamente energéticos que tornavam o universo tão quente que as partículas não podiam de início se ligar em núcleos e átomos. O universo esfriava à medida que se expandia, e estruturas mais complexas conseguiram se formar.[29] O oponente de Gamow, Fred Hoyle, chamou essa teoria de *big-bang*, e o nome continua a designar os modelos mais complexos que o sucederam. A versão original foi substituída por aquela que agora nós chamamos de "Modelo Padrão do *big-bang*", que é a base da cosmologia contemporânea. Esse modelo também tem suas falhas, e muitas tentativas têm sido feitas para superá-las.

A principal descoberta observada que passou a alimentar o pensamento contemporâneo sobre o *big-bang* é a da *radiação cósmica de fundo*, descoberta acidentalmente por Penzias e Wilson em 1965. Embora Gamow houvesse previsto sua existência, eles não sabiam dessa previsão. Essa radiação se compõe de ondas de rádio de baixa frequência que preenchem uniformemente o espaço em todas as direções. De acordo com o modelo do *big-bang*, essa radiação foi originalmente produzida pelas colisões de partículas quando o universo era muito mais jovem e quente do que agora. De início, ela não podia escapar por causa dessas colisões. Quando o universo tinha cerca de 300.000 anos, as colisões cessaram, permitindo que a radiação viajasse livremente depois disso. A radiação cósmica de fundo existe hoje na forma de ondas de rádio por causa da expansão do universo.

Outra consideração que adquiriu proeminência com o modelo do *big-bang* é conhecida como "Paradoxo de Olbers". Esse problema foi reconhecido no século XVII pelo astrônomo alemão Johannes Kepler. Ele utilizou uma versão anterior desse paradoxo num argumento contra a ideia de um universo infinito povoado por um número infinito de estrelas; nesse caso, o universo estaria incendiado de luz tanto de dia como de noite. Por que, então, o céu parece escuro à noite? O paradoxo foi reformulado por Olbers em 1823, e desde essa época passou a ser conhecido pelo seu nome. Naquele tempo, supunha-se que nuvens de gás no espaço interestelar absorvessem a luz das estrelas distantes, o que reduzia a quantidade de luz que nos alcançava. Mas isso não resolvia o problema, pois as nuvens que absorveriam a luz, se lhes fosse dado um tempo suficiente, voltariam a emiti-la. Depois da descoberta do universo em expansão, pensou-se que o deslocamento para o vermelho da luz de galáxias distantes seria suficiente para responder pela escuridão do céu noturno. O quebra-cabeça está agora resolvido no contexto do modelo do *big-bang*, pois a descoberta de que o universo teve um princípio significa que ele tem uma idade finita. A luz que vem de regiões muito distantes no espaço ainda não teria tempo suficiente para nos alcançar. Consequentemente, a escuridão do céu noturno é o resultado da luz viajando em uma velocidade finita num universo que não é infinitamente velho.[30]

O Modelo Padrão do Big-bang

Esse modelo fornece um quadro da história do universo desde cerca de um milionésimo de segundo após o início do *big-bang* até o tempo presente, dez a quinze bilhões de anos mais tarde. A equação de Einstein, suplementada pelos resultados da física das partículas contemporânea, não pode nos levar de volta mais do que disso. Pode até mesmo existir um limite teórico para o quão perto podemos nos aproximar da singularidade original prevista pela relatividade geral, pois, de acordo com a mecânica quântica, a menor unidade de tempo que pode existir é o tempo de Planck (10^{-43} segundos); uma unidade menor de tempo não tem significado físico. No entanto, dentro dos limites dados, podemos obter um perfil geral dos estágios pelos quais o universo passou (Figura 3).

No princípio, todas as coisas estavam tão amontoadas que nada se poderia distinguir. De início, havia apenas a singularidade, onde as leis da física como as conhecemos colapsam. Em seguida, partículas elementares de matéria, antimatéria e luz apareceram, todas misturadas na "sopa primordial". Por volta de um milionésimo de segundo (10^{-6} segundos), a uma temperatura de mil trilhões de graus (10^{15} Kelvin), nêutrons e prótons começaram a se formar a partir de quarks livres. Depois de três minutos, o universo esfriou o suficiente (cerca de um bilhão de graus Kelvin) para que prótons e nêutrons se juntassem em núcleos dos elementos mais leves (hi-

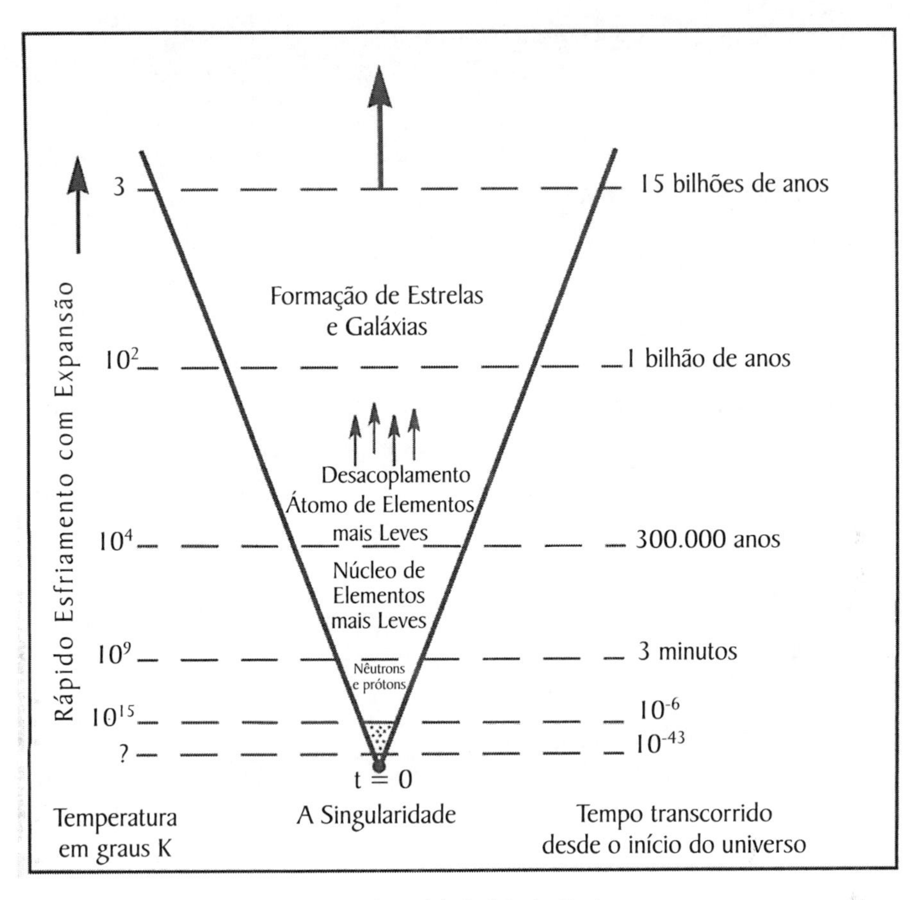

Figura 3. O Modelo Padrão do *Big-bang*

drogênio, hélio e lítio); esse processo é chamado de nucleossíntese *primordial*. Cerca de 300.000 anos depois do início do universo, quando a temperatura caiu para três mil graus Kelvin, quase todos os elétrons livres e os núcleos se ligaram em átomos de hidrogênio, hélio e lítio. À medida que átomos neutros se formavam, fótons escapavam de suas interações com partículas desligadas, num processo chamado "desacoplamento", e os fótons estavam agora livres para vagar pelo universo. Eles são a fonte da radiação cósmica de fundo detectada em 1965. Em seguida, a gravidade, lentamente, começou a atrair a matéria, aglutinando-a em estrelas e galáxias. Em cerca de um bilhão de anos atrás, as estrelas estavam começando a se formar, dentro das quais os elementos mais pesados foram por fim produzidos por "cozedura"; esse processo é conhecido como nucleossíntese *estelar*. Esses elementos mais pesados, de importância tão crucial para a formação dos planetas e dos organismos vivos, foram espalhados pelo espaço graças a explosões de supernovas.[31]

Há várias concepções errôneas a respeito desse modelo que deverão ser esclarecidas antes de continuarmos. Uma delas visualiza o *big-bang* como uma explosão que ocorreu em algum lugar do espaço e alguma ocasião do passado. Isso não aconteceu assim, pois o *big-bang* envolveu todo o universo, inclusive o espaço e o tempo, que antes dele não existiam em suas formas cósmicas. Atualmente, nós estamos no meio do *big-bang*, como é evidenciado pela radiação cósmica de fundo que nos circunda uniformemente. Outra ideia errônea é a de que as galáxias estão fugindo umas das outras como balas projetadas através do espaço. No entanto, de acordo com a relatividade geral, o espaço entre elas está se esticando e as carregando juntamente consigo.[32] Nessa teoria, o espaço tem uma significação física como campo gravitacional, e portanto contém energia.

A principal evidência que apoia o Modelo Padrão consiste em (1) a radiação cósmica de fundo, (2) os deslocamentos cosmológicos para o vermelho, e (3) as abundâncias cósmicas observadas dos elementos leves (que são previstas com precisão pelo modelo). O Modelo Padrão é uma grande realização científica, mas realmente não resolveu o problema da origem do universo. Ninguém tem certeza a respeito do que poderia ter existido antes do *big-bang*, se é que existiu algo, ou se é que tal pergunta tem qualquer significado. Como vimos em nossa discussão a respeito da cosmologia mítica, essa pode não ser uma questão puramente física, pois a origem do universo poderia residir em uma transição do estado de ser psíquico para o estado de ser físico. Até recentemente, a opinião geral entre os cosmólogos científicos foi a de que o universo começou na singularidade, e perguntas a respeito do que existia antes do *big-bang* eram consideradas sem significado. Alguns teólogos acham isso agradável, pois é compatível com os relatos sobre a criação divina que se encontram nas Escrituras. As leis da física podem colapsar na singularidade, mas isso não deveria ser obstáculo para Deus. Eles acreditam que, com certeza, Deus poderia ter criado uma singularidade a partir do nada e então iniciado o universo com uma "explosão". Mas por que Deus teria escolhido um princípio assim, abrupto e violento, para dar início ao universo?

Os físicos suspeitam das singularidades e fazem todos os esforços para eliminá-las. Não deveremos esperar que a ciência nos diga muita coisa a respeito dessas entidades matemáticas peculiares, uma vez que elas se situam além do alcance das leis convencionais da física. Mas não se deveria lidar com a singularidade que deu início ao universo de maneira tão sumária quanto os teólogos gostariam que pensássemos. A mente é atirada de volta sobre si mesma quando se confronta com um negro e impenetrável mistério assomando diante dela. Mais tarde, veremos que Sri Aurobindo chama isso de o "Inconsciente", pois a consciência está profundamente bem guardada dentro dele. Ele se manifesta fisicamente como o puxão interno da gravidade em direção à destruição e à autoaniquilação. O Inconsciente reside na raiz de todo o universo e está para sempre fechado à inspeção por parte da ciência física. Teremos mais a dizer a respeito disso no Capítulo VII, sobre o universo em evolução. Uma situação semelhante ocorre dentro dos buracos negros (estrelas que colapsaram no infinito), pois há uma singularidade no âmago de cada um deles. A singularidade é uma outra versão da fronteira mítica que separa o universo de sua fonte não manifesta (veja o Capítulo III). Posteriormente, alguns cosmólogos científicos passaram a adotar modificações sofisticadas e de longo alcance no Modelo Padrão, que podem evitar totalmente o problema da singularidade. Essas modificações serão examinadas no próximo capítulo. Mas, em primeiro lugar, estudaremos algumas alternativas anteriores ao Modelo Padrão.

O Modelo do Universo Oscilante

Uma maneira de se entender o que poderia ter acontecido antes do *big-bang* consiste em supor um universo oscilante. Esse, como vimos antes, é um dos modelos de Friedmann derivados da equação de Einstein. Ele tem alguma semelhança com o mito hinduísta dos ciclos cósmicos e padece da mesma ambiguidade. Matematicamente, o ciclo de expansão e contração, que começa e termina em singularidades, pode se repetir para sempre. Porém, se houvesse apenas um universo que está sendo continuamente regenerado a partir de suas próprias cinzas, como a lendária Fênix, haveria um problema com a entropia. Richard Tolman demonstrou, em 1934, que apenas um pequeno número de ciclos teria sido possível até agora, pois a entropia aumentaria de um ciclo para o seguinte, e finalmente interromperia o processo.[33]

No entanto, há dificuldades em se aplicar a relatividade geral e a termodinâmica às condições físicas extremas que ocorrem nas proximidades de uma singularidade. Portanto, um universo oscilante ainda pode ser possível. Foram feitas outras sugestões, tais como a de contar cada ciclo como um novo universo, com propriedades físicas diferentes. Os ciclos poderiam ser separados por condições de intensa compressão, sob as quais as informações a respeito de ciclos anteriores se perderiam, ou o tempo poderia colapsar inteiramente, de modo que falar sobre ciclos "prévios" não teria significado. Portanto, a possibilidade de universos sucessivos, num certo sentido, não pode ser descartada. Além disso, a existência da singularidade permanece um grande obstáculo, e precisamos prosseguir examinando um diferente tipo de modelo, que rejeita totalmente o *big-bang*.

O Modelo do Estado Estacionário

Desde a época em que Lemaître introduziu a hipótese do "átomo primordial", muitos cosmólogos expressaram objeções a um início abrupto do universo. Em 1948, um trio de cientistas ingleses da Universidade de Cambridge, Thomas Gold, Hermann Bondi e Fred Hoyle, introduziu um novo modelo, baseado na ideia de que o universo foi sempre o mesmo, sem princípio ou fim no tempo.[34] Eles sustentaram que não houve um evento de criação único e que o universo sempre teve a mesma aparência para todos os observadores dentro dele. A base para o novo modelo foi uma extensão do princípio cosmológico original (o qual afirma que em uma escala suficientemente grande, o universo é o mesmo por toda parte no espaço) de modo a incluir igualmente o tempo. Portanto, o universo é *sempre* o mesmo, sem que nenhuma mudança global jamais ocorra. Isso constitui um novo princípio, chamado de *princípio cosmológico perfeito*, uma vez que ele afirma a uniformidade do universo no tempo, bem como no espaço. A antiguidade da ideia remonta à época do filósofo pré-socrático Parmênides, e uma de suas versões se encontra até mesmo em algumas filosofias hinduístas (por exemplo, no jainismo). Mas, no presente contexto, ela precisa se mostrar compatível com a recessão observada das galáxias, a qual sugere que o universo está se expandindo.

No modelo do *big-bang*, o universo fica cada vez menos denso à medida que a expansão prossegue. Há um processo de "rarefação" em andamento à medida que as galáxias recuam, afastando-se umas das outras; consequentemente, o universo torna-se menos denso à medida que envelhece. Isso não poderia acontecer no modelo do Estado Estacionário, pois seria uma mudança em grande escala que é excluída pelo princípio cosmológico perfeito. Por isso, propôs-se que, conforme o universo se expande e se torna menos denso, ocorre a criação de nova matéria para preencher as lacunas; a densidade média permaneceria sempre constante. Esse processo é chamado de "criação contínua", expressão que se refere à maneira como o universo é mantido em estado estacionário. Afirma-se que a matéria está sendo criada espontaneamente do nada no espaço vazio deixado pelas galáxias à medida que elas se afastam umas das outras. Mas isso parece violar a lei da conservação da massa-energia. Os criadores desse modelo afirmaram que nós não sabemos se a lei da conservação se aplica exatamente ao universo. Eles estimaram que a taxa de criação de matéria (na forma de átomos de hidrogênio) prevista pelo seu modelo está muito abaixo dos limites dos nossos instrumentos de medida; desse modo, não seria possível detectar uma violação da conservação de massa-energia. Também se sustenta que a criação contínua de matéria não é uma ideia pior do que a criação abrupta do universo envolvida no modelo do *big-bang*.

Uma palavra de cautela é necessária no que se refere à palavra "criação". Os modelos científicos nunca afirmam a criação por Deus. Tudo o que se entende por criação é o fato de que o universo passa a existir de uma maneira que não viola as leis da física. O modelo do Estado Estacionário era suspeito por várias razões, mas o golpe final veio com a descoberta da radiação cósmica de fundo. Não há explicação convincente para essa radiação no âmbito do modelo do Estado Estacionário, embora ele se ajuste naturalmente na concepção de uma explosão cósmica primordial. Desde 1965, o modelo do Estado Estacionário foi excluído das considerações sérias pela maior parte dos cosmólogos. No entanto, recentemente, ele passou a atrair algum interesse no contexto dos modelos de Universo Inflacionário, que sugere a existência de universos múltiplos. Consideraremos esse tipo de modelo no próximo capítulo.

V

O *Big-bang* e Além Dele

Neste capítulo, começaremos com uma breve consideração a respeito dos fundamentos da mecânica quântica. Isso nos levará a uma discussão sobre as mais recentes teorias cosmológicas introduzidas para se resolver alguns dos quebra-cabeças associados com o Modelo Padrão. Vimos que a cosmologia relativística deriva da equação de Einstein, que é o núcleo da teoria geral da relatividade. Essa equação se baseia na profunda intuição de Einstein a respeito da harmonia do universo e da unidade de suas leis. A equação de Einstein esboça os amplos contornos do universo físico, pelo menos até onde ele envolva a gravitação. Mas a *harmonia* é somente um aspecto do universo, sendo o outro a *variedade* de coisas que o preenchem com abundância transbordante.[1] A relatividade geral não explica essa variedade, e os físicos têm de se voltar para outro domínio da física a fim de responder por ela. Por isso, eles tiveram de voltar os olhos para a outra das principais teorias que governam a física moderna – a mecânica quântica. Embora Einstein estivesse envolvido no desenvolvimento inicial da teoria quântica, posteriormente ele repudiou seus fundamentos e passou o resto da vida tentando refutá-la.

O grande escândalo da física moderna está no fato de que essas duas teorias, a relatividade geral e a mecânica quântica, parecem logicamente incompatíveis. Isso porque a relatividade geral é *determinista*, baseando-se no princípio de que leis inflexíveis determinam com precisão toda ocorrência física; supõe-se que tudo o que acontece é previsível com base nessas leis. A mecânica quântica, por outro lado, é *indeterminista*, descrevendo o mundo em função de probabilidades e não de certezas. Essa teoria trata do comportamento das partículas elementares de matéria e energia. As partículas elementares podem ser detalhadamente estudadas apenas onde são produzidas grandes quantidades de energia, tais como nos raios cósmicos, nos grandes aceleradores de partículas que os físicos planejaram e no universo nos seus primórdios, perto da singularidade. A incerteza envolvida na mecânica quântica aplica-se apenas aos mundos atômico e subatômico. Porém, mesmo que o comportamento das partículas individuais seja imprevisível, as leis estatísticas que governam grandes conjuntos delas levam a previsões precisas quando há um número suficiente de partículas envolvidas. Não obstante a sua estranheza, a mecânica quântica foi amplamente explicada experimentalmente. Ela fornece os princípios que respondem pela imensa variedade do mundo, incluindo a estrutura atômica, as reações químicas, a ligação molecular e a formação inicial de estrelas e galáxias – ela pode até mesmo responder pela origem do universo. Além disso, essa teoria está diretamente envolvida na tecnologia moderna, pois ela constitui a base da maior parte das inovações em eletrônica, supercondutividade e *lasers*.

Mas o que a mecânica quântica pode nos dizer a respeito do universo como um todo, que é o foco de interesse da cosmologia científica? Seu valor para a cosmologia reside no fato de que, quando nos aproximamos da singularidade original, o universo vai ficando menor e a matéria colapsa em minúsculas partículas. Essa é a região sobre a qual vigora a mecânica quântica, de modo que a teoria deve nos dizer algo a respeito das condições predominantes nos primórdios do universo. Por exemplo, a formação posterior das galáxias não pode ser explicada a não ser que consigamos entender o comportamento da matéria nas proximidades da singularidade que aparece em todos os modelos relativistas. A física como nós a conhecemos colapsa nesse ponto, pois a relatividade geral não consegue responder pelo comportamento da matéria nas temperaturas e pressões extremas que vigoravam no período inicial. É necessária alguma coisa mais, que a relatividade geral não pode fornecer, pois ela não lida com o mundo microscópico. Essa é a província da mecânica quântica, e nós temos de nos voltar para ela a fim de conhecer a respeito do universo bem perto da sua origem. Porém, como já observamos, esse é um tipo de teoria inteiramente diferente da relatividade geral.

Embora ambas as teorias sejam logicamente incompatíveis, elas parecem trabalhar por vias complementares a fim de responder pela harmonia e pela variedade do universo. A relatividade geral é, basicamente, uma teoria de campo, e a propriedade notável dos campos é que eles são contínuos ao longo de todo o espaço. Todas as perturbações em seu interior fluem harmoniosamente, como ondas que vão de um lugar para outro. Em outras palavras, não há ação instantânea a distância no campo. A imagem do mundo na mecânica quântica é muito diferente, pois a natureza é concebida como discreta no nível microscópico. A mecânica quântica faz uso de campos, mas eles estão associados com as partículas que compõem o mundo atômico. Parece que a ação instantânea a distância entre partículas também poderia ser possível. Nesse nível, o universo exibe uma estrutura predominantemente granular. Objetos grandes parecem sólidos e impenetráveis porque não podemos perceber diretamente a estrutura interna da matéria. O comprimento de Planck (10^{-33} cm) determina a granulosidade do nível quântico, uma vez que uma unidade de comprimento menor não tem significado físico. Isso implica que nenhum comprimento mensurável pode ser infinitamente divisível.

Resumindo com uma imagem, a natureza se parece com uma praia arenosa que tem a aparência de uma faixa branca e lisa quando vista de uma certa distância, mas se vê que ela consiste em inúmeros grãos minúsculos de areia quando examinada de perto. De maneira semelhante, o universo é concebido como um campo contínuo do ponto de vista da relatividade geral, embora tenha estrutura granular no nível da mecânica quântica. De acordo com alguns físicos, a própria microestrutura do espaço-tempo pode ser uma espuma quântica em fervilhar constante e da qual universos podem emergir espontaneamente. No entanto, assim como no caso da praia arenosa, é o mesmo universo que está sendo descrito de diferentes pontos de vista. Isso sugere que há um profundo princípio de unidade subjacente às duas teorias. Em consequência disso, a maneira mais promissora de a física proceder consiste em combiná-las numa única teoria abrangente. Há, hoje, uma busca em andamento por uma teoria definitiva que unificará as quatro forças fundamentais e explicará todas as propriedades das partículas elementares. Mas a construção matemática de tal teoria tem-se mostrado extremamente difícil.[2]

Tentativas atuais para unificar as duas teorias são altamente especulativas; elas tendem a ser pouco mais do que engenhosos exercícios de computação. Nenhuma delas foi suficientemente testada, e algumas podem até mesmo não ser testáveis. A mente humana pode não ser capaz de realizar a unificação com base em suas próprias forças. Embora a mente talvez possa obter uma unidade formal abstrata, ela é, basicamente, um órgão de análise e divisão. Ela nunca poderá realmente unificar o mundo, a não ser que a unidade já exista na natureza. A mente combina um conjunto de símbolos ou números discretos numa fórmula geral que pode ser manipulada de acordo com regras lógicas e matemáticas capazes de produzir previsões. Não há razão pela qual os cientistas devam parar de fazer isso, uma vez que importantes descobertas sobre o mundo físico são possíveis por meio dessa abordagem. Mas a implicação segundo a qual eles poderiam chegar dessa maneira a um entendimento definitivo do universo é presunçosa. Mais apropriado seria dizer que a unidade é sempre um ideal digno de ser perseguido, seja na ciência, na religião, na política ou nas relações humanas.[3] Qualquer que possa ser a solução cosmológica (se houver), em primeiro lugar nós vamos examinar os fundamentos da mecânica quântica. Essa teoria está na base dos novos desenvolvimentos da cosmologia científica que têm por objetivo eliminar totalmente a singularidade inicial.

Uma Visão Geral da Mecânica Quântica

A mecânica quântica é uma teoria matemática que descreve os fenômenos do mundo microscópico. Ela prescinde das imagens simples de bolas de bilhar e sistemas solares em miniatura, que outrora constituíam maneiras populares utilizadas para se visualizar a estrutura do átomo. A complexidade da matemática envolvida dificulta a discussão da teoria em linguagem verbal, e isso cria muitos paradoxos para os incautos. Mas a linguagem da matemática é perfeitamente adequada para a descrição dos sistemas quânticos, que se situam abaixo do nível do discurso verbal cotidiano. Nós apenas tentaremos pôr em destaque algumas características salientes dessa teoria e que são necessárias para entendermos suas aplicações à cosmologia. Há três ideias básicas que caracterizam a descrição mecânica quântica da natureza: a interpretação de Copenhague da dualidade onda-partícula, a equação de Schrödinger e a função de onda, e o princípio da incerteza de Heisenberg. Precisamos dizer algumas palavras a respeito de cada uma delas.

A Interpretação de Copenhague

Os físicos estavam familiarizados com a dualidade onda-partícula desde a época de Newton e Christiaan Huygens, cada um deles postulando uma diferente teoria a respeito da natureza da luz. Newton explicou a luz supondo que ela se compunha de partículas materiais, que ele chamou de "corpúsculos", e Huygens afirmava que a luz consistia em ondas que se propagavam em um meio contínuo. Ambos apresentaram experimentos que pareciam apoiar as visões que sustentavam. A discussão prosseguiu por algum tempo, mas, por volta do final do século XIX, a teoria ondulatória desfrutou de um breve período de triunfo. A luz foi explicada afirmando-se que era constituída de ondas que viajavam através de um éter universal que preenchia o espaço vazio. Mas permanecia a dificuldade de se explicar as propriedades mecânicas que o éter precisava ter a fim de transmitir as ondas de luz, embora a maioria dos físicos acreditasse que o problema acabaria por ser resolvido. No entanto, um sério golpe na teoria ondulatória veio com o aparecimento da Teoria Especial da Relatividade de Einstein em 1905. Essa teoria aboliu a concepção de um éter portador da luz, juntamente com os conceitos de espaço absoluto e tempo absoluto.

A discussão se reavivou quando Einstein descobriu que certos fenômenos só podiam ser explicados por meio de partículas de luz (chamadas "fótons"). Mas a situação ficou mais complicada quando se descobriu que a matéria tinha características ondulatórias que estavam associadas com partículas elementares, como os elétrons. Desde essa época, os físicos tiveram de conviver com a dualidade onda-partícula como uma característica fundamental do mundo físico, pois os componentes básicos da matéria e da luz têm as características de *ambos*, partículas e ondas. Além disso, a observação de um sistema físico no nível quântico parece influenciar seu comportamento com relação a isso. Por exemplo, em alguns experimentos, a luz se comporta como um chuveiro de partículas, enquanto em outros ela se comporta como ondas. Porém, partículas e ondas têm propriedades distintas, que não podem ser reduzidas a um princípio comum. Como a natureza pode ser explicada em função dessas duas ideias contraditórias? Einstein resumiu esse dilema nas seguintes palavras:

> A luz é uma onda ou um chuveiro de fótons? Um feixe de elétrons é um chuveiro de partículas elementares ou uma onda? Essas questões fundamentais são impostas à física pela experiência. Ao procurar respondê-las, temos de abandonar a descrição de eventos atômicos como acontecimentos no espaço e no tempo, temos de nos retirar ainda mais da velha visão mecânica.[4]

A dualidade aborreceu os físicos até que Niels Bohr e seus colegas desenvolveram o que se conhece atualmente como a "interpretação de Copenhague" da mecânica quântica. Com relação a isso, Bohr desenvolveu o "princípio da complementaridade" como meio de entender a dualidade onda-partícula. Ele não acreditava que essa dualidade fosse paradoxal, em absoluto, uma vez que os aspectos onda e partícula não aparecem no mesmo experimento de maneira contraditória. Em vez disso, ele as via como aspectos complementares de uma única situação na qual aquele que se mostra a nós depende da natureza do experimento que está sendo realizado. Desse modo, não teria sentido perguntar o que uma partícula *realmente* é em si mesma. Bohr afirmava que a física não tem por propósito responder a perguntas sobre a natureza da realidade. O mundo quântico não pode ser descrito independentemente dos formalismos matemáticos construídos pelos físicos para tornar inteligíveis suas observações. O estado de um sistema no nível quântico é indefinido antes que uma medição seja feita, e suas propriedades físicas dependem da maneira como o experimento é realizado. Portanto, diz-se que o mundo quântico não tem realidade objetiva exceto quando ele está sendo observado e medido. De acordo com a interpretação de Copenhague, é a *situação total* (incluindo tanto o sistema observado como o aparelho de medida utilizado para observá-lo) que é importante para a física.

A Equação de Schrödinger e a Função de Onda

Se a interpretação de Copenhague está correta, não há realidade independente que possa ser descoberta por trás do universo material. Portanto, o mundo real, para a física, é o mundo observado. É um mundo de quantidades medidas que são suscetíveis de análise matemática. A matemática permite que os físicos prevejam os resultados dos experimentos; isso é tudo o que a interpretação de Copenhague exige. O meio de que eles dispõem para isso é a *equação de Schrödinger*, que deve seu nome ao físico austríaco que a formulou pela primeira vez. É a equação fundamental da mecânica quântica. Sua solução é a função de onda que descreve o estado de um sistema quântico.[5] A *função de onda* contém todas as informações relacionadas ao sistema que está sendo examinado. Como diz o nome, essa função representa uma onda, mas não é uma onda real no sentido clássico. Em vez disso, é uma expressão matemática das probabilidades de que certos estados de um sistema quântico efetivamente ocorrerão; antes de sua ocorrência, elas são meramente "potencialidades", sem quaisquer propriedades definíveis. Quando uma medição é feita, diz-se que a função de onda colapsa, e o que era potencial se torna, graças à medição, um evento real no espaço e no tempo. No entanto, o pano de fundo das potencialidades não faz parte do mundo que nós observamos. Desse modo, a função de onda é concebida, pela maior parte dos físicos, apenas como uma maneira de se fazer previsões a respeito do que acontecerá quando certas condições forem especificadas. Eles não a consideram a descrição de um mundo real que existe independentemente da observação. O problema que ocorre com essa maneira de se olhar para as coisas está no fato de que ela confina a mente às suas próprias construções de experiências, deixando não sondado o restante da realidade. Isso pode ser suficiente para os propósitos da física, mas jamais poderia realmente satisfazer a alma.

Se nós olharmos para além da física, uma questão filosófica permanece. Ela se refere ao tipo de realidade que corresponde à função de onda. Esse é o problema mais sério com que a mecânica quântica se defronta. Werner Heisenberg, um dos principais nomes que contribuíram para essa teoria, invocava um mundo de *potencialidades* que continha todos os estados possíveis de um sistema quântico que pode se tornar real graças à observação.[6] Mas esse mundo não existe no espaço e no tempo (ou no espaço-tempo), que são as condições para a existência do universo físico. A função de onda parece, desse modo, implicar uma estranha realidade subjacente ao mundo observável. Muitas tentativas foram feitas para se interpretar essa função com base em ideias mais fundamentais. Elas abrangem desde vários tipos de teorias sobre a "variável oculta", as quais sugerem que as probabilidades no nível quântico são resultado de nossa ignorância a respeito dos aspectos mais profundos do sistema que estamos estudando, até a ideia de David Bohm de uma "ordem implicada", da qual, em última análise, deriva o mundo observado. A ordem implicada define uma realidade na qual qualquer elemento contém, dobrado dentro se si, a totalidade do universo.[7] Há também a interpretação dos "muitos mundos", a qual afirma que toda observação de um sistema quântico divide o universo em muitos mundos paralelos e sem conexão entre si, cada um deles representando um resultado da observação feita.

Nenhuma dessas tentativas de responder pela função de onda destituiu a interpretação de Copenhague. Elas parecem indicadores verbais que apontam para uma realidade existente que não pode ser plenamente apreendida por meios mentais. A mecânica quântica fez mais do que qualquer outra teoria científica para solapar uma versão puramente materialista do universo. No entanto, a maior parte dos físicos e filósofos que tentaram interpretá-la ainda estão voltados para alguma forma de materialismo, independentemente de quão refinado ele possa ser. Com a função de onda, a física, mais uma vez, parece ter confrontado uma fronteira entre o universo observado e suas raízes invisíveis. Como acontece com a singularidade na cosmologia relativista, podemos ter alcançado uma fronteira invisível entre as faces física e psíquica do universo. A face psíquica se manifesta a nós por intermédio da mediação de imagens simbólicas. No caso da função de onda, os símbolos são matemáticos, abstratos, representando o limiar que a física não pode cruzar. O mundo de potencialidades de Heisenberg poderia ser um domínio psíquico cujas características são menos confinadas que as do universo físico. Porém, como já vimos em nossa discussão sobre a cosmologia mítica, os símbolos que precisam oferecer uma percepção mais profunda do mundo psíquico não são os da física matemática.[8]

O Princípio da Incerteza de Heisenberg

Voltando às ideias básicas da mecânica quântica, precisamos dizer algo a respeito do princípio da incerteza de Heisenberg, que levou a novas percepções aguçadas a respeito da origem do universo. De acordo com Richard Feynman, cada afirmação em mecânica quântica é uma reafirmação do princípio da incerteza. Assim como a relatividade geral se baseia no princípio da covariância, a mecânica quântica está resumida no princípio de Heisenberg. Esse princípio é o resultado de uma investigação cuidadosa das limitações impostas sobre a medição de um sistema quântico. O princípio da incerteza afirma que nós não podemos conhecer os valores precisos de certos pares de observáveis (tais como posição e *momentum*, ou tempo e energia) com um grau de precisão maior do que o permitido pela *constante de Planck* ($\hbar$); esta constante é uma quantidade extremamente pequena ($\hbar$ = 6,63 x 10^{-34} joule-segundo) que estabelece a escala de todos os efeitos da mecânica quântica. Em linguagem matemática, isso é traduzido pela expressão $\Delta x \cdot \Delta p \geq \hbar$, a qual afirma que o produto das incertezas na posição (Δx) e no *momentum* (Δp) nunca pode ser menor que a ordem de grandeza da constante de Planck.[9]

Há uma "flocosidade" intrínseca da matéria no nível quântico, a qual é uma consequência do princípio de Heisenberg. Por exemplo, a posição e o *momentum* exatos de um elétron não podem ser conhecidos simultaneamente. Mas é surpreendente que a quantidade de "flocosidade", ou incerteza, seja determinada com precisão pela constante de Planck. O princípio da incerteza governa toda a constituição do mundo microscópico de átomos e suas partículas constitutivas; a estabilidade dos átomos e, consequentemente, do universo físico inteiro, depende disso. Esse princípio implica o fato de que não podemos, com precisão, localizar um elétron e, ao mesmo tempo, determinar sua velocidade, uma vez que a "flocosidade" inerente ao elétron proíbe isso. O princípio de Heisenberg também se aplica à energia e ao tempo, pois se uma pequena quantidade de energia existe durante um breve intervalo de tempo, as quantidades de ambos, conjuntamente, não podem ser conhecidas com precisão. Veremos na próxima seção que esse fato tem uma importante aplicação cosmológica.

Muitos paradoxos estão associados com os fundamentos da mecânica quântica, mas a sua consideração não é pertinente aos nossos presentes interesses. A relação entre o princípio de Heisenberg e o universo merece comentários. A incerteza de nossas medições de partículas não resulta dos limites de nossos instrumentos de medição, como às vezes se supõe; é uma característica intrínseca do mundo físico. Parece haver um elemento aleatório na natureza que torna a "flocosidade" envolvida em nossas medições mais do que meramente uma questão de ignorância humana. Filosoficamente, algum grau de aleatoriedade no mundo físico poderia responder pela imensa variedade de coisas que aparecem nele. Um mundo que é tão estreitamente estruturado seria restrito na diversidade de seus conteúdos. A aleatoriedade física não precisa implicar o fato de o universo ser o resultado de um puro acaso, uma vez que pode haver uma razão mais profunda para a exclusão da determinação estrita. Todas essas considerações se aplicam à cosmologia, onde as incertezas no mundo microscópico tornam-se importantes quando abordamos a singularidade. Teoricamente, é a partir desse ponto que o universo começou, e, portanto, os primeiros estágios podem ser tratados com os conceitos da mecânica quântica. Na singularidade, os conceitos de espaço e de tempo ficam "embotados". Consequentemente, é possível substituir a aguçada nitidez de uma singularidade pela "flocosidade" implícita na mecânica quântica. Enormes complicações estão envolvidas nesse fato, e alegações de se ter chegado ao entendimento das condições físicas nas proximidades da singularidade são dúbias. Porém, um físico, Edward Tryon, fez uma interessante proposta nesse sentido em 1973.[10] Sua ideia foi posteriormente incorporada nos modelos de universo inflacionário, que serão examinados na seção cinco deste capítulo.

O Universo como uma Flutuação do Vácuo Quântico

O Modelo Padrão do *big-bang*, segundo o qual o universo começa na singularidade, parece violar as leis de conservação da física porque a lei da conservação da energia proíbe a criação a partir do nada. Essa é uma velha ideia, que aparece na antiga filosofia grega como o ditado segundo o qual "nada vem do nada". Além disso, do ponto de vista da física, não há razão óbvia que justifique a ocorrência do *big-bang*. Porém, de acordo com Tryon, o universo não apareceu do nada, e a lei da conservação da energia não foi apreciavelmente violada. Isso se segue da mecânica quântica, que admite "flutuações do vácuo quântico", nas quais partículas aparentemente passam a existir a partir do nada e rapidamente desaparecem de novo. A conservação da energia pode ser violada, mas apenas durante o breve tempo de vida de uma partícula permitido pelo princípio da incerteza de Heisenberg. Além disso, nas equações da física, a energia de ligação gravitacional do universo é uma quantidade negativa que equilibra exatamente a energia positiva total que ele contém. Portanto, o universo poderia ter se originado como uma minúscula flutuação da energia total zero e, se Tryon está correto, esse é apenas um acontecimento aleatório.

A existência de flutuações do vácuo quântico é sugerida pelo princípio da incerteza de Heisenberg quando ele é interpretado em função da energia e do tempo. Isso nos diz que, durante intervalos de tempo muito curtos, a energia do espaço é indeterminada, o que nos impede de fixar um nível de energia zero preciso para ela. Consequentemente, na mecânica quântica, pode-se apenas identificar o mais baixo nível de energia possível de um sistema, que é chamado de seu *estado fundamental*. Nos sistemas quânticos, o estado fundamental nunca é zero, de modo que é possível que a energia do espaço flutue. Isso sugere que até mesmo o "espaço vazio" tem energia, que flutua como as ondulações em um lago: isso é chamado de "vácuo quântico". No entanto, não significa que seja totalmente sem conteúdo. Pois o vácuo tem alguma energia e não deve ser identificado com o vazio total. Portanto, não existe algo que se poderia chamar de vácuo verdadeiro (ou "nada absoluto"). Num certo sentido, o vácuo quântico pode ser comparado com o do éter clássico, exceto pelo fato de que aqui o éter não é uma substância material. Mas o nada da mecânica quântica não é o nada absoluto, pois ele contém alguma energia.

De acordo com a relação de equivalência massa-energia de Einstein (teoria especial da relatividade), flutuações de energia no vácuo quântico podem ser convertidas em partículas materiais; elas são chamadas de "partículas virtuais" por causa de sua existência transitória. As leis da física não impõem um limite ao tamanho das flutuações do vácuo quântico. É possível que uma flutuação de energia num vácuo quântico possa ter dado origem a todo o universo. Então, num certo sentido, o universo pode ter surgido "do nada". Isso, naturalmente, não é a mesma coisa que a versão teológica da criação *ex nihilo*, onde se declara que o universo foi criado a partir do nada absoluto. O universo poderia ser, simplesmente, uma flutuação de energia de algum espaço multidimensional maior, no qual ele está encaixado.[11] Mas, em primeiro lugar, por que deveria haver um tal espaço, e por que ele deveria obedecer às leis da mecânica quântica? Isso deve ser tomado como um fato bruto, ou também pede uma explicação?

Outra tentativa de aplicar a mecânica quântica à cosmologia foi feita por Stephen Hawking e seu colaborador James Hartle. Em essência, eles tentaram encontrar a função de onda do universo. A função de onda descreve a probabilidade de partículas se comportarem de certas maneiras e, com alterações convenientes, essa função pode ser atribuída a um conjunto de modelos cosmológicos. Ela poderia então indicar a probabilidade de ocorrência de diferentes tipos de universo. A análise do problema por Hawking levou à sua "proposta da não fronteira" (1981), na qual ele sugeriu que o universo mais provável tinha um espaço-tempo *fechado*, sem fronteiras ou margens. Portanto, não haveria singularidades e nenhum momento de criação. Uma excentricidade dessa proposta é o fato de que o tempo tem componentes reais e "imaginárias".[12] A chamada "componente imaginária", diferentemente do tempo real, existiu até mesmo antes do *big-bang*. Tudo o que se pode falar sobre o princípio e o fim do universo se tornaria sem sentido. As leis da física reinariam supremas, tornando assim a ideia de um Criador divino supérflua para a cosmologia. Hawking ofereceu esse modelo somente como uma hipótese especulativa.

Uma vantagem da aplicação da mecânica quântica à cosmologia está no fato de que ela poderia fornecer uma explicação científica para a origem da matéria a partir do vácuo quântico. O Modelo Padrão simplesmente supõe que a singularidade existia no princípio das coisas. Por outro lado, as leis físicas podem efetivamente determinar as condições iniciais do universo. É difícil imaginar que algo tão grande como o universo em que habitamos tenha se originado em um ponto infinitesimal. Mas ele poderia ter começado pequeno e mais tarde aumentado até um tamanho gigantesco como resultado de uma rápida fase de expansão. Considerações como essa têm levado a um novo modelo baseado na ideia de inflação, que será brevemente examinada. Mas, antes de fazer isso, descreveremos mais alguns enigmas levantados pelo Modelo Padrão do *big-bang*.

Quebra-Cabeças do Modelo Padrão do *Big-bang*

Como apontamos antes, o Modelo Padrão tem por base a suposição de que a constante cosmológica é igual a zero. Isso significa que a gravidade é a única força que opera no universo como um todo, e é ela que está retardando a expansão. Mas observações recentes indicam que uma outra força se opõe à gravidade. Se os resultados preliminares forem confirmados por pesquisas posteriores, o Modelo Padrão será alterado radicalmente. Antes disso, os cosmólogos já haviam observado outros quebra-cabeças, que levaram a modificações significativas do Modelo Padrão. As mais importantes são o "problema do achatamento", o "problema do horizonte" e o "problema da uniformidade". Elas têm origem em observações que impõem condições muito estritas sobre as propriedades do universo nos seus primeiríssimos momentos. As questões que elas levantam envolvem o que aconteceu no princípio e que poderia responder pelas características do universo que nós agora observamos. Essas características precisam ser aceitas como fatos brutos, ou precisam ser explicadas de algum modo.

O *problema do achatamento* surge do fato de que a geometria do universo observável é muito aproximadamente plana. Se a densidade real do universo igualasse exatamente a densidade crítica ($\Omega = 1$), sua geometria seria completamente plana. As observações indicam um estreito equilíbrio entre gravidade e expansão, de modo que o universo não pode estar expandindo muito depressa ou muito lentamente na época atual. Uma diferença extremamente pequena (uma parte em bilhões), de um modo ou de outro, na taxa inicial de expansão teria feito com que o universo colapsasse quase de imediato, ou voasse em pedaços tão rapidamente que nenhuma estrela ou galáxia poderia ter-se formado. Uma vez que o valor de Ω poderia ser qualquer número, os cosmólogos descobriram, com surpresa, que ele tem o número preciso que permite que um universo como o nosso possa existir. A situação pode se complicar ainda mais se observações recentes, sugerindo que o universo está se acelerando, forem confirmadas. Nesse caso, a constante cosmológica teria de ser incluída no valor para Ω. Um fator acrescentado no quebra-cabeça é o fato de que o nosso universo contém observadores como nós, pois isso significa que suas condições iniciais tiveram de conceder tempo suficiente para que os seres humanos evoluíssem até sua forma atual. Considerando as condições altamente seletivas necessárias para que isso acontecesse, é curioso que, de qualquer modo, estejamos aqui.

Outra consideração é o *problema do horizonte*. Ele surge da observação de que a intensidade da radiação cósmica de fundo é a mesma em todas as direções (isotropia), indicando que o universo é totalmente uniforme. O quebra-cabeça está no fato de que, a não ser que o universo tivesse se iniciado uniformemente, seria difícil explicar por que ele parece tão uniforme atualmente. Pois se ele começou com diferentes regiões expandindo-se em diferentes taxas, não seria possível que essas regiões se tornassem homogeneizadas. Grandes partes do universo inicial não teriam ficado coordenadas, uma vez que não teria havido tempo suficiente para que influências causais as tivessem ligado umas às outras. No entanto, se elas não estivessem em contato causal, seria muito difícil explicar a uniformidade que nós agora observamos. Mesmo que, eventualmente, elas fizessem contato causal, teriam ocorrido tremendas turbulências, as quais produziriam temperaturas que impediriam a formação de estrelas normais como o sol. Isso tornaria muito improvável a criação de um universo de baixa turbulência como o nosso. Aqui, mais uma vez, os cosmólogos se surpreendem com o fato de que o universo pareça tão uniforme. De fato, se ele não o fosse, nós, muito provavelmente, nunca teríamos existido.

A uniformidade do universo leva a um terceiro quebra-cabeça, chamado de *problema da uniformidade*, pois um cosmos perfeitamente uniforme não poderia responder pelo nascimento de planetas, estrelas e galáxias. Desse modo, algumas irregularidades diminutas e difíceis de se detectar precisaram estar presentes na uniformidade global do universo em seus primórdios. Isso levou muitos cosmólogos a procurar algum tipo de "matéria escura" que pudesse fornecer o puxão gravitacional necessário para a criação das galáxias. Porém, um excesso de matéria escura provocaria o colapso do universo em pouco tempo numa violenta implosão. Nesse caso, um mundo complexo que incluísse observadores como nós não poderia ter-se desenvolvido.

Novos Conceitos

Acabamos de ver que o Modelo Padrão do *big-bang* tem várias falhas. Para responder por esses quebra-cabeças, é necessário introduzir ajustes no Modelo Padrão. Esses ajustes estão relacionados com as condições que predominavam bem no início do universo, no qual as leis conhecidas da física não são mais guias confiáveis. Há igualmente outras dificuldades, muitas delas demasiadamente técnicas para serem discutidas aqui. No entanto, algumas delas ocasionaram a introdução de novos conceitos que nos levam além do Modelo Padrão. Os mais importantes desses conceitos são a sintonia fina, o princípio antrópico e os universos múltiplos.[13]

A Sintonia Fina

Além dos problemas mencionados acima, os cosmólogos se perguntaram sobre as muitas "coincidências" aparentemente acidentais entre as várias constantes da natureza. Por exemplo, as intensidades das forças fundamentais e as massas das partículas observadas parecem precisamente determinadas para a existência de um universo como o nosso. Pequenos desvios dos valores dessas constantes teriam levado a um tipo de universo radicalmente diferente, com condições extremamente inóspitas para formas de vida como a nossa. Essas aparentes coincidências são às vezes apresentadas como exemplos de *sintonia fina*, expressão que indica que minúsculas mudanças em algumas das características básicas do universo tornariam impossível a existência da vida no universo. No entanto, a sintonia fina não pressupõe a existência de um "Sintonizador Fino", embora isso pudesse ser interpretado dessa maneira se assim o quiséssemos. Isso poderia agradar a teólogos que procuram evidências de um plano cósmico, mas a maior parte dos cientistas preferiria invocar o puro acaso ou o princípio antrópico.

O Princípio Antrópico

Para começar, "princípio antrópico" é uma designação incorreta, uma vez que a expressão pode ser aplicada a qualquer tipo de observador sensível e não tem uma preocupação especial pelo homem (*anthropos*). É também enganoso chamá-lo de "princípio", se por essa palavra nós entendemos uma explicação de alguma coisa, pois em si mesmo esse princípio nada explica. O princípio antrópico simplesmente afirma que a presença da vida impõe limites sobre o universo, pois só podemos observar um universo que tenha propriedades que nos permitam existir. Obviamente, um universo sem tais propriedades não conteria observadores como nós. Embora afirmando uma verdade óbvia, o princípio antrópico também foi utilizado em explicações de sintonia fina. É uma maneira geral de se pensar a respeito do universo, e não um princípio explicativo, e alguns cosmólogos preferem utilizar a expressão "raciocínio antrópico" para caracterizar esse tipo de pensamento.

Há várias versões do princípio, que são chamadas de "fortes" ou "fracas", mas podemos ignorar as distinções sutis entre elas.[14] Aqui deve-se evitar más interpretações. Por exemplo, o princípio antrópico não tem um propósito religioso ou teleológico, embora seja amplamente interpretado dessas maneiras; ele não diz nada a respeito de Deus, ou do papel que o propósito desempenha no universo, e, no entanto, é compatível com eles quando são impostas condições adicionais. Além disso, ele não é realmente antropocêntrico, uma vez que não precisa estar restrito a seres humanos –

qualquer tipo de observador o faria. Uma interpretação conclui que a nossa existência é a *causa* do fato de o universo possuir propriedades que permitem a vida, mas isso é incorreto, pois o princípio antrópico não inverte a relação causa-efeito. Sua função básica é chamar a atenção para um fato que, de outra maneira, poderia continuar despercebido. Mesmo que esse princípio não seja, em si mesmo, uma explicação, poderia se tornar uma quando combinado com outras ideias. A maioria dos físicos não sente muita afeição por ela, pois prefere derivar as propriedades do universo de uma teoria fundamental em vez de pensar apenas em função de que propriedades são favoráveis à vida. No entanto, até agora, tentativas para formular uma "teoria de tudo" só resultaram em especulações matemáticas não-testáveis.

Os Universos Múltiplos

Precisamos agora considerar como o princípio antrópico pode ser utilizado para responder pela sintonia fina. Uma vez que o universo precisa ter algumas propriedades, pode-se afirmar que aquelas que ele realmente tem são puramente acidentais; desse modo, nenhuma explicação adicional seria exigida. Por outro lado, é notável o fato de que as leis da física permitem que o universo exista com tanta variedade – rica o suficiente para permitir que formas de vida inteligente apareçam nele. Podemos facilmente imaginar universos tão simples ou de vida tão curta que nada muito complexo poderia se desenvolver neles. Desse modo, pareceria que a imensa variedade possibilitada pelo nosso universo requer algum tipo de explicação. O princípio antrópico pode desempenhar um papel nessa explicação, embora ele não seja suficiente por si mesmo. Ele é utilizado em explicações teológicas que invocam o propósito de Deus ao criar um universo no qual criaturas vivas poderiam existir, mas isso nos leva além da ciência. Outra explicação também é possível, na qual o princípio antrópico desempenha um papel de suma importância em conjunção com a suposição dos universos múltiplos.

Se houvesse um vasto conjunto de universos, todos eles diferindo em suas propriedades, então só existiriam observadores naqueles raros exemplos que tivessem propriedades que permitissem a vida. Isso é semelhante a se ter uma sequência real no pôquer: entre todas as mãos que os jogadores já tiveram diante de seus olhos, algumas delas foram sequências reais, e se você está segurando uma exatamente agora, você sabe que pelo menos uma existe. A situação é semelhante com relação ao universo. Se há um número suficiente de universos ao nosso redor, poderá haver alguns que permitam a vida. Uma vez que nós somos capazes de observar o nosso universo, sabemos que um deles efetivamente existe (caso contrário, nós não estaríamos aqui para observá-lo). Dessa maneira, a suposição dos universos múltiplos, suplementada pelo princípio antrópico, responde pela existência de nosso universo que contém o observador. Mas esse argumento funciona apenas se outros universos realmente existirem; com os mundos meramente possíveis, como supôs Leibniz, ele não funcionará. Na perspectiva dos universos múltiplos, o raciocínio antrópico pode, portanto, adquirir genuína força explicativa, pois oferece um relato mostrando por que o nosso universo ajustado por sintonia fina existe de fato.

Vamos explorar um pouco mais o cenário dos universos múltiplos, pois ele desempenha um papel num novo modelo cosmológico amplamente discutido atualmente.[15] Se os universos múltiplos de fato existissem, a maioria deles presumivelmente não abrigaria vida, pois o aparecimento da vida requer uma sintonia fina muito precisa. Mas é difícil de se aceitar a existência de um enorme número de universos, além das observações possíveis, a menos que todos eles estejam incluídos em um enorme Multiverso. A ideia não é, em si mesma, absurda; já estamos familiarizados com a classificação de coisas particulares (como as árvores) em tipos gerais. Várias árvores são, com certeza, mais ricas do que uma única árvore. Nosso universo poderia muito bem ser membro de uma classe que contém muitos universos. Especulações a respeito de uma "pluralidade dos mundos" são tão velhas quanto a antiga filosofia grega, e a ideia também se encontra nas cosmologias míticas do hinduísmo e do budismo. Elas podem envolver uma sucessão de universos no tempo, universos que existem simultaneamente no espaço, ou uma combinação de ambos. Mas como essas especulações não foram capazes de fornecer um *mecanismo* digno de crédito para a produção de universos múltiplos, isso dificultou seriamente os desenvolvimentos teóricos iniciais. Os defensores da realidade científica dos universos múltiplos precisam fornecer um mecanismo para produzi-los que seja consistente com as leis conhecidas da física. O mecanismo mais promissor, até onde isso diz respeito à cosmologia atual, está associado com a ideia de universo inflacionário.

Uma tentativa imaginativa para se fazer isso pode ser encontrada no longo ensaio cosmológico *Eureka*, de Edgar Allan Poe, no qual ele apresenta um elaborado relato sobre universos múltiplos com base na ciência do século XIX.[16] No princípio de um universo, Poe imagina Deus criando uma "partícula primordial" (singularidade?), que em seguida se expande esfericamente, por "irradiação", em todas as direções. À medida que a expansão continua, a gravidade lentamente passa a dominar e a matéria se condensa em estrelas e planetas. Ele argumenta que o nosso universo deve ser finito, caso contrário o céu não seria negro à noite (paradoxo de Olbers). Uma vez que há numerosos universos, eles precisam estar tão distantes uns dos outros que a luz de qualquer um deles nunca alcança os outros antes de eles colapsarem. Além disso, cada um desses universos isolados tem seu próprio Deus. A força da gravidade finalmente interrompe a expansão de um universo e a contração começa a se impor. A matéria finalmente se dissolverá no nada do qual ela proveio: "Empenhemo-nos em entender que o último globo dos globos desaparecerá instantaneamente, e que Deus permanecerá totalmente incluído em tudo."[17] Então, Deus começará outro universo com "uma nova e talvez totalmente diferente série de condições".[18] Poe conclui:

> Guiando nossa imaginação por essa todo-predominante lei das leis, a lei da periodicidade, não estaremos, na verdade, mais do que justificados em entreter uma crença – digamos, mais propriamente, em desculpar uma esperança – em que os processos que nos aventuramos aqui a contemplar serão renovados sempre, e sempre, e sempre; um novo universo inflando-se e assim passando a existir, e em seguida afundando-se no nada, a cada batida do Divino Coração?[19]

Essa visão cósmica o enchia de deleite, e ele declarou que ela era bela demais para não ser verdadeira.[20] Infelizmente, Poe carecia do treinamento científico necessário para sustentá-la, e suas especulações teológicas eram infelizmente inadequadas. Mas ele compensou essas deficiências com um entusiasmo cosmológico ilimitado. Seu livro ainda pode ser calorosamente recomendado a qualquer pessoa que tenha um sério interesse por cosmologia.

Modelos de Universo Inflacionário

Os modelos de um universo inflacionário foram motivados por novas teorias em física das partículas, que ainda estão incompletas. A ideia de "inflação" agrada aos cosmólogos científicos porque ela explica muitos dos quebra-cabeças associados com o Modelo Padrão do *big-bang*, tais como os problemas do achatamento, do horizonte e da uniformidade. As teorias inflacionárias supõem que o universo inicial sofreu um breve período de aceleração (de cerca de 10^{-34} segundo) que aumentou exponencialmente seu tamanho (por um fator de 10^{60}). Acredita-se que a energia para a inflação tenha provido de campos escalares associados com o vácuo quântico.[21] Esses campos fornecem um mecanismo que pode gerar uma rápida inflação. Teoriza-se que o universo começou como uma minúscula flutuação quântica que, subitamente, explodiu até um tamanho gigantesco, excedendo em muito o do universo observável. Um rápido período inflacionário responde bem pelo achatamento e pela uniformidade que observamos. No caso do *achatamento*, a rápida expansão faz com que o espaço se achate, assim como a superfície de um balão se torna mais plana à medida que ele é inflado. Quanto ao *problema do horizonte*, a inflação começa com uma região homogênea muito menor do que no Modelo Padrão. Então ela se inflou até se tornar suficientemente grande para incluir o universo observado.

O *problema da uniformidade* também é esclarecido, pois flutuações quânticas na sopa primordial se ampliariam até se tornarem sementes para a formação de galáxias. Depois da irrupção da inflação, o universo se acomodaria à expansão normal, como descreve o Modelo Padrão. Nas primeiras versões, a inflação só dizia respeito ao nosso universo, e se pensava que fosse uma modificação do Modelo Padrão. No entanto, versões posteriores se estendem para além do próprio *big-bang* e suplantam esse modelo. Elas sugerem que há muitos universos (dos quais o nosso é apenas um) existindo em um imenso Multiverso, ou uma grande coleção de diferentes domínios. Esse Multiverso substitui o que era anteriormente chamado de "o universo", uma vez que ele contém tudo o que existe no mundo físico.

Um recente modelo inflacionário é o "universo que se autorreproduz" eternamente, desenvolvido por Andrei Linde, cosmólogo russo que trabalha na Universidade de Stanford. Ele é complicado em seus detalhes e continua controvertido; tentaremos apenas fazer um resumo geral do seu conteúdo.[22] Linde postula a existência de um campo em inflação constante, que sempre existiu naquilo que pode ser um Superespaço multidimensional e infinito. Flutuações quânticas estão ocorrendo continuamente dentro dele, como é sugerido pelo princípio da incerteza de Heisenberg. A energia total desse campo é igual a zero, pois sua energia gravitacional negativa cancela a energia das partículas que estão sendo criadas e aniquiladas por essas flutuações. Ele pode assim continuar a inflar incessantemente sem perda de energia. Flutuações quânticas dão origem a domínios separados, ou "bolhas", algumas das quais inflam em consequência da intensidade atingida pelos campos escalares associados.[23] Esses, finalmente, se tornarão mundos grandes e independentes em virtude de suas próprias características; portanto, eles correspondem aos diferentes universos que constituem o Multiverso. Não há limites ao número desses "universos-bolhas", e pode haver uma enorme variedade deles por causa dos valores arbitrários tomados pelos campos escalares. Linde chamou esse processo de "inflação caótica", pois ele exibe um padrão fractal que produz novas bolhas *ad infinitum*.

Cada universo-bolha esfria à medida que se expande. De início, as várias forças da natureza estão indiferenciadas por causa das altas temperaturas que vigoram em sua origem. No entanto, quando a bolha esfria, as forças se dividem em um processo chamado de "quebra de simetria", mas a maneira como isso acontece poderia diferir de um universo para outro. A quebra de simetria é assimilada a uma transição de fase, como a da água quando se congela, por intermédio da qual o fluido perfeitamente homogêneo se diferencia em regiões separadas com orientações internas distintas. Sob essas condições, as partículas teriam massas diferentes, dependendo da intensidade dos campos escalares associados com cada universo. Isso, por sua vez, teria um efeito sobre as intensidades das forças em cada universo, as quais estão relacionadas com as propriedades das partículas que ele contém. Todos esses resultados são determinados pela natureza do campo em inflação. O campo é governado pelas leis fundamentais da física (por exemplo, as leis da conservação), mas cada universo teria seu próprio conjunto de leis locais. Universos-bolhas poderiam diferir nas intensidades relativas das forças (por exemplo, da gravidade com relação ao eletromagnetismo), nas razões entre as massas das partículas (por exemplo, entre a do próton e a do elétron), nas taxas de expansão, nos graus de turbulência, e assim por diante. Alguns desses universos teriam propriedades que permitiriam a vida, e o princípio antrópico nos lembra de que o nosso é um deles (e talvez o único). Embora a física nos ofereça uma imagem da formação dos universos-bolhas, ela ainda não forneceu uma explicação para todas as suas propriedades. Essas podem variar consideravelmente de uma bolha para outra.

Se esse modelo está correto, a inflação não faz parte do modelo do *big-bang*, mas o próprio *big-bang* deriva do modelo inflacionário. A imagem dominante consiste em bolhas em expansão, e não em explosões violentas. Universos estão borbulhando vindos de algum sombrio mar de inconsciência subjacente à existência cósmica. Essa inconsciência é o fundamento de universos, embora a ciência não possa nos dizer o que é ou por que está aí. Como sugerimos no capítulo anterior, o Inconsciente reside nas profundezas do mundo psíquico que está além do alcance da física moderna. Um poema de Shelley, no qual ele compara a formação de mundos a bolhas que "cintilam, explodem, e se vão" num rio que flui eternamente, expressa o aspecto essencial dessa visão dos universos múltiplos.[24] Alguns cosmólogos compararam o Multiverso com o mais antigo modelo do Estado Estacionário porque ele está eternamente produzindo novos mundos para substituir outros que desapareceram, mantendo assim o mesmo padrão global. Mas a diferença está no fato de que nós estamos agora falando a respeito de todo um conjunto de universos em vez de apenas um. O Multiverso combina harmonia e variedade na maior escala imaginável, pois um campo que se infla eternamente dá origem a uma multidão de universos de uma maneira legítima. Embora grande parte dessa figura cósmica permaneça especulativa – e pode ser que ela nunca venha a ser verificada cientificamente –, ela poderia ser o estágio seguinte em uma progressão histórica que começou com a demonstração por Copérnico de que a Terra era um planeta girando em torno do Sol. Giordano Bruno o seguiu ao incluir nosso Sol entre as estrelas, e Edwin Hubble mais tarde descobriu que a Via-Láctea era uma galáxia como as outras galáxias. Agora, o modelo inflacionário caótico sugere que o nosso universo é apenas um entre um grande número de universos.

Respostas à Sintonia Fina

Quando nos confrontamos com o caráter de nosso universo, dotado de notável sintonia fina, podemos responder de várias maneiras. Poderia haver *universos múltiplos*, sendo que um deles é o nosso. Alternativamente, se não houver nada além do nosso universo, suas propriedades podem ser acidentais ou providenciais (criadas por Deus). Um universo puramente acidental não é muito provável; nós nunca acreditamos nisso quando há uma maneira simples e direta de explicar alguma coisa. Compare, por exemplo, a familiar situação em um filme onde um jogador de pôquer perde seu dinheiro sob circunstâncias suspeitas. Ele não acredita que isso foi um mero acaso, mas acusa o jogador que dá as cartas de trapacear – e pode até mesmo alvejá-lo. Essa é uma consequência infortunada. No entanto, dadas as circunstâncias, ele provavelmente estará certo ao supor que foi trapaceado. No caso do universo, temos *dois* relatos razoáveis disponíveis, um deles teológico e o outro científico. As probabilidades apontariam que um deles poderia estar correto, e, no entanto, também é possível que ambos possam ser incorporados numa explicação mais abrangente. Nesse caso, pelo menos uma parte do mistério restante seria eliminada. Por isso, prosseguimos examinando essa terceira possibilidade.

Sugerimos mais acima que um campo em eterno movimento de inflação é semelhante a um mar infinito de bolhas de espuma que aparecem sobre suas ondas incessantemente recorrentes. Mas uma questão permanece: "Por que o campo existe, em primeiro lugar?" A ciência permanece muda a esse respeito, e a teologia se vê em grande aperto para explicar isso em função de ideias criacionistas. Uma resposta intrigante é sugerida pela concepção hinduísta da criação como *līlā* (jogo, esporte); esse termo é utilizado para se referir ao jogo ou esporte cósmico de Deus no mundo. Ele expressa o divino deleite da existência numa infinita variedade de formas, que dificilmente sugere uma restrição a apenas um universo.[25] Nesse contexto, o campo serve como um suporte para o jogo divino.

O deleite é a essência da atividade criativa. A inerente liberdade de consciência é velada em uma obscuridade que a mente desaparelhada não pode penetrar. Uma obra de arte humana revela potencialidades que estão incompletas até que sejam atualizadas por meio da obra criativa do artista. A liberdade do artista para criar assegura que o que é apenas uma possibilidade pode ser atualizado. Desse modo, podemos conhecer nossos poderes latentes em obras de arte completas. Elas não são conhecidas em detalhe antecipadamente, uma vez que conhecê-las antes embotaria o desejo de descobrir algo novo. Para um Artista Infinito, por outro lado, um único ato criativo não bastaria, pois há sempre outras possibilidades à espera de manifestação. Por isso, poderíamos dizer que o Divino escolhe livremente se ocultar a fim de liberar deleite em um mundo diversificado. Sem esse ocultamento autoimposto, nada que diga respeito à existência faz muito sentido. Mas isso implica um último véu remanescente entre o universo e o que ainda permanece não manifesto. Isso também implica o fato de que o *tempo* é necessário para o desdobramento contínuo de possibilidades ocultas.

A criação do universo como expressão de deleite foi criticada com base em várias razões. Entre as objeções mais sérias está a acusação de que ele parece incompatível com a nossa noção de bondade moral. Os críticos sustentam que um apelo ao deleite como motivo supremo da existência trivializa nossa repugnância por um universo tão cheio de sofrimento como o nosso. Essa é uma forma do tradicional problema do mal, que sempre incomodou o teísmo. A questão está em se saber por que há tanto sofrimento em um mundo criado por um Deus todo-poderoso e benevolente. Foram propostas numerosas soluções que tentaram justificar o propósito divino de permitir que o sofrimento existisse (teodiceia), mas elas não conseguem ser completamente convincentes. No entanto, no caso de *līlā*, a situação é mitigada por várias outras considerações. Uma delas está no fato de que não há separação entre o Divino e o universo como supõe o teísmo convencional. O cosmos é concebido como uma *manifestação divina* em vez de uma criação separada por Deus. Além disso, a própria alma é considerada como parte do Ser Divino, de modo que Deus não é concebido como um juiz que preside sobre criaturas falíveis diferentes dele. Finalmente, o sofrimento é entendido como uma distorção temporária do deleite que está sempre presente no âmago do ser.[26]

Reconhecidamente, nada disso elimina por inteiro o choque nervoso que acompanha a experiência de uma grande tragédia pessoal, mas nenhuma teodiceia é capaz de fazer isso. É, pelo menos, concebível que a profundidade do sofrimento neste mundo seja um subproduto inevitável do anseio por uma consumação suprema do deleite dentro dele. Entre as infinitas possibilidades disponíveis ao Divino, uma delas consiste em se envolver em total escuridão. Mas permanecer em tal estado negativo é contrário à natureza divina. Como uma noite sem estrelas, isso seria o prelúdio de uma aurora mais brilhante. Somente o tempo pode revelar o que isso poderia ser. A mente acha excessivamente difícil aceitar isso, o que responde, em grande medida, pela persistência do problema do mal no pensamento humano.

Teodiceias são soluções intelectuais generalizadas para um problema vivenciado num nível profundamente vital e emocional, que resiste a qualquer racionalização por meio de expressões de natureza mental. Consequentemente, os teístas são forçados a ceder a um apelo à fé na suprema bondade e sabedoria de Deus, não obstante todas as aparências em contrário. Algumas pessoas, por outro lado, encontram forças para suportar o sofrimento incessante na crença em que as leis da natureza governam supremas. Outras permanecem confusas diante de um espantoso mistério que elas não podem sondar.

Além disso, a visão do universo como *līlā* é atraente por vários motivos. Embora favoreça o deleite como o impulso fundamental da criação, ela não exclui totalmente a bondade; uma grande variedade pode ser algo bom em um sentido mais amplo do que nós comumente imaginamos. Bens maiores sempre prevalecem sobre bens menores, e parece impossível satisfazer a todos eles simultaneamente. O Divino não precisa satisfazer ou se conformar aos nossos padrões limitados de bondade; além disso, se o universo está em evolução, o conflito e o sofrimento não precisam ser entendidos como partes permanentes de nosso destino. Um julgamento final, baseado naquilo em que agora podemos acreditar, seria prematuro, pois é possível que o mundo esteja em um processo de mudança para algo melhor. Além disso, uma perspectiva plenamente abrangente poderia nos convencer de que nunca somos inteiramente abandonados pelo Divino, independentemente de quão terríveis as circunstâncias nos pareçam.[27]

Um Universo Fugitivo?

Antes de deixarmos de lado nosso exame da moderna cosmologia científica, precisamos dizer algo mais a respeito da recente descoberta da expansão acelerada de nosso universo. Até agora estivemos lidando basicamente com problemas que surgem da postulada singularidade presente na origem do universo. Mas o Modelo Padrão do *big-bang* oferece igualmente vários cenários referentes ao fim do universo. Aqui novamente, como no caso do princípio cósmico, nenhuma resposta sólida está em vias de aparecer. Todos os três modelos de Friedmann discutidos no Capítulo IV diferem entre si a esse respeito. No caso do modelo oscilante, o universo se expande até um tamanho máximo e em seguida se contrai até um fim catastrófico depois que transcorreu um tempo finito; tudo dentro dele seria completamente aniquilado. Nos dois outros modelos, o universo continua a se expandir rumo ao infinito, com estrelas e galáxias lentamente se dissolvendo num mar uniforme de energia térmica. Eles diferem somente pelo fato de que um universo aberto continua se expandindo para sempre, ao passo que a expansão em um universo achatado diminui lentamente, aproximando-se de um limite. Em todos os três modelos, a expansão desacelera em consequência do efeito retardador da gravidade. No entanto, recentemente, a possibilidade de que isso não seja verdade se tornou um dos tópicos mais ardentemente debatidos da cosmologia científica.[28]

Dois levantamentos de dados sobre supernovas de galáxias distantes, próximas das bordas do universo observável, mostram provisoriamente que a expansão está se acelerando, e não desacelerando, como os modelos de Friedmann haviam previsto. Como vimos antes, o Modelo Padrão supunha que a constante cosmológica fosse igual a zero. Com isso, a gravidade passava a ser a única força que operava no universo em seu todo, atuando no sentido de retardar a expansão. Mas se a expansão está se acelerando, é preciso que haja energia disponível para superar o efeito retardador da gravidade. De onde estaria vindo a energia que impulsiona a aceleração? Suspeita-se que ela esteja relacionada com a constante cosmológica, que representaria a ação de uma nova força (energia escura) no universo.

Einstein introduziu a constante cosmológica λ (lambda) em suas equações de campo a fim de manter o universo estático. A constante foi interpretada como uma força repulsiva que equilibra exatamente a gravidade para impedir que o universo entre em colapso. Ele repudiou essa ideia quando viu que λ não era mais necessária nos modelos de Friedmann. Mais tarde, ela foi reinterpretada como a medida da energia do espaço armazenada, mas uma constante cosmológica positiva teria um enorme valor, inconsistente com as observações atuais. Com a descoberta de uma expansão acelerada, é possível que haja um valor mais razoável para a constante cosmológica. Atualmente, acredita-se que a constante represente o conteúdo do espaço em energia, que faria o universo se acelerar cada vez mais depressa. Se as presentes observações estão sendo corretamente interpretadas, nosso universo se defronta com um futuro no qual todas as distâncias cósmicas crescerão numa taxa que cresce rapidamente.

Há uma implicação interessante dessa interpretação de λ como energia escura. Pois, como já sabemos, a energia tem massa, e isso poderia compensar a densidade extremamente baixa da matéria observada no universo. Os cosmólogos têm procurado desde há muito tempo a "massa faltante", que traria a densidade de massa total do universo para mais perto da densidade crítica; o parâmetro da densidade (Ω) estaria então próximo de um. Tentativas para se descobrir massa faltante em quantidade suficiente sempre fracassaram, mas agora parece que, mesmo sem ela, uma constante cosmológica positiva poderia responder por um valor de Ω igual a um. Nesse caso, Ω poderia ser dividida em duas partes, uma delas correspondendo à atual densidade de massa da matéria e a outra à energia escura responsável pela expansão acelerada.

As observações parecem indicar que a densidade Ω total tem valor próximo de um. Esse, incidentalmente, é o valor previsto pelo modelo do Universo Inflacionário. Nos primeiros estágios da expansão, quando a densidade de massa da matéria era muito alta, a densidade de energia do espaço teria sido muito baixa (λ próxima de zero). Porém, à medida que a expansão continua, a densidade de massa diminui e a densidade de energia do espaço aumenta para manter sua soma igual a um. Durante um certo período de transição, as duas densidades se tornariam iguais em valor, e é nesse período que estamos vivendo atualmente. No entanto, no final, a aceleração impulsionará rapidamente a densidade de massa para zero, e a energia escura se tornará a força dominante no universo. Ninguém sabe com o que o universo se pareceria para as pessoas que porventura ainda existissem nessa época.

Em um dos cenários, nossa galáxia seria deixada isolada em um espaço que "varreria do mapa" a maior parte das outras galáxias. Por volta dessa época, qualquer influência que a matéria distante pudesse exercer sobre as leis da física provavelmente terá se dissipado. Se houver qualquer verdade no Princípio de Mach, até mesmo a inércia gradualmente se enfraquecerá. O universo não parecerá o mesmo para observadores que ainda poderão estar vivendo em nossa galáxia. É prematuro especular a respeito disso apenas com base na física, pois muito trabalho científico ainda precisa ser feito antes que as observações recentes possam ser confirmadas. Mas elas sugerem um universo futuro radicalmente diferente daquele que nós agora observamos. Um espaço imenso situado além da Via-Láctea e que estivesse despovoado de corpos materiais de qualquer tipo parece algo improvável (compare com o "Grande Debate" entre astrônomos antes de Hubble). No entanto, não há indicações de que a matéria física ordinária teria muita importância nos estágios posteriores de um universo fugitivo. Até mesmo nossa própria galáxia finalmente se dissolveria na morte térmica geral das estrelas que ele contém.

É possível que um novo tipo de universo constituído de uma matéria física mais sutil, como aquela mencionada no final do Capítulo II, começará a tomar forma e a substituir a matéria como nós a conhecemos. Se for esse o caso, nosso presente universo de substância material grosseira estaria no processo de ser descartado como uma casca quebrada. Em outras palavras, o Ovo do Mundo de que se fala no mito pode estar apenas começando a incubar. A física nada pode nos dizer a respeito disso, e as especulações a esse respeito pertencem mais à cosmologia mítica do que à ciência moderna. Em vez de tentar perseguir as possíveis implicações do estranho destino do universo que estão sendo atualmente reveladas pela física e pela astronomia, será mais produtivo indagar primeiro a respeito das faces restantes do universo nos capítulos seguintes, que se referem às cosmologias tradicional e evolutiva.

A FACE MÁGICA

Olhando para si mesma
No negro espelho do espaço
Ela contempla as estrelas.

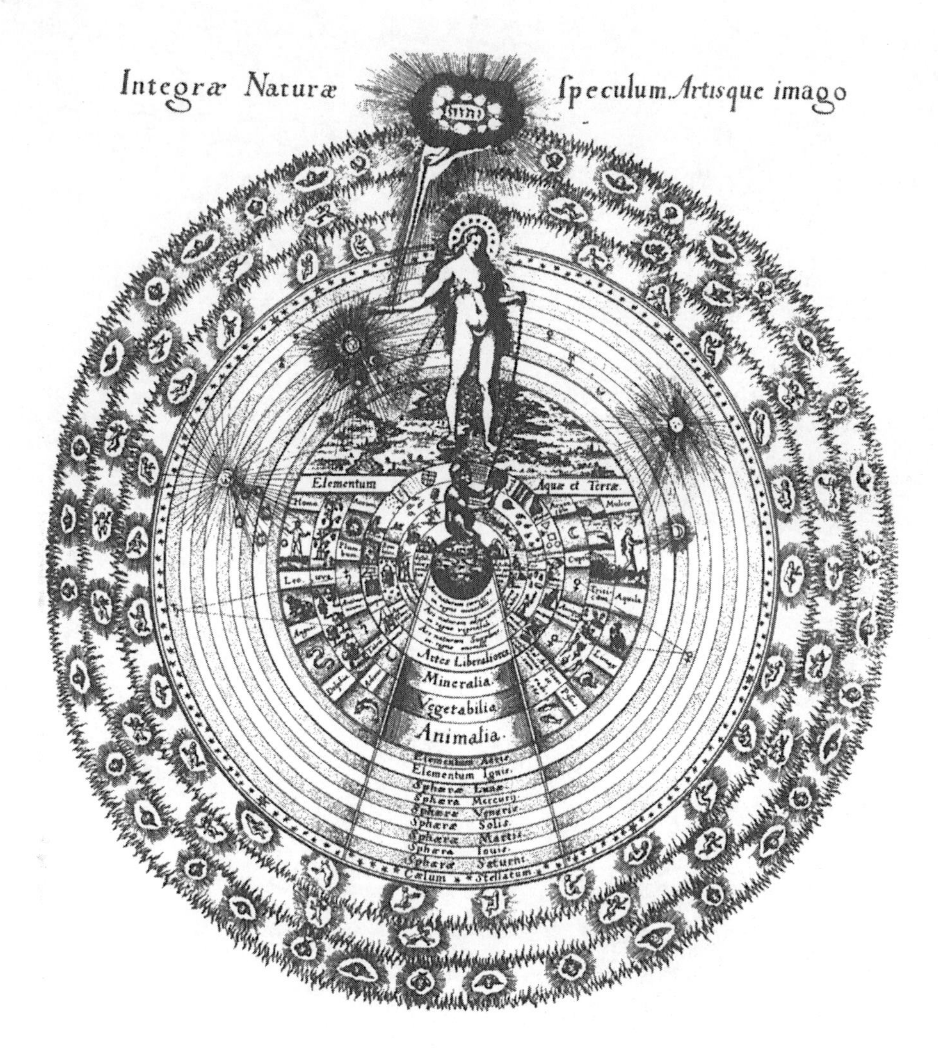

Prancha VI. O Universo Mágico

VI

A Cosmologia Tradicional

A ciência moderna, quando suficientemente pressionada, se confronta com várias fronteiras intransponíveis. A física expande o nosso conhecimento até essas fronteiras, mas, ao fazê-lo, nos deixa com um universo empobrecido, que carece de significado ou propósito claros. Embora a ciência atual tenha se livrado do vazio absoluto do espaço newtoniano, tudo o que ela oferece para substituí-lo são campos de força impessoais e um vácuo repleto de energias sem propósito. Ela espacializa o tempo até o ponto em que sua essência dinâmica se perde, e uma consideração séria a respeito do propósito cósmico é efetivamente abolida do discurso científico. A vida é reduzida a uma anomalia biológica numa amplidão ilimitada do espaço e do tempo. A presença da sintonia fina não responde pela existência de vida num mundo que parece tão hostil a ela. O mero fato de o universo conter propriedades que permitem a vida não garante que ele contenha seres vivos. O efetivo aparecimento de vida no universo depende de muitos outros fatores: a proximidade correta do tipo correto de estrela, os elementos químicos necessários, os climas apropriados, o calor e a umidade adequados, e uma multidão de outras condições cuja reunião parece uma coincidência. Mesmo assim, ainda poderíamos indagar por que a vida deveria existir em nosso universo.

Outra face do universo mostra as coisas sob uma luz diferente. É a face mágica, com que a cosmologia tradicional lidava. Nessa cosmologia, o universo está cheio de vida, uma vida que não se restringe a organismos biológicos na Terra ou em outros planetas. Ela abrange muitas ordens de entidades vivas no mundo psíquico, inclusive uma "Alma do Mundo". O aparecimento de organismos vivos sobre a Terra é considerado como uma manifestação especial de um princípio de vida ativo por toda parte no universo. A cosmologia tradicional tem uma longa história, antecipando a ascensão da ciência moderna em muitos séculos. Ela foi parte integrante de muitas culturas, e adotou inúmeras formas, desde sofisticadas teorias metafísicas a superstições populares. Embora o preconceito teológico e a ciência moderna tenham se revezado procurando afastá-la para as margens da sociedade convencional, eles nunca tiveram sucesso em erradicá-la totalmente. Até o século XVII, antes de sua substituição indiscriminada pelos modos de pensamento mecanicistas, a cosmologia tradicional era valorizada como uma forma viável de conhecimento.[1] Atualmente, ela ainda tem muito para oferecer a uma sociedade espiritualmente empobrecida como a nossa.

Macrocosmo e Microcosmo

A cosmologia tradicional concebe o universo como uma manifestação do Ser transcendente. Se nós utilizamos a palavra "ciência" num sentido amplo o suficiente para incluir o conhecimento metafísico (como é comum entre os tradicionalistas), então a cosmologia tradicional pode ser definida como "a ciência do mundo, pois reflete sua causa única, o Ser".[2] Ela procura beleza, bem como conhecimento, e por isso a arte e a imaginação desempenham importantes papéis em seu âmbito. A ideia básica subjacente ao universo mágico é a correspondência do macrocosmo e do microcosmo, que nós encontramos, por exemplo, na seção sobre cosmologia mítica. Mas, no presente contexto, ela é a doutrina que define toda uma cosmologia, pois subentende o modelo único de universo nessa tradição (designado aqui como o modelo dos "Três Mundos"). Esse tipo de cosmologia está interessado nas pistas que nos ajudam a descobrir a ordem e a beleza do cosmos. Ele pressupõe a correspondência entre o universo como um todo e uma de suas partes (em primeiro lugar, o homem) como um exemplo típico. A imagem não é considerada como uma mera "fantasia poética", nem pode ser entendida em função de analogias materialistas baseadas em supostas similaridades entre o corpo humano e o mundo físico.[3] Embora tal raciocínio tenha sido utilizado para ilustrá-la de várias maneiras, o ponto essencial está no fato de que o universo é considerado como um ser vivo e inteligente, cuja natureza está refletida no homem. Elementos de ambas as faces, psíquica e física, estão incluídos em sua bússola. O universo e o homem não apenas se espelham mutuamente, mas também estão misticamente presentes um dentro do outro. Na realidade, eles não podem ser separados, e tudo o que aparece em um deles precisa, de algum modo, estar representado no outro. Desse modo, a unidade cósmica está estabelecida; todo o universo está ordenado em função dessa correspondência.

O laço entre o homem e o universo é explicado com base em um Intelecto Universal (*Nous*), que sustenta a ambos numa unidade indissolúvel.[4] Quando o homem é considerado o microcosmo, isso sugere que ele pode adquirir conhecimento cósmico e, consequentemente, poder ao utilizar sua imaginação por vias inovadoras. Tal conhecimento se baseia no parentesco entre o homem e o universo. Mesmo que todas as coisas espelhem o mundo à sua própria maneira, o homem, de acordo com essa visão, é o mais perfeito exemplo disso. Ele pode ser considerado como a imagem total do cosmos em todos os seus aspectos, garantindo igualmente o acesso ao Intelecto Universal. Isso oferece a possibilidade de um entendimento sistemático do universo e, ainda mais, de se dominar as coisas por meio da união com o Intelecto. A experiência de tal unidade seria outro exemplo de consciência cósmica, e em muitos escritos tradicionais ela é celebrada em termos comparáveis. Uma porta também foi aberta para a magia, a astrologia, a alquimia e outras procuras ocultas, que afirmavam basear-se em princípios semelhantes. A visão incorporada nessa concepção do universo está resumida em um pequeno tratado alquímico conhecido como *Tábua de Esmeralda*, de Hermes Trismegisto:

> É verdade, sem mentira, certo e muito verdadeiro: o que está em cima [o macrocosmo] é como o que está embaixo [o microcosmo], para realizar os milagres de Uma só coisa. E assim como todas as coisas derivaram de uma, pelo

pensamento de um [Intelecto], assim todas as coisas nasceram dessa coisa [o Um] por adaptação.[5]

Doutrinas Relacionadas

O pensamento tradicional adotou diferentes formas em várias épocas e lugares, mas todas elas têm certas características em comum. Essas características incluem uma doutrina da emanação oposta à criação *ex nihilo* e a crença na existência de um Intelecto Universal contendo as formas ideais de todas as coisas (Ideias ou Arquétipos). Uma concepção da estrutura hierárquica do mundo com seres vivos existindo em todos os níveis (a "Grande Corrente do Ser") é também parte importante desse tipo de cosmologia. O universo é geocêntrico nessa tradição. Além disso, ele é dividido em três mundos que se interpenetram: o Inteligível, o Celestial e o Elementar. Suas operações são governadas por uma Alma do Mundo imanente. A cosmologia tradicional também enfatiza a primazia das correspondências qualitativas entre coisas diferentes, em vez do caráter quantitativo do universo defendido pela ciência moderna. Essa questão reside na distinção entre as propriedades mensuráveis das coisas, que são condicionadas por circunstâncias externas, e suas qualidades essenciais, derivadas do Intelecto. Finalmente, ela recorre à intuição intelectual como a fonte básica do conhecimento. Isso tem por fundamento a crença segundo a qual a mente humana participa das formas ideais do Intelecto Universal, por intermédio das quais ela pode adquirir conhecimento direto da natureza das coisas.

O Emanacionismo

A ideia de que o universo é uma emanação de um princípio divino unitário está na base da visão de mundo da cosmologia tradicional. Embora essa ideia tenha se combinado com as doutrinas criacionistas reveladas, nas quais se baseiam as mais importantes religiões monoteístas, os teólogos ortodoxos em geral a olhavam com suspeita. Eles a relegavam às esferas sombrias do misticismo, do panteísmo e do oculto, as quais sempre estiveram em desacordo com a ortodoxia. A visão tradicional é resumida na *doutrina da emana-*

ção conforme foi formulada por Plotino. A emanação é uma metáfora que aparece na cosmologia tradicional como uma alternativa à ideia de criação *ex nihilo*. A doutrina afirma que todo ser emana necessariamente (transbordando como água de uma fonte inexaurível) de um princípio perfeito e transcendente chamado de "o Uno", do qual tudo o mais depende. Três princípios metafísicos (*hipóstases*) são postulados, o Uno, o Intelecto (*Nous*) e a Alma, em ordem decrescente, dos quais derivam a Natureza e o universo.

O Uno é a fonte suprema dos outros princípios e se diz que ele está além do Ser. Portanto, ele não pode ser expresso na terminologia do discurso lógico. Às vezes, os teístas se referem ao Uno como Deus. No entanto, isso não está totalmente correto, uma vez que Deus geralmente recebe os atributos de um ser pessoal. No sistema de Plotino, o Intelecto pode ser considerado como Deus. Mesmo tendo derivado do Uno, ele é o mais elevado princípio manifesto. O processo de emanação pode ser comparado com a luz que irradia de sua fonte no sol, mas não deve ser entendido em função de uma mera causa física. Começando com o Intelecto, um princípio inferior segue-se de um princípio superior por meio da contemplação (*theoria*), ou autorreflexão, que Plotino concebia como um poder produtivo. Quando os objetos estão mais afastados do sol, a luz é mais esmaecida e, de maneira semelhante, as coisas têm menos perfeição quando estão mais distantes do Uno. A matéria, que é identificada com o não ser, está no polo oposto do Uno. A Alma é um princípio intermediário, que existe entre o Intelecto e a Natureza (uma entidade anexa à Alma). Uma vez que o universo contém matéria, ele não é idêntico à Alma. Além disso, supõe-se que essa última esteja presente de alguma forma ao longo de toda a manifestação.

A Grande Corrente do Ser

O emanacionismo é a fonte metafísica da ideia da Grande Corrente do Ser.[6] Essa é uma metáfora popular para a crença tradicional que atribui a todos os seres do universo uma distribuição segundo uma hierarquia ininterrupta. Todo tipo de criatura ocupa um lugar que lhe é designado na hierarquia, sendo inferior ao que está acima dela e superior ao que está abaixo. Consequentemente, tudo o que existe ocupa uma posição reconhecível nessa ordem. A parte inferior da corrente é constituída de pedras, plantas e animais, e a parte superior consiste em Deus e nas ordens angélicas. Ambas as partes se encontram no homem, o microcosmo, que estabelece a conexão entre elas. Ele é o elo crucial na cadeia, ultrapassando os níveis inferiores por sua inteligência, sendo até mesmo superior aos anjos pelo fato de não estar confinado à parte superior da corrente. Enquanto os anjos carecem de corpos físicos e podem operar sobre os níveis inferiores apenas influenciando-os, o homem pode perambular livremente no mundo enquanto participa dos níveis superiores por intermédio do seu intelecto. Como microcosmo, ele inclui dentro de si todos os níveis do macrocosmo. Deus e a Matéria-Prima (a raiz sem forma de todas as coisas materiais) assinalam as duas extremidades da corrente.

De acordo com essa visão, multidões de seres normalmente invisíveis existem em cada um dos níveis. Eles são conhecidos por vários nomes em diferentes tradições, e deram origem a uma extensa mitologia de deuses, deusas, anjos, arcanjos, demônios, elementais, e assim por diante. Porém, não obstante a riqueza do universo representada nessa imagem, os padrões hierárquicos estão sujeitos a vários inconvenientes. Um deles se refere ao fato de que esses padrões restringem as diferentes ordens de criaturas a categorias bem determinadas, e por isso estratificam os vários níveis do ser. Há pouca mobilidade entre os níveis, o que torna o sistema essencialmente estático. Uma desvantagem adicional está no fato de que o modo linear de representação deixa os níveis do ser cada vez mais materiais progressivamente mais "pendurados" em Deus, ou dependentes de Deus, que existe no topo da hierarquia. À matéria se atribui claramente um *status* inferior na ordem do ser. Consequentemente, há uma inclinação embutida nesse sistema, a qual se volta contra ele, e se revela em um desdém generalizado com relação à vida terrestre.

A Alma do Mundo

Outra doutrina essencial para o entendimento da cosmologia tradicional é a da Alma do Mundo. Filosoficamente, ela designa a causa imanente da ordem, da vida e da inteligência que permeiam o universo. Platão, em seu diálogo *Timeu*, foi o primeiro a chamá-la de alma. Ele concebeu a Alma do Mundo como um princípio mediador entre o ser eterno e o vir a ser temporal, imaginando-a incorporada nos movimentos circulares das estrelas e dos planetas. Acreditava-se que todas as almas individuais derivassem dela. Na Idade Média, ela era amplamente conhecida pelo seu nome latino, *Anima Mundi*. Posteriormente, ela foi associada com a chamada "luz astral", uma substância etérica sutil que recebe impressões de formas-pensamento e de eventos físicos. A Alma do Mundo é um princípio feminino que está associado com a Natureza e que nutre o mundo com uma força vivificante. Em sua função cósmica, ela governa o universo, mantendo a ordem das esferas celestes e irradiando influências planetárias para o mundo elementar. Portanto, a Alma assegura o estado de interconexão de todas as coisas, unindo-as em uma rede de forças e correspondências simpáticas.

A Natureza

A Alma do Mundo está associada com a Natureza de uma maneira salutar. A palavra "natureza" deriva da palavra latina *natura*, que é uma tradução do grego *physis* (que sugere nascimento, crescimento e procriação). A Natureza significava originalmente o poder que gera e regula o universo e todas as coisas dentro dele. Por isso, ela era frequentemente personificada como a Grande Mãe, ou a Deusa. O curso da natureza e suas leis são manifestações de sua força. Ela tem muitos nomes e aspectos, sendo um deles o de "Mãe Natureza", que é com frequência identificada com a Terra. Em seu aspecto cósmico supremo, ela é a Mãe do Universo, embora o pleno significado da sua relação com Deus não seja claro. Poderíamos dizer que a Natureza sem Deus não pode existir, e sem a Natureza Deus não pode se manifestar. Isso sugere que ambos são aspectos inseparáveis de uma única realidade mais abrangente (veja o Capítulo III). No entanto, na cosmologia tradicional a Natureza é geralmente concebida como um poder subordinado a Deus e limitado pela sua vontade.[7] Embora as culturas tradicionais sempre tenham concebido a Natureza como feminina, a mentalidade científica moderna a despersonalizou. Hoje, a palavra se refere comumente à parte do mundo visível na qual o homem ainda não interferiu. Não obstante as nossas concepções mutáveis a respeito da Natureza, ela permanece o que sempre foi, e oferece muito para aqueles que estão em harmonia com os seus caminhos.[8]

O *Timeu* de Platão

Uma das fontes mais importantes da cosmologia tradicional é o grande diálogo cosmológico de Platão, o *Timeu.*[9] O que ele descreve não é o cosmos mágico do pensamento medieval e renascentista posterior, mas esse diálogo exerceu uma vigorosa influência sobre o desenvolvimento das visões tradicionais a respeito do universo. Ele está encaixado em um mito da criação, aparentemente concebido pelo próprio Platão, que incorpora os princípios essenciais da filosofia matemática pitagórica enunciados antes de Platão. A exposição do diálogo é apresentada por um astrônomo pitagórico chamado Timeu, que invoca os deuses antes de começar a estudar o que ele considera um assunto sagrado. No discurso seguinte, ele descreve a natureza do universo a partir da sua organização inicial até a criação do homem, que é tratado como o microcosmo. Embora essa não seja a primeira vez que a ideia de microcosmo aparece no pensamento grego antigo, Platão confere a ela um lugar claramente definido em sua teoria do universo. O mundo é concebido como uma criatura viva dotada de razão e de inteligência. O homem e o universo não são idênticos em estrutura nem em função, mas há uma semelhança entre eles subjacente a toda a perspectiva cosmológica de Platão.

Platão rejeita as especulações gregas anteriores a respeito da origem do universo. Não o impressionam as imagens míticas da reprodução biológica ou as teorias filosóficas que respondem pela geração do mundo com base na evolução a partir de algum material preexistente. Em vez disso, apresenta um Artífice Divino (Demiurgo) que planeja um cosmos racional com base em um mundo perfeito de Formas imateriais.[10] Sua função é semelhante à do deus criador "nascido do ovo do mundo" na cosmologia mítica, e Platão pode tê-lo recebido de tradições anteriores preservadas nos Mistérios gregos.[11] As Formas são realidades eternas e imutáveis nitidamente distintas do que está sempre em estado de fluxo. Em um diálogo anterior, a *República*, Platão havia comparado o mundo visível transitório com uma caverna escura além da qual se situava o mundo brilhante das Formas. O universo do *Timeu* é concebido como imperfeito em relação às Formas, mas a bondade do Demiurgo assegura que ele seja a melhor cópia possível do mundo perfeito. As Formas imateriais só podem ser apreendidas pelo pensamento racional, e no desenvolvimento posterior do platonismo elas foram interpretadas como Ideias eternas na Mente Divina.

Há um nítido contraste no *Timeu* entre a atividade governada pelo propósito inteligente e os movimentos erráticos de um substrato material. Materiais preexistentes, que não foram criados pelo Demiurgo, representam a necessidade cega. Ele utiliza meios racionais para modelar esses materiais num cosmos de movimentos ordenados governados por uma Alma do Mundo que habita o seu interior. Ao longo de toda a sua obra, o Demiurgo é guiado por considerações estéticas que determinam que objetos refletiriam melhor a perfeição do mundo das Formas. O corpo e a alma do mundo são feitos pelo Demiurgo, que copia a Forma da criatura viva ideal, que inclui tudo. Essa Forma não é, em si mesma, qualquer tipo específico de criatura, mas abrange os tipos de todas as coisas vivas.[12] Em essência, o universo é padronizado com base nos princípios de vida e de inteligência, uma vez que isso é considerado algo melhor do que fazer um mundo embotado, sem vida. No entanto, Platão, por intermédio de Timeu, adverte que a cosmologia só pode apresentar uma "história provável" do processo da criação do mundo.

A Alma do Mundo é construída de acordo com complexas razões geométricas e musicais que são destinadas a garantir sua natureza harmoniosa. Uma vez que ela precisa ser capaz de pensamento racional, os elementos básicos do discurso lógico (identidade, diferença e existência) foram combinados nela para formar sua mente. Para propósitos astronômicos, os princípios da identidade e da diferença foram modelados em círculos que se interceptam, representando os dois movimentos fundamentais do cosmos, pois o movimento circular uniforme era considerado melhor do que todos os outros tipos de movimento (Figura 4). O círculo da identidade se tornou o Equador celeste ao redor de cujo eixo todo o cosmos realiza seu giro. Somente a Terra resistiu a essa rotação, permanecendo estacionária no centro do mundo. Por outro lado, o círculo da diferença representava a eclíptica, ao longo da qual o Sol, a Lua e os outros planetas se movem em sentidos opostos. Ele era dividido em sete círculos menores para responder por suas órbitas. Os dois círculos maiores se interceptam segundo um ângulo de 23,5 graus, e formando uma *cruz cósmica*. O Sol passa duas vezes pelos pontos de intersecção dessa cruz em sua órbita anual – ascendendo acima do Equador celeste no equinócio vernal (ou da primavera) e descendo abaixo dele no equinócio outonal.[13]

Platão também estava ciente dos intrincados padrões das órbitas planetárias, tais como os movimentos diretos e retrógrados, mas preferiu deixar os detalhes para os astrônomos. Em outro lugar, registra-se que ele falou em "salvar as aparências", querendo com isso dizer que os astrônomos deveriam tentar responder pelos movimentos aparentemente irregulares dos planetas com base em combinações de círculos que giravam uniformemente. O movimento circular era considerado a forma de movimento mais racional e perfeita (e, portanto, "divina").

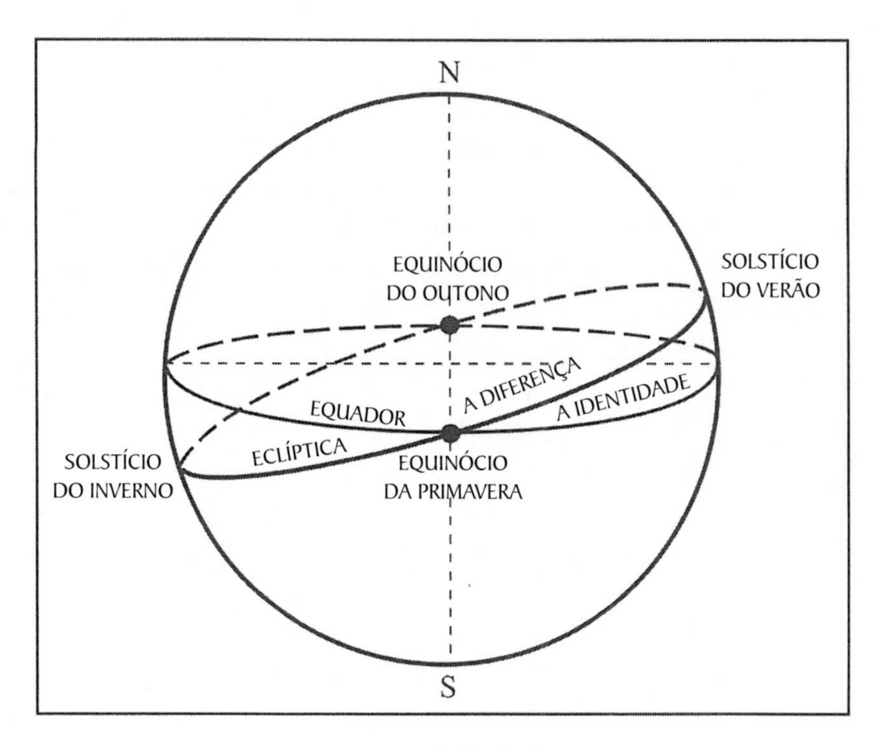

Figura 4. Os Círculos de Platão

Como a esfera era considerada o sólido geométrico mais perfeito e mais belo, o corpo do mundo recebeu essa forma e em seguida se juntou à Alma do Mundo. Não havia nada de material deixado fora do cosmos para ameaçá-lo, nem havia algo mais que fosse necessário para o seu sustento. Portanto, não havia necessidade de órgãos dos sentidos ou de meios para ele ingerir o alimento. Dessa maneira, ele era diferente do corpo de qualquer criatura viva dentro dele. O cosmos era único e autossuficiente, e de nada mais dependia para continuar a existir. Subsequentemente, os planetas foram instalados em círculos apropriados para ser os instrumentos do tempo. Seus movimentos mediam e definiam o tempo, que era considerado como "a imagem móvel da Eternidade". Presumivelmente, Platão entendia por isso que a eterna circulação do cosmos era uma cópia apropriada da eternidade intemporal do mundo das Formas. O tempo não é independente do mundo criado, pois ele passa a existir somente com a construção do cosmos. Mas ele traz ao mundo uma semelhança mensurável da ordem e da constância das Formas. Timeu resume essa parte do seu discurso chamando o universo de "um santuário criado para os deuses eternos".[14]

A natureza do caos primitivo a partir do qual um cosmos foi formado também é abordada no diálogo. Timeu apresenta razões para a escolha dos quatro elementos (fogo, ar, água e terra) que constituirão o corpo do mundo. Seus volumes são dispostos esfericamente em proporção geométrica, com o fogo do lado de fora e a terra no centro. Ele diz que o universo é mantido coeso em uma unidade ligada pela amizade (*philia*) dos elementos:

> Para essas razões e a partir de tais componentes, quatro em número, foi gerado o corpo do universo, entrando em concórdia por meio da proporção, e com base nelas ele adquiriu Amizade [*philia*], de modo que ao entrar em unidade consigo mesmo ele se tornou indissolúvel por qualquer outro exceto por aquele que o ligou em coesão.[15]

Uma vez que o universo é construído geometricamente, ele pressupõe a existência do espaço. O espaço (*chora*) é chamado de "receptáculo do vir a ser" e é imaginado como algo vagamente material e mal definido. O mundo precisa da presença de um meio no qual os elementos possam tomar forma.

Platão comparou esse meio a um espelho no qual as Formas são refletidas. Ele é também a matriz do universo, e é descrito metaforicamente como "a ama seca do vir a ser". Isso sugere que Platão o considerava como feminino. Ele apresenta o espaço (mãe) como um terceiro princípio, juntamente com o cosmos visível (filho) e seu protótipo eterno no mundo das Formas (pai). Nesse sentido, ele utilizou a técnica mitológica comum de representar os princípios cósmicos sob a forma de relações de família.

Originalmente, o receptáculo é agitado por vibrações incessantes que ocorrem em seu interior. Platão o compara a um material plástico que carece de qualquer estrutura própria, e que pode receber qualquer forma que o Demiurgo decida imprimir sobre ele. O receptáculo e seus conteúdos caóticos são imaginados existindo anteriormente à formação de um cosmos ordenado. Ele se agita em todos os sentidos, como uma joeira, que causa uma separação entre coisas densas e pesadas e coisas rarefeitas e leves. Os corpos primários recebem a forma de sólidos geométricos regulares, trazendo ordem e estrutura à confusão do caos original. Suas superfícies são construídas pelo Demiurgo a partir de triângulos especiais que formam uma espécie de atomismo matemático. O fogo é composto de minúsculos tetraedros, o ar de octaedros, a água de icosaedros e a terra de cubos. O dodecaedro, composto de doze pentágonos regulares, é reservado como uma representação da "totalidade do céu", presumivelmente porque ele se aproxima mais estreitamente da esfera que encerra o universo inteiro. A ordem racional é assim estabelecida entre os componentes primários do mundo material. As transformações da matéria estão associadas aos intercâmbios dos triângulos elementares que compõem as faces dos sólidos compostos.[16]

Quatro classes de criaturas vivas são criadas em uma ordem hierárquica que está correlacionada com os quatro elementos, a começar com os deuses (fogo) e descendo pelos pássaros (ar), animais (terra) e peixes (água). A alma racional do homem é criada pelo Demiurgo a partir da mesma essência que a Alma do Mundo, mas a criação de suas partes irracionais é deixada aos deuses inferiores. Cada alma humana está associada a uma estrela, à qual ela pode retornar depois da morte. As almas que ainda não são moralmente perfeitas precisam renascer na Terra em diferentes corpos por meio de um processo cíclico de transmigração que continua até que elas atinjam a perfeição. Para realizar isso, a mente precisa ficar sintonizada com as revoluções ordenadas do cosmos. Um estudo sistemático dessas revoluções é o meio de produzir harmonia entre o homem (o microcosmo), cuja mente está perturbada pelas angústias do nascimento, e o macrocosmo. O diálogo termina com Timeu observando que:

> Aqui, pelo menos, deixe-nos dizer que nosso discurso relativo ao universo chegou ao fim. Por ter recebido plenamente seu complemento de criaturas vivas, mortais e imortais, este mundo tornou-se assim uma criatura viva visível abarcando tudo o que é visível e uma imagem do inteligível, *um deus perceptível*, supremo em grandeza e excelência, em beleza e perfeição, esse Céu único em sua espécie e uno [os itálicos foram acrescentados].[17]

Platão imaginou essa imagem de um universo racionalmente ordenado para apoiar sua visão ética de que uma vida moral governada pela razão era a melhor para os seres humanos. Essa imagem influenciou as cosmologias sucessivas de diferentes maneiras. Os astrônomos gregos, de Eudóxio a Ptolomeu, se concentraram nos círculos geométricos e imaginaram modelos matemáticos progressivamente mais complexos dos movimentos planetários. Seu trabalho culminou na intrincada teoria de Ptolomeu dos epiciclos, excêntricos e equantes, que dominaram a astronomia durante mais de mil anos, até a época de Copérnico. Em outra direção, o filósofo sucessor de Platão, Aristóteles, converteu os círculos puramente geométricos do *Timeu* em esferas materiais sólidas girando ao redor de uma Terra central. Seu sistema do mundo geocêntrico se tornou o modelo físico predominante na cosmologia europeia medieval, e também deixou uma profunda impressão na cultura islâmica.

Os teólogos cristãos reconheceram no mito do Demiurgo um paralelismo filosófico com a história da criação narrada no Livro do Gênesis. Os filósofos neoplatônicos, começando com Plotino, incluíram as Formas Platônicas em um elaborado sistema de hipóstases que emanavam do Uno. Porém, em sua maior parte esses pensadores estavam mais interessados em atingir a união mística com o Uno do que em estudar o universo. A imagem cosmológica do *Timeu* foi finalmente incorporada em uma religião astral que veio a dominar o pensamento do mundo helenista posterior. Essa imagem foi colocada em foco no Egito, onde passou a estar associada com as crenças tradicionais que cercavam o culto de Thoth, o deus da aprendizagem e da magia. Os gregos identificaram Thoth com seu deus Hermes, de modo que a cosmologia que se desenvolveu nessa tradição é chamada de Hermética. Embora prosseguindo ao longo de todo o período da Idade Média como uma alternativa esotérica à teologia ortodoxa, ela subiu à tona por um breve período na Renascença como fundamento da crença em um universo mágico. Os historiadores se referem a ela como a "Tradição Hermética", ou Hermetismo.

A Tradição Hermética

Nesta seção, vamos nos concentrar na Tradição Hermética enquanto influente versão da cosmologia tradicional. Essa tradição deriva do *Corpus Hermeticum*, grupo de escritos associados com Hermes Trismegisto ("O Três Vezes Grande"), que era uma figura lendária ligada ao deus egípcio Thoth. Esses livros foram escritos em grego, e hoje se acredita que tenham aparecido no Egito por volta do século II d.C., mas podem ter raízes em remota antiguidade.[18] Para os hermetistas alexandrinos, Trismegisto foi uma figura semidivina que atuava como mediador entre deuses e homens. Os textos originais tinham caráter místico e cosmológico, e foram logo associados com outros escritos, sobre alquimia, astrologia, misticismo dos números e geomancia. Mais tarde, eles exerceram ampla influência na Renascença, depois que Marsilio Ficino os traduziu para o latim, pois os primeiros escritores cristãos haviam situado Hermes no mesmo período de Moisés. Como veremos, eles incorporam uma imagem característica do universo, que durante um breve período rivalizou com as predileções mecanicistas dos primeiros cientistas modernos. A Tradição Hermética, mesclada com algumas ideias cabalistas, ofereceu uma abordagem alternativa do universo, que desempenhou um papel significativo nos primeiros estágios da Revolução Científica (1500 d.C.–1700 d.C.). No entanto, ela expressa uma visão de mundo muito diferente da apresentada pela cosmologia científica como nós a entendemos atualmente. Em virtude de sua orientação cosmológica característica, essa tradição esteve associada com todas as três religiões monoteístas, independentemente de seus dogmas específicos. Ela ajudou a mitigar a acentuada diferenciação entre Deus e o universo que essas religiões pressupunham.

Os textos herméticos mais filosóficos, com suas grandiosas aspirações místicas, distinguem-se em geral das obras sobre temas ocultos que também fazem parte da Hermética. No entanto, há uma plena unidade entre elas. Por exemplo, as práticas mágicas ocorrem dentro de um arcabouço cosmológico que se encontra em ambos os tipos de literatura. A relação entre o macrocosmo e o microcosmo, que Platão havia utilizado no *Timeu*, tornou-se uma ideia central nesse corpo de literatura. A natureza humana espelhava a existência cósmica, unindo dentro de si os três mundos da cosmologia tradicional. A experiência interior era considerada uma via direta para o entendimento cósmico. O intelecto humano, que participa do Intelecto Universal, ligava o homem com o macrocosmo: graças ao uso apropriado do seu intelecto, o homem podia conhecer e se tornar tudo o que ele quisesse. Essa ideia criou raízes na Renascença e se tornou uma importante fonte de inspiração para artistas, magos e filósofos. Ela exerceu uma atração irresistível para aqueles que acreditavam no poder criador da imaginação. Como observou Frances Yates, a Tradição Hermética exerceu uma vigorosa influência sobre Giordano Bruno, cujo pensamento estava permeado de ideias herméticas. Bruno considerava a Filosofia Hermética como a base de uma religião egípcia que havia antecipado o cristianismo. Ele também acreditava que ela poderia se constituir no fundamento de uma reforma geral da religião em sua época. Isso teria sido considerado pelos inquisidores em seu processo como uma ofensa muito mais séria do que sua adoção das ideias copernicanas, pois seu pensamento estava permeado de ideias herméticas.[19]

Uma forma singular da Tradição Hermética é conhecida como rosacrucianismo. A palavra "rosa-cruz" veio à tona misteriosamente no início do século XVII, período em que a moderna ciência mecanicista estava começando a substituir a minguante tradição mágica. Nessa época, apareceram alguns manifestos anônimos que anunciavam a existência de uma ordem secreta de adeptos, a qual declarava que a sua missão consistia em realizar uma reforma geral do mundo com base em princípios herméticos. Por exemplo, em um manifesto rosa-cruz de 1614 se proclama que, "finalmente, o homem poderia, por meio disso, entender sua própria nobreza e valor, e *por que ele é chamado de Microcosmus*, e até onde seu conhecimento se estende à Natureza [os itálicos foram acrescentados]".[20] Com exceção disso, não se pode estar certo de nada ligado com a existência de uma "Fraternidade Rosa-Cruz". Yates sugere que no século XVII a palavra "rosa-cruz" significava uma certa maneira de pensar que era partilhada por muitas pessoas durante essa era crítica em que os fundamentos da sociedade europeia estavam mudando rapidamente.[21] Havia um pessimismo difundido a respeito das novas tendências mecanicistas no pensamento científico e da capacidade da Igreja Católica Romana, que estava crivada de disputas doutrinárias, para estabilizar a sociedade europeia. Algumas pessoas esperavam que um retorno aos velhos modos de pensamento herméticos traria uma solução utópica aos problemas do mundo.

O rosacrucianismo sobrevive hoje nas doutrinas e rituais de várias sociedades esotéricas. Em geral, elas fazem afirmações precipitadamente extravagantes quando proclamam que são os únicos verdadeiros rosa-cruzes, com ligações que as remontam a antigas escolas místicas. Nada disso pode ser verificado, e essas sociedades são meras anomalias no contexto da sociedade moderna. Há nisso uma nota do dualismo espírito-matéria que é inconsistente com a doutrina neoplatônica do Uno. Apesar disso, a persistência do rosacrucianismo é notável, não obstante estar associada com tais ideias vagas (ou, talvez, *por causa* delas). Sua sobrevivência pode se dever, em parte, à atraente imagem da Rosa-Cruz. Uma versão apresenta uma cruz de madeira com uma rosa vermelha afixada no seu centro, sugerindo que a alma divina floresce sobre a cruz da matéria. No entanto, essa é uma tradução incompleta do desenvolvimento da alma, pois uma rosa vermelha significa a purificação moral das paixões humanas sem implicar uma evolução posterior da alma rumo à perfeição. Já observamos, no simbolismo cosmológico da cruz, uma sugestão da descida dos poderes espirituais superiores no mundo material.[22]

Uma Representação Pictórica

Todos os princípios da cosmologia tradicional entram em foco na imagem de um universo mágico. Não obstante, deveríamos ser claros a respeito da maneira como a palavra "mágico" deve ser entendida nesse contexto. Há dois significados da palavra que precisam ser cuidadosamente distinguidos. Um deles é o de *magia natural*, que se baseia no conhecimento das qualidades essenciais das coisas. Essas qualidades são interpretadas como emanações do Intelecto Divino; o universo, como reflexo visível do Intelecto, oferece sinais que permitem discernir sua estrutura oculta. Uma vez que a forma de um objeto é considerada um sinal do seu poder essencial, essa teoria é conhecida como a *doutrina das assinaturas*. O propósito do *mago* é descobrir esses sinais no universo e produzir efeitos úteis por meio do seu conhecimento adquirido. A partir desse ponto de vista, a meta da magia não é muito diferente da prática da ciência moderna, exceto pelo fato de que as visões de mundo e os métodos de investigação empregados são muito diferentes. O que nos intersessa é o tipo de universo sugerido pela magia natural. Outro tipo de magia é a *cerimonial*; seu objetivo é a invocação de anjos ou demônios para sujeitá-los à vontade do mago. Embora seja um ramo da concepção do universo mágico, ela não tem significado cosmológico e é geralmente desaprovada como uma aberração odiosa no âmbito da figura cósmica total.

As tentativas de se visualizar o universo mágico são muito diversificadas. O exemplo que será discutido aqui foi tirado de uma grande coleção que se pode encontrar entre livros esotéricos do século XVII. Apareceu originalmente em uma obra concisa do médico inglês Robert Fludd.[23] Ele foi um defensor das ideias rosa-cruzes, embora não haja evidências conclusivas de que ele fosse bem-sucedido em entrar em contato com qualquer membro dessa Ordem esquiva. Seus livros estão repletos de ilustrações magníficas do universo mágico, uma das quais nós examinamos detalhadamente (Prancha VI). O modelo cosmológico que ela representa mostra notáveis diferenças com relação aos modelos encontrados na cosmologia científica moderna. Os exemplos dessa última, como vimos, se relacionam exclusivamente com o mundo físico. Eles dependem intensamente do uso de equações matemáticas que expressam as características quantitativas do universo consideradas importantes pelos físicos modernos. Por outro lado, os modelos na cosmologia tradicional apontam para mundos psíquicos cujo imaginário se reflete na natureza. Eles estão cheios de símbolos pictóricos em vez de equações matemáticas, e transmitem um sentimento característico a respeito do universo, que é inseparável de seu assunto. As gravuras cosmológicas incluídas nas obras de Fludd são belos exemplos da alta qualidade da arte do seu criador e se encontram em toda a extensa literatura sobre a cosmologia tradicional. Aquela que escolhemos aqui para ilustrar os princípios cósmicos essenciais dessa tradição é intitulada "O Espelho da Totalidade da Natureza e a Imagem da Arte". É uma das representações pictóricas mais abrangentes do cosmos mágico.[24]

Quando olhamos para essa figura, a imagem da deusa nua destaca-se entre suas outras características. Quem é ela, e o que representa? A iconografia pode ser remontada às mais antigas representações herméticas de Ísis, a Deusa Mãe egípcia. Ela representa a Natureza, ou a Alma do Mundo, que vê a si mesma refletida no universo (o "Espelho da Natureza"). Um de seus pés está colocado sobre a terra e o outro no mar, enquanto sua cabeça reside no mundo das estrelas. O leite que flui do seu seio direito indica seu *status* de representante cósmica da Grande Mãe. Seu braço direito está encadeado a uma divindade escondida nas nuvens, identificada pelo Tetragrammaton, mostrando que seu verdadeiro ser reside aí. Ele pode corresponder ao mundo mais elevado, Atziluth, no esquema cabalístico dos quatro mundos. Em sua mão esquerda ela segura outra corrente, uma reminiscência da Grande Corrente do Ser, que a liga a um homem-macaco, o qual mede o mundo com compassos de pontas fixas. Ele é a "Imagem da Arte" (ou magia aplicada), o imitador ou "macaco" da Natureza, exemplificando a mente humana que luta para dominar o mundo dividindo-o em partes e medindo-o.[25] O homem deve seu ser à Natureza, mas realmente não a entende. Uma estátua de Ísis na antiga cidade egípcia de Sais tinha uma inscrição entalhada em sua base: "Eu sou tudo o que foi, tudo o que é; e tudo o que será... Nenhum mortal jamais foi capaz de descobrir o que está sob o meu véu."[26] E assim ela permanece até os nossos dias.

O homem-macaco está sentado sobre a Terra, seu lar cósmico. Sua cabeça toca um círculo que encerra outros, os quais aludem às artes e ciências por cujo intermédio ele tenta melhorar sua vida na Terra. Sob a esfera da lua, são indicados os quarto elementos, juntamente com outros símbolos. O fogo e o ar têm seus próprios círculos, mas a água e a terra são representadas como uma paisagem realista. Alguns dos círculos interiores mostram espécies representativas dos reinos mineral, vegetal e animal. A região sublunar inclui tudo o que se encontra no *Mundo Elementar*. Acima dela estão as esferas do sol, da lua, dos planetas e das estrelas fixas. Elas representam a divisão média do cosmos, o *Mundo Celeste*, que contém a luz astral invisível. Ele é representado pelas esferas estreladas, pois se acreditava que a luz astral afetasse o mundo inferior por meio de emanações das estrelas e dos planetas. Três zonas de fogo espiritual, com várias figuras angélicas representando as Ideias divinas, existem além das estrelas; é o *Mundo Inteligível* do Intelecto Universal, que opera sobre o cosmos por intermédio dos seus poderes espirituais. Esses mundos correspondem aos três mundos inferiores da cabala. As forças planetárias que atuam sobre a região sublunar são mostradas por linhas pontilhadas, com o homem à esquerda olhando para o sol e a mulher à direita olhando para a lua.[27] Há muitos outros detalhes contidos nessa figura extraordinária, mas eles não estão relacionados com nossos interesses presentes. Em vez deles, prosseguimos com uma discussão sobre o modelo cosmológico nele incorporado.

O Modelo dos Três Mundos

O universo mágico é dividido em diferentes regiões representadas pelo modelo dos "Três Mundos". Essas regiões incluem os principais níveis do mundo psíquico que são superpostos sobre uma imagem do universo físico como era então entendido. Elas podem ser visualizadas como círculos concêntricos, com a Terra localizada em seu centro (Figura 5). Embora seja uma figura geocêntrica, ela não é idêntica ao bem conhecido modelo astronômico ptolomaico. Esse último é, fundamentalmente, uma descrição matemática das órbitas planetárias conforme são observadas da Terra, embora

Ptolomeu também imaginasse um sistema de conchas sólidas circundando cada planeta. Seu modelo era uma elaboração científica das teorias cosmológicas dos primeiros filósofos gregos, que haviam abandonado a antiga concepção de um universo que consistia em camadas horizontais de terra, atmosfera e céu. Por outro lado, todo o cosmos da cosmologia tradicional inclui seus conteúdos físicos, mas não se restringe a eles. Nesse modelo, o universo é tratado como uma totalidade cujas várias partes interagem umas com as outras como em um organismo vivo.

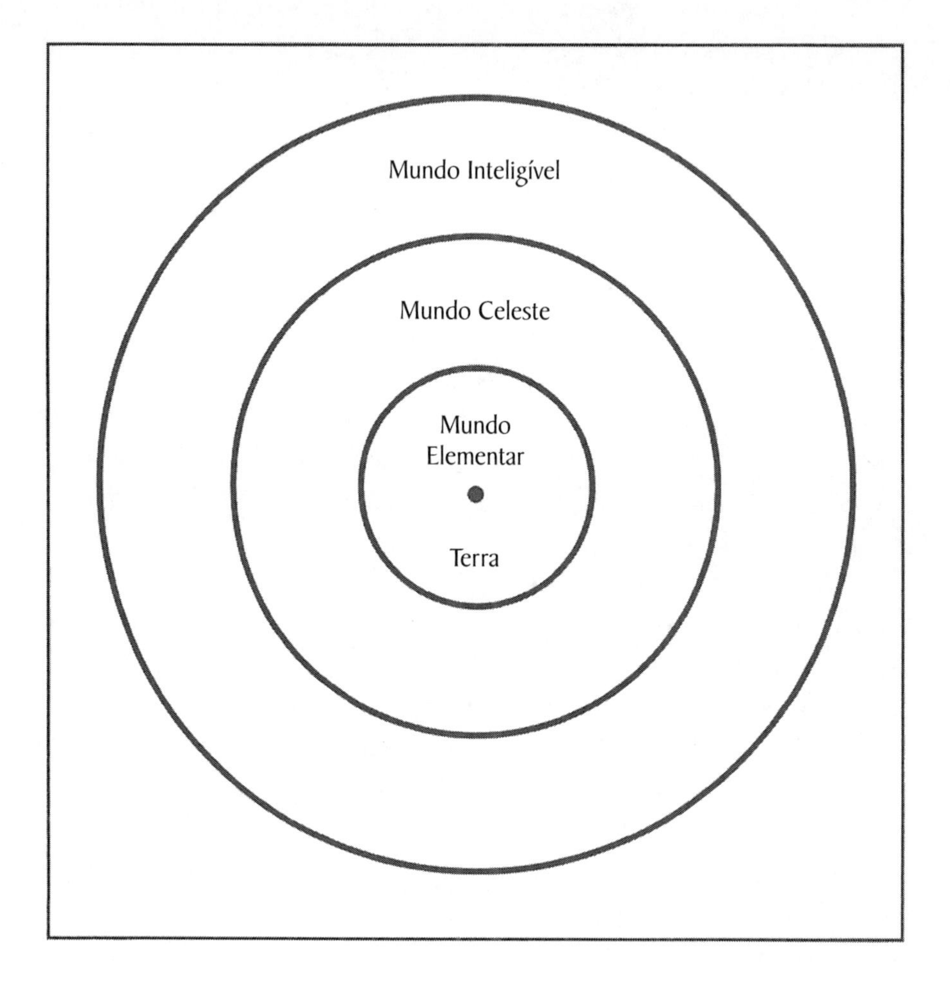

Figura 5. Os Três Mundos

Em um nível físico, o modelo dos três mundos parece a antítese da imagem científica moderna do universo, que surgiu depois que Copérnico colocou o sol no centro do mundo. Mas a contradição se sustenta somente se nós considerarmos essas visões literalmente, e não simbolicamente. O próprio sistema heliocêntrico de Copérnico não é de fato verdadeiro, pois o sol não está realmente no centro do universo. O modelo geocêntrico corresponde muito melhor à nossa experiência sensorial imediata do que o sistema heliocêntrico, que é mais abstrato. Nós ainda nos referimos ao sol que se levanta e se põe diariamente, e que se move anualmente ao longo do zodíaco, em vez de nos referirmos aos movimentos da Terra. Essa é a maneira como ele efetivamente parece movimentar-se de um ponto de vista terrestre. A imagem geocêntrica coloca a Terra no meio do universo, o lugar a partir do qual nós observamos nossa vizinhança cósmica. Nesse sentido, nós estamos no centro microcósmico do macrocosmo. Uma tentativa para imaginar o mundo da perspectiva de um observador sobre o sol requer uma destreza de abstração com a qual poucas pessoas conseguem lidar, mesmo que tenham sido instruídas em uma cultura científica. Para lidarmos com a maior parte das nossas atividades cotidianas, não é necessário que adotemos essa mudança de perspectiva. Ela pode até mesmo contribuir para o hábito que nos leva a acreditar cegamente nas coisas com base na autoridade, em vez de confiarmos nos próprios sentidos.

Um ponto de vista copernicano é necessário para se aprender astronomia moderna, mas, por outro lado, trata-se de escolher o sistema de referência apropriado para a tarefa que se tem em mãos. Portanto, há alguma liberdade de escolha disponível para descrevermos o que estamos observando. Até mesmo o modelo copernicano não é suficiente, pois a moderna cosmologia científica utiliza o centro de nossa Galáxia (ou o aglomerado local de galáxias) como um sistema de referência. Nenhum modelo cosmológico é aplicável a todas as situações, uma vez que o universo pode ser descrito com base em diferentes coordenadas espaciais e temporais de acordo com o propósito a que cada uma dessas descrições está servindo. O progresso na cosmologia científica consiste em se obter um maior âmbito e uma maior generalidade, e não em se aproximar de alguma verdade final. Isso ocorre porque nós existimos *dentro* do universo, e não há pontos de referência absolutos fora dele. Somos como peixes inteligentes tentando descrever o oceano sem limites que os contém.

O modelo dos três mundos também pode ser abordado de um ponto de vista espiritual. Nesse modelo, a ordem das esferas reflete os níveis de emanação neoplatônicos, em que cada esfera procede de uma esfera superior que a contém. Ao inverter internamente a ordem da emanação, a alma pode retornar à fonte de onde ela veio.[28] Isso é representado espacialmente no modelo dos três mundos como a ascensão da alma através dos céus estrelados até os domínios superiores acima deles. As esferas planetárias simbolizam os estágios da jornada interior do místico em direção à reunião com o Uno. Além disso, a esfera celeste mais externa, que contém todo o universo, cujas revoluções constituem a principal medida do tempo nesse modelo, representa a fronteira entre o tempo e a eternidade. Quando a alma cruza essa fronteira, ela deixa para trás seu domicílio temporal neste mundo e se funde com o ser intemporal. O modelo dos três mundos oferece assim uma expressão visual do destino espiritual do homem conforme é concebido na cosmologia tradicional.[29]

Até mesmo o sistema heliocêntrico tem importância simbólica, uma vez que o símbolo tradicional do Intelecto é o sol. Esse fato era conhecido muito antes que Copérnico apresentasse um modelo astronômico que o fez descer até um plano mundano. A julgar com base em certas afirmações que Copérnico fez em *Das Revoluções das Esferas Celestes* (1543), ele próprio foi influenciado pela visão mágica do universo. De modo semelhante, o tipo de copernicanismo místico que atraiu Kepler, e, numa medida muito maior, Giordano Bruno, tinha uma dívida profunda para com essa visão. No entanto, o sistema copernicano foi posteriormente utilizado para desacreditar o modelo dos três mundos, juntamente com o significado espiritual que se associava a ele. No final, resultou uma visão de mundo que reduzia o homem a uma mera partícula de poeira em um espaço infinito e sem traços característicos, e onde sua existência nada mais era que um acidente sem significado nem propósito.[30] O que se esqueceu totalmente foram os fatos de que o universo pode ser concebido como o conteúdo da consciência, e que a alma, que experimenta a existência a partir de um ponto de vista mais profundo, é o centro espiritual das coisas. Isso se reflete no modelo dos três mundos, no qual o homem é colocado na posição média de um cosmos que gira ao redor dele.

O sistema heliocêntrico pode ser interpretado como uma representação simbólica do Intelecto Universal, no qual o mundo físico é periférico ao mundo do espírito. Ele complementa a visão geocêntrica, uma vez que se acredita que o homem é capaz de participar do Intelecto e contemplar o universo de um ponto de vista superior. Até mesmo a negação de que exista um centro único do universo, negação essa incorporada na ciência como princípio cosmológico, pode ser remontada a um enunciado hermético segundo o qual Deus (e, por extensão, o universo) é "uma esfera cujo centro está em toda parte e a circunferência em parte alguma".[31] Isso porque sem uma circunferência, não é possível definir um centro único. Em suma, mesmo que todo modelo científico do universo seja incompleto, pode-se atribuir a alguns deles uma interpretação espiritual significativa.

Em um nível mais próximo do lugar comum, se o modelo dos três mundos é entendido como uma estrutura simbólica, não há base para um conflito entre ele e a cosmologia científica moderna. Por exemplo, ambos os modelos, geocêntrico e heliocêntrico, são maneiras alternativas de se descrever nossas relações com o restante do universo; como se observou mais acima, eles são úteis para diferentes propósitos. São modos, que se sustentam reciprocamente, de se adquirir um entendimento mais pleno do mundo e do lugar que ocupamos nele. Um deles pode estar centralizado na Terra, o outro centralizado no sol, e assim por diante, mas nenhum modelo é adequado a todos os propósitos. Tomados conjuntamente, eles abrem os nossos olhos para um universo muito mais amplo e mais rico. Não obstante, a visão tradicional tem certas limitações. Como no caso da cosmologia mítica, ela não oferece um razão aceitável para a existência do mundo físico. A matéria é identificada como a negação do ser e considerada completamente passiva. Na metáfora da emanação, ela é identificada com a escuridão (não ser), que é a ausência de luz (ser). Embora o Uno faça a união de todas as formas do ser, sua relação com o não ser é deixada ambígua. Além disso, a estrutura do universo é determinada pela Grande Corrente do Ser, que, não obstante algumas sugestões em contrário, exclui a evolução.[32] Antes de abordar a cosmologia evolutiva, faremos uma pausa para examinar um tipo particular de cosmologia tradicional desenvolvido na antiga China.

China: Uma Cosmologia Estética

Uma forma inusitada de cosmologia tradicional apareceu na China em um período antigo.[33] Os princípios filosóficos dessa cosmologia podem ser encontrados em clássicos como o *I Ching* (Livro das Mutações) e o *Tao Te Ching* (O Livro do Caminho Perfeito e sua Virtude). Seu conteúdo vivencial se expressa melhor nas maravilhosas pinturas de paisagens da Dinastia Sung (960 d.C.–1279 d.C.). Era uma cosmologia *estética*, pois procurava descobrir alguma coisa essencial a respeito do universo por meio do *sentimento*, e não pela investigação científica. Os antigos chineses também desenvolveram modelos científicos do universo. Diferentemente de suas contrapartidas europeias, que ainda estavam sob a influência da cosmologia grega, os cosmólogos chineses evitavam círculos e esferas. Para eles, as estrelas e os planetas não estavam presos em esferas cristalinas concêntricas, como acreditavam os cosmólogos medievais influenciados por Aristóteles. Um importante modelo chinês descrevia os corpos celestes flutuando de um lado para o outro numa infinita extensão de espaço. Além disso, estavam inclinados a observar cuidadosamente o céu à procura de sinais de mudanças. Nesse aspecto, sua visão diferia da visão europeia, que se baseava na crença segundo a qual os céus eram absolutamente imutáveis; portanto, eles não ignoravam nem interpretavam erroneamente os sinais. Na China, a predominância da mudança era considerada uma característica geral de todo o universo.[34]

Além da mudança, que respondia pela variedade e multiplicidade da natureza, pensava-se que o universo fosse uma totalidade orgânica com o Céu acima, a Terra embaixo e o homem como um ser intermediário que tem as características de ambos dentro de si. Desse modo, ele era um microcosmo da grande totalidade. Percepções do fluxo contínuo e da harmonia cósmica tinham importância fundamental na visão de mundo chinesa. Uma vez que os poderes do Céu eram a chuva e o sol, e os da Terra estavam associados com a fertilidade do solo, seguia-se disso que o Céu e a Terra interagiam para produzir criaturas vivas. Acreditava-se que a interação mútua respondia por todas as mudanças benéficas, inclusive aquelas que ocorriam no âmbito da esfera humana. O propósito da vida consistia em estabelecer harmonia entre o indivíduo, a sociedade e a natureza. Pensava-se que dois princípios opostos atuavam no processo da mudança, um deles chamado de *yin* e o outro de *yang*. *Yin* era um poder receptivo identificado como negro, frio e feminino (Terra), e *yang* como uma força dinâmica associada com a luz, o calor e a masculinidade (Céu). A harmonia reside na interação desses princípios. Quando *yin* se entrega ao poderoso *yang*, *yin* o absorve e o supera. Por meio disso, é produzida uma nova situação, assim como acontece quando a chuva e a luz solar que vêm do céu caem na terra fértil para estimular o crescimento das plantações.

Desse modo, a mudança era concebida em função do *yin* e do *yang*; esses princípios eram simbolizados por traços geométricos simples que evoluíram num complexo sistema de signos, que constitui o *I Ching*.[35] O *yang* era representado por uma linha sólida — e o *yin* por uma linha quebrada – –. Eles se combinavam em grupos de três formando combinações que totalizavam oito trigramas, os quais estavam associados com várias imagens tiradas da natureza e das relações de família. Cada trigrama recebia um nome que correspondia a algum aspecto do mundo, tal como

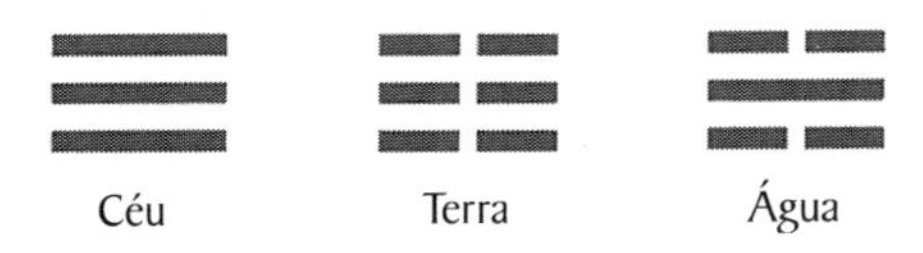

e assim por diante. Quando um trigrama é colocado acima de outro, eles formam um hexagrama. Dessa maneira, os oito trigramas dão origem a um total de 64 hexagramas. O significado deles era interpretado de maneira misteriosa e enigmática, o que levou ao difundido uso do *I Ching* para propósitos divinatórios. Os hexagramas representam grande número de situações que podem surgir no processo progressivo da mudança. Para uma dada situação, pode-se construir um hexagrama e sondar sua interpretação no *I Ching*. O hexagrama que convém a tal situação é determinado aleatoriamente pela maneira como um feixe de varetas de milefólio se distribui depois de cair, ou pelas combinações de cara e coroa de três moedas lançadas simultaneamente.

Embora o padrão incorporado nos hexagramas possa ser auspicioso ou agourento, nenhum hexagrama justifica uma resposta claramente positiva ou negativa às perguntas formuladas. A maior parte das leituras aconselha cautela antes da ação, e a responsabilidade para decidir o que fazer permanece exclusivamente com a pessoa que consulta o livro. O papel fundamental da mudança é enfatizado por toda parte no livro, e a decisão correta depende do quão bem o consulente é capaz de estabelecer uma ressonância interior com a situação em desenvolvimento. Uma declaração como a seguinte é típica dos conselhos dados no *I Ching*:

> Assim, o homem superior permanece firme
> e não muda sua direção.[36]

Um diagrama popular que representa os trigramas agrupados ao redor do símbolo do "Grande Supremo" (*T'ai Chi*) resume toda a concepção. Esse símbolo representa a interação entre *yin* e *yang* no processo da mudança (Prancha VII). O *yang* é representado pela área branca dentro do círculo e o *yin* pela área escura. Significativamente, há uma pequena porção *yin* na área *yang*, e vice-versa. Entre as duas áreas, há uma linha curva, que presumivelmente indica a inexistência de uma nítida divisão entre elas.

Essa visão da mudança foi posteriormente desenvolvida por um grupo de "Naturalistas", que introduziram a teoria dos cinco elementos.[37] Esses elementos, ou "agentes de mudança", forneciam uma explicação mais detalhada dos fenômenos naturais. Eram identificados simbolicamente com a madeira, o fogo, o metal, a água e a terra. Suas combinações estavam correlacionadas com a passagem cíclica das estações. Essa concepção pressupunha a ideia de que poderes ocultos eram responsáveis pelas várias transformações que ocorrem na natureza. Os cinco elementos estavam, em última análise, relacionados com os princípios universais do *yin* e do *yang*. Esses, por sua vez, respondiam pela gênese do universo por meio de uma tensão fundamental entre forças opostas. O problema de como os próprios *yin* e *yang* tiveram origem era mais difícil. Os cosmólogos chineses não dispunham de um profundo mito da criação que pudesse projetar muita luz sobre o problema. Além disso, alguns filósofos não estavam satisfeitos com

Prancha VII. O Grande Supremo

o dualismo cósmico implicado pelas forças gêmeas de *yin* e *yang*. Em último caso, eles recorriam à concepção de uma realidade suprema única que se diferenciava em *yin* e *yang*. Essa realidade era chamada de *Tao*, ou o "Caminho" da Natureza.

A atitude chinesa característica com relação ao universo é expressa no *Tao Te Ching*, o grande clássico do taoismo atribuído ao velho sábio Lao-Tzu. Embora reconheça a universalidade da mudança, ele coloca a ênfase na unidade e na perfeição da natureza. Para seguir o *Tao*, o homem precisa se libertar de todas as tendências agressivas e de todas as restrições sociais artificiais. Porém, mesmo que a palavra *Tao* seja traduzida geralmente como

"Caminho", essa tradução pode ser enganosa. Certamente, há um caminho que caracteriza a maneira como a natureza se comporta, e esse caminho é inseparável da própria natureza. No entanto, ao mesmo tempo, o *Tao* é a fonte original de onde a natureza deriva. Não é uma divindade pessoal, nem é "sobrenatural" no sentido de estar acima ou além da natureza. Enquanto realidade suprema subjacente ao universo, diz-se que ela é indescritível. O *Tao Te Ching* afirma que:

> O Tao de que se pode falar não é o Tao eterno.
> O nome que pode ser nomeado não é o nome eterno.[38]

O *Tao* é, portanto, o princípio indefinível que unifica o universo como uma totalidade orgânica. Ele é subjacente à continuidade da mudança, e todas as transformações da natureza dependem dele.

Embora o *Tao* seja indefinível, o *Tao Te Ching* oferece várias comparações que podem nos ajudar a nos relacionarmos com ele. Enquanto essência da natureza, ele pode ser considerado como feminino – "a mãe das dez mil coisas".[39] Ao mesmo tempo, ele é identificado com o vazio, relativamente às coisas substanciais, e é comparado com o espaço que há dentro de uma tigela vazia. Ele é dócil como a água, simples como um bloco não esculpido de madeira e humilde como um vale:

> O espírito do vale nunca morre;
> Ele é a mulher, a mãe primordial.
> O vão de sua porta é a raiz do céu e da terra.[40]

O *Tao* é subjacente ao processo cíclico da mudança, que se reflete na rodada anual das estações, a qual sempre retorna à sua fonte:

> Retornar é o movimento do Tao.
> Flexível é o caminho do Tao.[41]

Embora o *Tao* nunca procure se impor, nada na natureza acontece sem ele. Sua atividade característica é chamada de "inação" (*wu-wei*), pois não há no *Tao* uma luta não natural para ele se tornar o que não é. Por isso, ele é o princípio da vida harmoniosa à qual os seres humanos devem aspirar. Ele é o "Espírito da Natureza" interior, e os homens sábios escolhem viver unidos a ele. Toda a concepção se resume na seguinte passagem:

> O grande *Tao* flui por toda parte, para a esquerda e para a direita.
> As dez mil coisas dependem dele; ele não retém nada.
> Ele cumpre o seu propósito silenciosamente e não reivindica nada.
>
> Ele alimenta as dez mil coisas,
> E, no entanto, ele não é o senhor delas.
> Ele não tem meta; ele é muito pequeno.
>
> As dez mil coisas retornam a ele,
> e, no entanto, ele não é o senhor delas.
> Ele é muito grande.
>
> Ele não mostra grandeza,
> e é, portanto, realmente grande.[42]

Obviamente, esse tipo de cosmologia tem implicações que vão muito além da mera curiosidade a respeito de como o universo funciona. Não obstante, o desenvolvimento posterior do taoismo se envolveu com ciências ocultas como a magia, a alquimia e a geomancia. No entanto, diferentemente de atividades semelhantes na Europa, os taoistas estavam basicamente interessados na procura da longevidade. Em decorrência disso, o taoismo, assim como o hermetismo, deu origem a duas formas de literatura, uma delas relacionada a princípios filosóficos e a outra a práticas mágicas. Essas últimas estão relacionadas com a manipulação da força vital (*ch'i*), que se acreditava estar armazenada no corpo. As chamadas "ciências *hard* [objetivas ou rigorosas]", tais como a astronomia e a mecânica, também eram importantes na antiga China, mas serviam a propósitos sociais e políticos que eram estranhos à visão de mundo taoista. No taoismo puro, colocava-se a ênfase na experiência estética da unidade e da totalidade do cosmos; consequentemente, tinha-se o sentimento de que a arte expressava melhor essa unidade do que o espírito científico. Nessa tradição, as pinturas de paisagens substituíam os modelos científicos, uma vez que seu objeto consiste em cultivar um certo sentimento a respeito do universo em vez de explicá-lo.

A cosmologia chinesa se tornou, desse modo, associada à prática da pintura de paisagens, que atingiu seu ápice durante a Dinastia Sung. Esse gênero é único na arte da China, e talvez também no mundo. A pintura de paisagens é descrita como *shan-shuei* ("montanha/água"), pois, em geral, ambas estão presentes nas imagens pintadas. O homem e suas obras também estão presentes, mas desempenham um papel subordinado à natureza. O artista de paisagens encontrava inspiração contemplando as coisas ao seu redor. Ele reconhecia nos vários aspectos e estados de ânimo da natureza pistas que levavam à essência do *Tao*. Uma pintura desse tipo era considerada a maneira mais eficiente de expressar a unidade com o *Tao*; por meio disso, ele podia desfrutar da harmonia com o cosmos. O objetivo do pintor era retratar a realidade do *Tao* em uma imagem esquemática, que funcionava como um microcosmo que refletia o caráter monumental do macrocosmo. Essas pinturas destinavam-se a captar o espírito da natureza, e não a substancialidade das coisas materiais. Os pintores Sung ansiavam por se identificar com o *Tao*, e suas obras testificavam a profundidade da consciência cósmica que eles foram capazes de atingir. Eles não estavam interessados em representar pictoricamente as superfícies da natureza, mas, em vez disso, tinham por meta serem absorvidos nelas. Essa atitude é ilustrada pela história de um pintor taoista que estava se preparando para pintar uma paisagem. Depois de contemplar a cena durante vários anos, ele levou apenas alguns minutos para efetivamente realizar a pintura. Quando terminou, disseram que ele entrou em sua própria pintura e nunca retornou, sugerindo que a pintura havia se tornado a morada do espírito do artista.[43]

Um exemplo extraordinário dessa arte é a pintura *Templo Solitário em Meio a Picos numa Clareira* (Prancha VIII), que em geral se atribui ao mestre Sung do norte Li Cheng (cerca de 940-967 d.C.). A pintura representa o céu de uma clareira depois de uma chuva leve no final do outono. Um templo se ergue numa colina no centro da pintura, e sua posição indica que ele representa a união espiritual do Céu e da Terra que os peregrinos na parte de baixo estão procurando. No fundo, há dois picos de montanha que se erguem bem acima do vale isolado, que está cheio de neblina, sugerindo a presença misteriosa do Tao. Árvores que retêm apenas algumas folhas são lembretes de que o inverno se aproxima. Várias quedas d'água reabastecem as águas do rio abaixo, assim como o *Tao* é a fonte inexaurível de todo movimento e mudança na natureza. Minúsculas figuras de camponeses e cortesãos são vistas jantando e relaxando no frio fim de tarde debaixo da sombra das montanhas. Na parte de baixo, à esquerda, viajantes se movem firmemente em direção à hospedaria, que recebe os visitantes do templo e prometem alimento e abrigo para a noite. A cena toda evoca uma sensação de profundo contentamento na mistura harmoniosa do homem com a natureza. Claramente, a qualidade espiritual de uma pintura como essa capta a unidade interna do universo de uma maneira que expressa toda uma visão de mundo. A cosmologia científica chinesa não conseguiu acompanhar os passos da cosmologia científica da Europa, mas oferece muito no que se refere à cosmologia estética expressa com tanta beleza em pinturas de paisagem como essa.

Prancha VIII. Templo Solitário em Meio a Picos numa Clareira

A FACE EVOLUTIVA

Nascendo e se pondo
Como uma onda que se espalha para fora
Em círculos de luz.

Prancha IX. Sri Aurobindo

VII

A Cosmologia Evolutiva

O conceito de evolução ingressou na cosmologia moderna por meio da biologia, e não da física e da astronomia. Embora não fosse, de modo algum, uma ideia nova, sua influência sobre o pensamento moderno foi intensificada pelo sucesso da teoria darwinista da evolução por meio da seleção natural. A teoria de Darwin está limitada ao desenvolvimento biológico da vida na Terra e não é um modelo cosmológico abrangente. Não obstante, ela trouxe à linha de frente a ideia de que o universo, diferentemente da estrutura típica fixa da cosmologia tradicional, é uma entidade sujeita à mudança dinâmica e capaz de produzir formas novas. Ideias darwinistas passaram a ser historicamente associadas a uma visão de mundo geralmente materialista, que já havia sido sustentada na obra do filósofo inglês Herbert Spencer. Essas ideias foram posteriormente reforçadas pelas crenças vitorianas no progresso e no aperfeiçoamento ilimitados do destino humano por meio da ciência e da tecnologia. O próprio Darwin era ambivalente quanto à filosofia de Spencer, mas aceitava o quadro básico do materialismo científico sem se aprofundar muito em seus fundamentos filosóficos.[1] O desenvolvimento moderno dessas ideias é conhecido como *darwinismo*, que forma o cerne da biologia evolutiva. Hoje, esse campo é o foco de acaloradas controvérsias. Examinaremos agora os princípios fundamentais do darwinismo antes de examinar as implicações cosmológicas da evolução.

Biologia Evolutiva

A biologia evolutiva é atualmente considerada como uma ciência histórica que difere em sua metodologia das ciências exatas, como a física e a química. A tarefa da ciência é geralmente considerada como uma busca das leis da natureza que podem se tornar uma base para se fazer previsões. No entanto, a biologia evolutiva só oferece explicações retrospectivas em vez de previsões. Por causa da falta de dados suficientes, às vezes ela pode não oferecer absolutamente nada. Em vez de estabelecer leis universais por meio de experimentos, narrativas históricas são inventadas e em seguida comparadas com as evidências existentes. Conceitos explicativos são enfatizados – tais como a seleção natural, a competição e a adaptação – os quais não podem ser reduzidos às leis e teorias das ciências físicas. Há um elemento inevitável de contingência na biologia, e seu conceito de seleção natural não ofereceu até agora uma explicação completa para a evolução. Os darwinistas ortodoxos tendem a pôr de lado tais contingências como elementos não essenciais do registro evolutivo.

Os biólogos que reconhecem a imensa complexidade da vida desenvolveram uma visão da evolução conhecida como "história contingente". Eles estão impressionados, por exemplo, com a variedade de criaturas bizarras descobertas no Burgess Shale, um depósito de xisto no Canadá, muitas das quais são totalmente desconhecidas nos dias de hoje.[2] Essas primitivas criaturas oceânicas existiram no princípio do período cambriano, há cerca de 550 milhões de anos. Nessa época, em uma explosão de criatividade que não durou mais de dez milhões de anos, a natureza produziu uma variedade surpreendente de organismos multicelulares que, praticamente, se tornaram os ancestrais de todas as criaturas que existem atualmente na Terra. Muitos desses organismos eram diferentes de qualquer outro conhecido hoje. Apenas algumas espécies ainda sobrevivem, mas não há nenhuma razão óbvia capaz de explicar por que elas sobreviveram enquanto a grande maioria desapareceu para sempre. Se as condições fossem apenas ligeiramente diferentes, talvez as formas de vida atualmente presentes na Terra jamais tivessem se desenvolvido. A evolução biológica é consequentemente um caso contingente, sendo que as condições que prevaleceram em qualquer determinada época exerceram uma influência da maior importância posteriormente. O caminho tomado é imprevisível porque cada desenvolvimento está sujeito às incertezas das condições mutáveis. Nenhum resultado particular é inevitável; tudo o que podemos fazer ao olhar para trás é construir vários cenários históricos que poderiam ter levado aos fenômenos atuais.

Pensamento Populacional

A biologia evolutiva se defronta com a esmagadora diversidade da vida na Terra e tenta encontrar algum princípio de ordem dentro dela. Antes de Darwin, a ideia predominante de ordem era a da Grande Corrente do Ser, como era entendida na cosmologia tradicional. Essa visão, chamada de *essencialismo*, enfatiza a existência de um número limitado de tipos imutáveis exemplificados pelas coisas individuais. Acreditava-se que os tipos gerais formassem classes naturais fixas, ou espécies, cujos membros individuais tivessem todos a mesma essência. As variações que ocorriam entre indivíduos dentro de cada classe eram consideradas não essenciais e puramente acidentais; desse modo, elas poderiam não ser um meio eficiente para a evolução de novas espécies.

O darwinismo opõe a essa visão de mundo tipológica o chamado "pensamento populacional". Grupos de organismos vivos são considerados como populações consistindo em inúmeros indivíduos, cada um deles dotado de características únicas, que o diferenciam de todos os outros. Além disso, os agrupamentos representam médias estatísticas, e não essências eternas. A ênfase é colocada na variabilidade dos indivíduos em uma dada espécie. Enquanto os essencialistas consideram o tipo como o princípio fundamental e a variação como um elemento de importância secundária, os pensadores populacionais consideram o tipo como uma mera abstração e os indivíduos como as realidades únicas. Essa é uma versão biológica da teoria filosófica do *nominalismo*.[3] O pensamento populacional é subjacente à descoberta de Darwin da seleção natural. O sucesso dessa última como um princípio organizador na biologia levou os darwinistas a acreditar que a questão mais profunda dos universais *versus* particulares havia sido finalmente resolvida. Isso é questionável, pois a metodologia científica não prova nem refuta uma teoria filosófica. Isso porque essa última pode incluir princípios que não são atualmente acessíveis aos modos de investigação empíricos. Além disso, qualquer que seja o mecanismo evolutivo que esteja em operação, ele pode ainda exigir a descida de um princípio tipológico superior, que poderá se estabelecer na natureza quando a base material apropriada tiver se desenvolvido. Só então alguma coisa realmente nova poderá ingressar no universo físico.

Seleção Natural

O problema central para Darwin era o de responder pelo aparecimento de novas espécies de organismos vivos, agora interpretados como populações, e não como tipos fixos. Supondo que novas espécies se desenvolvam ao longo do tempo, e que toda a vida esteja interligada por meio de ancestrais comuns, ele queria explicar como o processo funcionava. Darwin propôs a seleção natural como o princípio que governa a mudança evolutiva. A maneira exata como a evolução realmente ocorre não é clara; ela poderia se processar apenas por intermédio da seleção natural ou também por outros meios. Os darwinistas estão convencidos de que a seleção natural é o fator primário em funcionamento. Suponhamos que temos uma população abundante de coisas vivas, com uma ampla gama de variações entre os indivíduos. Essa grande multidão de organismos vivos representa um elemento aleatório na natureza que não pode ser previsto antecipadamente; ele simplesmente é aceito como o ponto de partida do processo. A superpopulação é seguida pela competição pelos meios de subsistência disponíveis, o que resulta na eliminação dos indivíduos que não conseguem se adaptar às condições ambientais existentes. Depois de longos períodos de tempo, supõe-se que esse processo leva ao surgimento de novas formas de vida graças ao acúmulo de fenótipos vantajosos.

O cerne dessa ideia é o de que a eliminação de organismos incapazes de competir pelos recursos disponíveis segue-se naturalmente da abundância original de criaturas vivas. Desse modo, a evolução recebe um direcionamento; mesmo que a superpopulação original seja um fator aleatório, a eliminação dos indivíduos que não conseguem se adaptar segue-se necessariamente da luta pela existência. Desse modo, a seleção natural inclui tanto elementos de acaso como de necessidade, evitando desse modo a antiquíssima controvérsia filosófica a respeito de qual deles governa o mundo. A mudança evolutiva é o resultado de ambos, com o elemento aleatório precedendo o da necessidade no tempo. A variação não é predeterminada, e mesmo o tipo de seleção envolvida pode mudar de uma geração para a seguinte à medida que as circunstâncias ambientais variam. Porém, mesmo que a seleção natural seja uma hipótese útil para explicar as mudanças adaptativas, ela não é uma força física como as descritas pelas leis da física; sua importância reside na eliminação dos indivíduos que não são capazes de se adaptar às condições existentes.

Além de enfatizar a ideia de que as espécies sofrem mudanças ao longo do tempo, Darwin também imaginou a evolução como uma árvore em crescimento. Essa imagem sugere que todas as espécies de coisas vivas sobre a Terra descenderam de uma única raiz. A árvore de Darwin representa a evolução por meio de um tronco comum do qual ramos divergem para diferentes direções, cada um, por sua vez, dando origem a numerosos brotos.[4] Essa visão contrasta com a imagem tradicional da Grande Corrente do Ser, segundo a qual os organismos vivos se distribuem em uma ordem hierárquica que desce de níveis mais elevados para níveis inferiores na escala do ser. Os primeiros evolucionistas, como Lamarck, acreditavam que as espécies inferiores alcançavam o próximo nível superior graças a uma luta constante que impulsionava a evolução para a frente. Mas, de acordo com os darwinistas, cada espécie tem uma história única influenciada por muitos fatores contingentes que determinam se ela sobreviverá ou não. Desse modo, nenhuma espécie pode ser colocada numa posição "superior" ou "inferior" na escala da natureza; cada uma delas simplesmente se adapta às mudanças que ocorrem no ambiente. A questão está longe de ser considerada encerrada, pois muitas pessoas ainda acreditam que a evolução implica progresso em direção a um objetivo superior. Continuaremos a abordar esse tema na seção seguinte.

Outra questão com que o darwinismo se defronta é a de saber se a evolução é um processo gradual sem interrupções na sua continuidade, ou se ela ocorre em curtos saltos descontínuos. Darwin concebia a evolução como uma progressão de minúsculas mudanças que levavam lentamente ao aparecimento de novas espécies ao longo de imensos períodos de tempo. Porém, o conceito darwinista de gradualismo é questionado por alguns biólogos. Em uma tentativa de responder pelas peculiaridades dos registros fósseis, que parecem contradizer o gradualismo, Stephen Jay Gould e Niles Eldredge propuseram um novo modelo de mudança evolutiva chamado de "equilíbrio pontuado". Em vez da mudança gradual que Darwin imaginara, eles sugeriram que as espécies permaneciam estáveis durante longos períodos de tempo, mas essa estabilidade podia ser "pontuada" por curtos períodos de mudanças rápidas, que causavam descontinuidades ou "saltos" na sequência evolutiva. Os darwinistas discordam quanto à ênfase que se deveria dar a isso. Alguns o consideram como um novo conceito revolucionário, e outros sustentam que ele pode ser facilmente assimilado ao gradualismo convencional. O equilíbrio pontuado oferece uma variante interessante do darwinismo, mas permanece preso à crença na seleção natural como a única explicação aceitável para a evolução.

A seleção natural não consegue nos oferecer qualquer pista sobre a origem da vida. Ela pressupõe que já existe uma abundância de organismos disponíveis para que o processo de eliminação comece a atuar. Isso deixa aberta a questão de onde a vida surgiu em primeiro lugar. Se remontarmos o suficiente no tempo, supõe-se que havia elementos químicos na Terra capazes de se combinar em moléculas orgânicas complexas. No entanto, a biologia não consegue explicar como essas moléculas se transformaram em algo que é vivo.[5] Desde 1953, quando Miller e Urey foram bem-sucedidos em produzir artificialmente aminoácidos (os blocos de construção das proteínas), experimentos de laboratórios produziram muitos dos componentes químicos do tecido vivo. Mas esses componentes nunca foram reunidos com sucesso em uma molécula viva. O malogro constante em criar vida quimicamente no laboratório, ou em descobrir essa criação acontecendo espontaneamente na natureza, levou a uma busca por outras maneiras de se abordar o problema. Alguns cientistas sugeriram que ela veio para a Terra de algum outro lugar do universo; isso, entretanto, simplesmente transfere o problema para outro tempo e outro lugar.[6] O enigma se aprofunda quando perguntamos se algo tão fundamental como a vida poderia ser satisfatoriamente explicado apenas com base em reações químicas. Mesmo assim, os darwinistas se recusam obstinadamente a procurar além da matéria por um princípio original da vida. Essa é uma circunstância que, por si só, pede uma explicação.

Uma Visão de Mundo Materialista

Embora pareça que a biologia evolutiva está inextricavelmente ligada com o darwinismo, é importante distinguir o darwinismo como ciência do darwinismo como visão de mundo. No seu sentido mais amplo, a evolução não é meramente uma teoria científica, mas toda uma filosofia. A seleção natural se interessa por alguns fatos a respeito da história natural, mas não é uma filosofia da evolução plenamente articulada. Desde o seu início, ela fez parte de uma visão de mundo materialista que, conforme se pensava, era subentendida pela ciência. No entanto, uma visão de mundo envolve uma perspectiva cosmológica completa, que não pode ser deduzida apenas a partir da ciência.[7] Infelizmente, os darwinistas geralmente ignoram essa distinção no calor das controvérsias públicas, dando a impressão de que a sua visão materialista deriva da ciência. Até um certo ponto, isso resulta do ambiente intelectual do século XIX no qual surgiu o darwinismo. Naquela época, a maioria das pessoas acreditava que o mundo havia sido criado por iniciativa divina. Os darwinistas aceitaram as alegações dos teólogos segundo as quais Deus havia imposto leis para garantir a perfeita adaptação de todos os organismos vivos uns aos outros e aos seus ambientes. Naturalmente, os materialistas científicos se opunham a essa crença.

Com o surgimento do darwinismo, a perene "guerra da ciência com a teologia" se intensificou.[8] Seu aspecto mais controverso se tornou a negação materialista de uma teleologia, ou propósito, na natureza. Os pensadores evolucionistas antes de Darwin ainda aceitavam alguma versão da Grande Corrente do Ser, concebendo a evolução como uma marcha propositada em direção a uma perfeição maior. Esse processo é conhecido como *ortogênese,* ou evolução direcionada para um objetivo; isso implica que há tendências progressivas na evolução, independentes da seleção natural ou de outros fatores externos.

No entanto, discussões teleológicas podem facilmente se tornar confusas por causa da ambiguidade no significado da palavra "propósito". Falando num sentido amplo, há duas maneiras de se entender a ideia de um propósito cósmico. Uma delas reconhece no universo a ação de um Planejador Divino, enquanto a outra se refere a um processo interno direcionado para um objetivo que pode ou não ser o resultado de um planejamento externo. Em qualquer caso, o último tipo de teleologia (mas não o primeiro) é incompatível com o mecanicismo, que nega completamente a ideia de um propósito.[9] A questão se torna ainda mais complicada por causa de uma discordância a respeito da quantidade de espontaneidade permitida em um processo teleológico.

Muitos darwinistas rejeitam a ortogênese porque eles interpretam a teleologia como um processo em direção a um objetivo *predeterminado*. Isso é chamado de "finalismo", mas a teleologia não precisa ser finalista. É verdade que tanto o mecanicismo como o finalismo são teorias deterministas, na medida em que não deixam espaço para a espontaneidade ou a indeterminação, mas uma força teleológica interna no universo não precisa significar que cada coisa já esteja determinada por um propósito. Pode simplesmente ser um apelo a um princípio de ordem que suplanta a hegemonia de um mecanismo que opera cegamente. Em resumo, a interpretação darwinista de ortogênese parece unir maneiras diferentes de se entender a causação. Avidamente opostos à teologia natural, que reconhecia evidências de planejamento nos padrões ordenados da natureza, os darwinistas constantemente evitam a introdução de concepções teleológicas na biologia. Isso também se estende à cosmologia, pois a visão de mundo dos cosmólogos tem pouca utilidade para um universo dotado de um propósito. Embalados pelos sucessos da seleção natural na biologia, eles afirmam que a ciência não substancia em nenhum sentido a existência de um propósito cósmico. Mas o propósito já havia sido eliminado por definição de sua visão de mundo materialista, e as visões de mundo são mais resistentes a mudanças do que as teorias científicas.

Desde os antigos gregos, a crença na teleologia fez parte da cosmologia. Aristóteles, por exemplo, considerava as causas finais como a base do seu entendimento da estrutura do universo, e Platão supôs que um Artesão Divino modelou o cosmos. Os pensamentos de ambos dominaram as explicações que a filosofia natural e a teologia apresentaram durante a Idade Média. Embora Descartes, mais tarde, abolisse explicações teleológicas de sua física mecânica, elas continuaram a desempenhar um papel na cosmologia. No final do século XVIII, Immanuel Kant retornou a tais princípios em sua *Crítica do Juízo,* depois de uma tentativa malsucedida de responder pelos fenômenos biológicos estritamente com base em ideias newtonianas. Darwin deixou de lado todas essas considerações, mas o conceito de seleção natural é apenas parte da figura total. Como assinalou o historiador John C. Greene, a síntese filosófica de total abrangência empreendida por Herbert Spencer exerceu ampla influência sobre o desenvolvimento inicial do darwinismo.[10]

A visão de mundo de Spencer era materialista, e concebia a evolução como uma consequência necessária das leis da matéria e do movimento. Sua famosa (ou infame) definição de evolução como "uma integração de matéria e concomitante dissipação do movimento, durante a qual a matéria passa de uma homogeneidade indefinida e incoerente para uma heterogeneidade definida e coerente" deu o tom filosófico para o pensamento darwinista.[11] Mas Spencer não era um biólogo, e a evolução lhe interessava principalmente como um princípio universal de explicação. Todas as coisas, desde a formação de uma nebulosa primordial até o aparecimento do homem, eram consideradas como resultantes da transição de um estado relativamente simples de matéria indiferenciada para formas cada vez mais complexas e diferenciadas. Ele acenou para a possibilidade de um objetivo supremo para a evolução, mas a sua concepção do universo era fundamentalmente mecanicista. Suas visões eram puramente especulativas e tiveram pouca influência sobre a biologia como ciência. Não obstante, elas introduziram no darwinismo um arcabouço mental materialista que sobrevive até hoje. Uma interpretação direta desse tipo por T. H. Huxley (o "buldogue" de Darwin) deu um forte impulso na biologia evolutiva. Uma versão recente, defendida por Richard Dawkins, entre outros, reduz ainda mais a evolução a um determinismo genético no qual a sobrevivência e a reprodução são favorecidas à custa de tudo o mais.

Resumindo, as ideias propostas por Darwin e escoradas pela filosofia materialista de Spencer permaneceram em lancinante conflito com os princípios da teologia natural. A controvérsia continua inabalável na atual oposição entre os criacionistas científicos e os evolucionistas. Nenhum dos lados parece perceber as profundas questões filosóficas envolvidas. Uma delas me vem à mente pela referência de Platão a "uma Batalha dos Deuses e Gigantes", em seu diálogo *O Sofista.*[12] Ele identificava os "deuses" com os idealistas de sua época e os "gigantes" com os materialistas, e sugeriu que essa batalha era interminável. Ela ainda está acontecendo entre nós, embora em condições diferentes. Platão, diferentemente de muitos argumentadores da atualidade, acreditava que a questão podia ser resolvida de uma maneira razoável. O que está em jogo é uma diferença de visões de mundo – e mais de duas estão disponíveis. Os conflitos entre elas são demasiadamente sutis para poderem se estabelecer apenas aceitando ou rejeitando teorias científicas. Tentativas para desenvolver uma visão de mundo exclusivamente com base na biologia, seja ela do tipo darwinista ou do tipo chamado de "ciência da criação", estão seriamente mal orientadas. Pois a avaliação de visões de mundo não é um assunto estritamente científico, e nem é apenas uma questão de recorrer à infalibilidade das escrituras religiosas. Julgamentos desse tipo requerem uma abordagem mais flexível, baseada na comparação cuidadosa de diferentes maneiras de se entender o universo. Uma questão dessa magnitude não pode ser decidida legalmente num tribunal. Esse recurso é pouco mais que uma batalha de vontades, em vez de ser uma apelação para esclarecer o pensamento.

Filosofias da Evolução

Depois de Darwin, muitos esforços foram feitos para colocar a evolução num contexto mais amplo que o da seleção natural com suas implicações spencerianas. Isso nos leva a um reflorescimento da *cosmologia evolutiva*, que é uma tentativa para responder pelo universo como um todo com base na ideia de evolução. "Evolução" significa o desenrolar ou desdobrar de um processo ordenado de desenvolvimento ao longo de estágios sucessivos até uma totalidade mais integrada. Como é utilizada na ciência, ela indica pouco mais que uma mudança mecânica de formas simples para complexas.

Mas a palavra "evolução" também descreve teorias do desenvolvimento da vida e da consciência, sugerindo um potencial interior que leva a um movimento em direção a um resultado ou meta posterior. Consequentemente, ela já veicula um sentido teleológico que torna questionável sua aplicação ao processo da seleção natural. Há uma ambiguidade no significado de evolução que contribui para a difundida má interpretação de sua importância. Além de uma imagem puramente darwinista da evolução de novas espécies a partir do lodo primordial, ela também pode sugerir a descida cumulativa da divindade em uma sucessão de formas orgânicas em progresso. Abordaremos isso com maiores detalhes mais à frente neste capítulo.

Filosoficamente, a evolução sugere um universo energético que se desenvolve ao longo do tempo. Muitas cosmologias poderiam responder por isso, mas a situação científica é mais restrita. Os biólogos estão basicamente interessados nos mecanismos responsáveis pelo aparecimento de novas espécies de coisas vivas sobre a Terra. A ideia de Darwin de seleção natural é uma espécie de mecanismo, mas está longe de ser uma teoria cosmológica. Quer seus sucessos limitados em biologia justifiquem ou não aplicar uma filosofia não teleológica a todo o universo é algo que depende do quão comprometidos nós estamos com uma visão de mundo materialista.

Os darwinistas consideram o materialismo uma hipótese útil para empreender pesquisas biológicas. Eles são fascinados pela proliferação sem fim das formas de vida que a Natureza parece produzir de maneira tão indiscriminada. O próprio Darwin se tornou lírico quando falou a respeito de um "declive emaranhado" no bosque:

> É interessante contemplar um declive emaranhado, recoberto com muitas plantas de muitos tipos, com pássaros cantando nos arbustos, com vários insetos voando ao redor, e com minhocas rastejando pela terra úmida, e refletir que essas formas elaboradamente construídas, tão diferentes umas das outras, e dependendo umas das outras de maneira tão complexa, foram todas elas produzidas por leis que agem ao nosso redor.[13]

Numa visão de mundo materialista, a "Natureza" é apenas uma metáfora para o mundo natural ao nosso redor. Mas também pode ser vista como um aspecto da Grande Mãe, que assoma com tanta amplitude na cosmologia mítica. Sob o disfarce de Mãe Natureza, ela está encarregada especificamente da evolução da vida sobre a Terra. No entanto, a maneira como ela se encarrega tem sido por tentativas, experimental; ela evidentemente gosta de brincar com as possibilidades na proliferação da vida, enquanto pouco se preocupa com as macabras consequências da luta pela existência. Os caminhos sinuosos da natureza levam a muitos becos sem saída, que são eliminados quando não conseguem mais se adaptar de maneira bem-sucedida. Não se esperaria descobrir evidências não ambíguas de um propósito evolutivo prestando-se atenção exclusiva em seu jogo caprichoso com as transformações das espécies.

Precisamos realizar uma busca mais profunda se quisermos encontrar um fator teleológico atuando na evolução. Para começar, o âmbito da evolução precisa ser ampliado a ponto de incluir mais do que um interesse biológico pela mutabilidade das espécies. A Matéria, a Vida e a Mente são as categorias gerais do discurso filosófico a respeito da evolução. Elas designam os princípios básicos que são utilizados nas filosofias da evolução que examinaremos a seguir. Embora alguns filósofos sustentem que são meras abstrações extraídas da experiência, essa afirmação ignora seus papéis como poderes efetivos que atuam no mundo. Como Sri Aurobindo assinala em um dos seus primeiros ensaios: "Não é apenas a Matéria, mas também a Vida e a Mente trabalhando sobre a Matéria que ajudam a determinar a evolução."[14] Ele prossegue:

> Desse modo, toda a visão da Evolução começa a mudar. Em vez de uma evolução mecânica, gradual, rígida, ocorrida a partir da Matéria indiferenciada e operada pela Natureza-Força, nós nos movemos rumo à percepção de uma evolução consciente, elástica, flexível, intensamente surpreendente e constantemente dramática operada por meio de um Conhecimento superconsciente que revela coisas na Matéria, na Vida e na Mente a partir do insondável Inconsciente do qual elas surgem.[15]

Qualquer uma dessas categorias pode ser considerada como um princípio fundamental no desenvolvimento da cosmologia evolutiva. Os darwinistas preferem supor que as coisas vivas evoluíram de uma Matéria primordial, mas alguns filósofos procuram evitar as implicações materialistas do darwinismo descobrindo papéis cósmicos para a Vida e a Mente no universo.

As teorias cosmológicas especulativas a respeito de um universo em evolução podem ser divididas em duas classes. Uma delas consiste nas teorias materialistas que exemplificam uma abordagem mecanicista dos processos naturais. Elas incluem as ideias evolucionistas de Spencer, bem como as de outros, como aquelas defendidas pelo biólogo alemão Ernst Haeckel, que publicou um livro imensamente popular, *Die Welträtsel* [Os Enigmas do Universo], em 1899.[16] A outra classe é constituída de vários tipos de teorias não mecanicistas que tentam responder pela evolução em bases menos materialistas. Depois de rever várias dessas teorias, consideraremos a visão de evolução de Sri Aurobindo, acentuadamente diferente das demais. Filosofias não mecanicistas da evolução foram desenvolvidas por Henri Bergson, Samuel Alexander e Pierre Teilhard de Chardin na primeira metade do século XX. Todos os três aceitam a evolução como um fato, mas diferem quanto à sua interpretação. Eles representam uma forma nova e mais abrangente de cosmologia baseada na ideia da evolução, e não nas leis da física. Embora cada um deles tenha desfrutado de um breve período de popularidade, nenhum deles obteve aprovação filosófica difundida. A propósito, note que uma cosmologia evolutiva abrangente permite que as leis da física mudem com o tempo, uma vez que elas estariam então subordinadas ao princípio da evolução. Essas leis podem ser vistas como condições requeridas para que um máximo de variedade e de complexidade evoluam no universo.[17]

Evolução Criativa

O filósofo francês Bergson ofereceu uma teoria da *evolução criativa* baseada na ideia de uma força vital cósmica, ou impulso vital (*élan vital*), que impulsiona o universo para a frente em uma complexidade de formas sempre crescente.[18] Ela se revela dinamicamente nas coisas vivas, nelas estimulando a evolução do instinto e da inteligência. Ao contrário do darwinismo, ele concebe a evolução como um processo criativo que produz continuamente novas formas de uma maneira espontânea e imprevisível. A vida improvisa enquanto prossegue, sendo a sua ação comparada a um foguete explodindo em numerosas fagulhas cujas cinzas gastas caem como matéria morta. Desse modo, a matéria é um produto da força vital, contrabalançando seu impulso para cima com uma tendência inercial para baixo. Para Bergson, o universo é um contínuo movimento de vida não repetitivo sem qualquer pano de fundo estático ou propósito final. A vida é identificada com a pura duração e só pode ser conhecida por meio do sentimento intuitivo. A intuição é oposta ao intelecto, que corta a realidade em pedaços e não é capaz de apreender o mundo como uma totalidade contínua. Apenas a intuição, uma espécie de simpatia intelectual, pode entrar no coração inexpressivo das coisas e se identificar com o puro fluxo da duração.

Bergson rejeita tanto a teleologia como o mecanicismo, pois interpreta a primeira num sentido finalista: o fim *determina* a direção da evolução. Uma vez que tanto a teleologia como o mecanicismo são deterministas para ele, a determinação pelo futuro (finalismo) é tão restritiva quanto a determinação pelo passado (mecanicismo). Se o mecanicismo e a teleologia são ambos deterministas, então não sobraria nenhum espaço para a liberdade e a novidade no mundo. Bergson rejeita ambas em favor de sua ideia de evolução *criativa*. Em sua visão, a evolução é uma marcha contínua em direção a novas criações que não são determinadas pelo passado nem pelo futuro. Mas, novamente, o finalismo é apenas uma maneira de se interpretar a teleologia. Uma finalidade ou propósito não precisa ser algo imposto sobre o universo a partir de fora. Mesmo um propósito interno não implica uma necessidade absoluta; pelo contrário, ele pode sugerir que algum processo não mecânico ordenado de desenvolvimento está em ação no mundo. Mudança sem qualquer princípio ordenador nada mais é do que uma exibição indiscriminada de energia que não leva a lugar algum. Desse modo, a tentativa de Bergson de introduzir liberdade e espontaneidade puras no processo evolutivo não consegue nos oferecer uma alternativa razoável às ideias mecanicistas do darwinismo. Mas a sua teoria enfatiza o fato de que a evolução é um processo cumulativo inerente ao próprio tempo. Ele vê a realidade como um avanço constante do *élan vital* envolvendo novidade perpétua em vez de repetição mecânica. Embora o seu universo careça de um propósito universal para guiá-lo, permanece um amplo espaço para que sejam atingidos objetivos menores na cega e insaciável sede da Vida por realização.

Evolucionismo Emergente

Outra tentativa para desenvolver uma teoria não mecanicista da evolução foi o *evolucionismo emergente* do filósofo inglês Samuel Alexander. Ele apresentou suas ideias num volumoso livro intitulado *Space, Time and Deity* [*Espaço, Tempo e Divindade*].[19] Alexander chamou a realidade suprema de "Espaço-Tempo", argumentando que o espaço e o tempo são interdependentes e não podem existir como entidades separadas. Esse material cósmico original é anterior à matéria, sendo identificado com o movimento puro. A matéria é composta de movimentos constituídos de pontos-instantes de Espaço-Tempo. A Matéria, a Vida e a Mente são qualidades universais que emergem sucessivamente do Espaço-Tempo, influenciados por um impulso ou anseio criativo *(Nisus)* que conduz o universo para cima através de vários níveis emergentes. O que se espera é que a evolução prossiga para além da Mente em direção a um nível superior chamado de "Divindade". No entanto, essa é uma palavra relativa, pois ela sempre se refere ao próximo nível, que ainda está para emergir. Exatamente qual qualidade a Divindade possuirá é imprevisível antes de aparecer. Cada qualidade emergente na evolução é o resultado das complexidades atingidas no nível anterior, mas não pode ser reduzida a ele. Portanto, há uma descontinuidade entre os níveis, a qual torna as novas qualidades genuinamente novas; esse é o significado de "evolução emergente", que se coloca em acentuado contraste com o mecanicismo darwinista.

A emergência de uma nova qualidade no universo não é o resultado direto de condições precedentes, mas um evento totalmente imprevisto que parece tornar a evolução inexplicável. Para Alexander, o processo começa com o Espaço-Tempo, o material básico da realidade, embora ele esteja privado de vida e de consciência. Como então devemos entender a emergência, a partir desse material, de princípios superiores, como a Vida e a Mente? A concepção de *Nisus* por Alexander como um impulso evolutivo inerente ao Espaço-Tempo também é suspeita. A relação entre ambos não é clara, uma vez que uma realidade insensível como o Espaço-Tempo não poderia ter anseios criativos. Desse modo, Alexander não responde pelo misterioso *Nisus*, que ele supõe ser responsável pela evolução. Seu malogro em nos oferecer uma explicação para os saltos descontínuos entre níveis sucessivos parece admitir um elemento irracional em sua filosofia da evolução. No entanto, ele levantou uma importante questão ao conceber uma progressão evolutiva que não termina com a emergência da Mente no universo.

Teísmo Evolutivo

Nosso último exemplo de uma teoria não mecanicista é o tipo de *teísmo evolutivo* encontrado nos escritos de Teilhard de Chardin.[20] Ele não era um filósofo profissional como Bergson e Alexander, mas um paleontólogo e padre católico. Essa vocação dupla o levou a um empenho, que se estendeu por toda a sua vida, para conciliar as reivindicações da biologia e do cristianismo numa síntese evolutiva totalmente abrangente. Ele aceitava a evolução como um fato fundamental, embora diferisse do darwinismo ao afirmar que tudo no universo tem aspectos duplos, o psíquico interior e o material externo. Consequentemente, há uma evolução da consciência ocorrendo simultaneamente com a evolução física. Todo o universo, desde as partículas elementares até o homem, é governado por uma "lei de complexificação" que o leva em direção a uma complexidade maior e a uma consciência crescente.

Assim como Bergson, ele reconheceu um poder especial não mecânico atuando na evolução, que ele chamou de "energia radial". É uma força psíquica interna que se intensifica com o desenvolvimento de formas mais complexas. A energia radial faz com que as coisas se tornem mais integradas, tanto "dentro" como "fora", sendo a responsável pelas principais transições da matéria para a vida e para a mente. Quando um sistema físico se torna mais altamente organizado, seu interior psíquico será mais plenamente desenvolvido. O homem é a forma mais recente que apareceu na progressão evolutiva da natureza. Sua capacidade para o pensamento autoconsciente e a formação de culturas acrescentou uma nova camada à ambiência da Terra – a "noosfera", ou camada do pensamento reflexivo. A noosfera é um ambiente único que separa o homem das outras criaturas, caracterizando o "fenômeno humano". Por meio da noosfera, todas as sociedades humanas são projetadas para se unir em uma única cultura mundial.

Teilhard acreditava que a evolução convergia em direção a um ponto chamado "Ômega", onde ela atinge seu objetivo final. O "Ponto Ômega" é um conceito místico, mas não está totalmente fora do mundo, uma vez que os aspectos físico e psíquico do universo são inseparáveis. Ômega é o ponto focal de sua convergência, correspondendo a Deus na medida em que ele determina a direção da evolução cósmica. O processo é ortogenético, embora não o seja num sentido finalista, pois Teilhard, até certo ponto, leva em consideração os eventos aleatórios. A culminação será atingida quando todos os indivíduos se unirem numa única comunidade por meio do amor. Ele investe sua visão com significação religiosa ao identificá-la como sendo o "*Milieu* [o Meio] Divino", durante o qual o espírito do "Cristo Cósmico" se torna plenamente manifesto no universo. Desse modo, ele esperava unir suas convicções religiosas pessoais com a ciência.

A interpretação da evolução por Teilhard – uma visão que ele esperava alicerçar na ciência – não foi capaz de se conciliar com a prática científica convencional, que nada sabe a respeito do interior psíquico da matéria física. Ideias como "energia radial" e "Ponto Ômega" parecem mais ficção do que ciência. Elas podem ter respondido à intenção de apoiar sua crença em que a visão científica da evolução não estava em conflito com a teologia católica. No entanto, do lado religioso, houve algumas inquietudes a respeito da ênfase de Teilhard em Deus como o fim (Ômega) da história cósmica em vez de seu iniciador (Alfa). Suas ideias também entram em conflito com os dogmas teológicos a respeito da queda do homem e do pecado original. Em consequência disso, elas não foram amplamente aceitas nos círculos católicos ortodoxos. A visão de Teilhard de um universo em evolução permanece puramente especulativa, sem ter muito apoio nem na ciência nem na teologia. Mas a sua fé otimista no futuro progresso da humanidade é louvável e ainda tem muitos ávidos adeptos.

O trabalho de Jean Gebser, particularmente em *The Ever-Present Origin*, vai ainda mais longe do que Teilhard ao enfatizar a emergência de um novo tipo de consciência sobre a Terra.[21] De acordo com Gebser, a humanidade avança culturalmente através de estágios sucessivos, ou "mutações", em direção a uma consciência integral "arracional" e "aperspectival". Esse avanço não é concebido como uma progressão linear na qual os últimos estágios substituem os primeiros. Em vez disso, os estágios sucessivos são cumulativos, representando integrações abrangentes de tudo o que os precedeu. As várias mutações pelas quais passa a humanidade são consideradas como manifestações parciais de uma única "origem sempre presente".

Gebser estava interessado no exame detalhado das diferentes estruturas da consciência e não com a cosmologia *per se*. Ele embasou sua tese com uma abundância de evidências etimológicas, literárias e artísticas. Embora seu livro exiba uma notável originalidade e uma percepção penetrante, ele apenas tangencia nossa presente preocupação com a cosmologia. Recapitulando: o cerne da cosmologia é um modo de percepção distinto identificado por Sri Aurobindo como consciência cósmica, que permeia todas as quatro faces do universo.

Sri Aurobindo

As cosmologias evolutivas que acabamos de examinar são as teorias filosóficas especulativas de pensadores individuais que estenderam seus poderes mentais tão longe quanto puderam. Examinaremos agora um tipo diferente de visão evolutiva derivada de recursos espirituais que normalmente não estão disponíveis aos filósofos. Ela tem origem em Sri Aurobindo, cuja genialidade multifacetada torna impossível sua classificação com base nas referências acadêmicas convencionais. Ele não era um filósofo, embora em *The Life Divine* ele tenha escrito um elaborado tratado filosófico sobre a evolução. Não sendo um cientista, sua abordagem da vida yogue era, não obstante, científica em espírito. Ele era, no entanto, um poeta de capacidade extraordinária, que escreveu um magnífico poema épico, *Savitri*, que apresentaremos no próximo capítulo. A cosmologia foi apenas uma fração de sua produção enorme, mas oferece um amplo contexto para o entendimento do seu tratamento da transformação evolutiva.

Sri Aurobindo via a evolução como um processo espiritual que tinha como objetivo a transformação de nossa existência atual em uma vida divina. Em sua visão, a Terra é uma cena única para a emergência da divindade a partir do seu encapsulamento na matéria.[22] É importante enfatizar, logo de início, que esse não foi o resultado de uma mera especulação. Em vez disso, foi o resultado de toda uma vida devotada a uma intensa investigação sobre a natureza da consciência. Embora sua visão de um universo em evolução se sustente como uma teoria puramente filosófica, reduzi-lo a um filósofo seria deixar de reconhecer o *status* de Sri Aurobindo como um grande visionário e um yogue plenamente realizado. Sua colaboradora e companheira espiritual, a Mãe, teve uma importância instrumental em conferir um foco prático para a sua visão. Seguindo-se a um primeiro encontro em Pondicherry, ela se juntou a ele permanentemente em 1920. Mais tarde, ela organizou o Sri Aurobindo Ashram para acomodar um número crescente de aspirantes que vinham de todo o mundo. Suas obras reunidas constituem um tesouro espiritual e apresentam profundas e aguçadas percepções pragmáticas a respeito da prática do yoga transformador.[23]

Sri Aurobindo nasceu na Índia, em 1872, mas foi enviado para a Inglaterra quando ainda criança para ser instruído em escolas inglesas. Ele estudou literatura clássica na Universidade de Cambridge, ganhando prêmios de poesia e passando nos exames com grandes honras. Enquanto esteve na Inglaterra, ele se familiarizou com as realizações culturais da civilização ocidental. Depois de deixar Cambridge, retornou à Índia e começou um sério estudo da cultura indiana. Desde o momento de sua chegada, uma paz profunda desceu sobre ele; um grande amor pela Índia floresceu. Mais tarde, Sri Aurobindo se tornou um líder do movimento nacionalista que lutava para se libertar do governo britânico.[24] Ele adotou o yoga como um meio de adquirir força interior para o seu trabalho político. Sob a direção de um mestre chamado Lele, ele rapidamente atingiu o nirvana, a experiência do Brâmane Silencioso do Vedanta. Isso o estabeleceu numa consciência transcendente que nunca mais o abandonou. Mas isso foi apenas o começo, que acabou levando-o a desenvolver um novo yoga de transformação humana e mundial.

Durante o ano em que passou encarcerado pelos britânicos por causa de suas atividades revolucionárias, ele teve uma poderosa percepção do Divino Cósmico. Isso o convenceu de que a realização da independência da Índia era apenas parte de um trabalho mais amplo a ser feito. Libertado da prisão, ele se estabeleceu na colônia francesa de Pondicherry, na Baía de Bengala, onde permaneceu durante o resto de sua vida. Em Pondicherry, ele criou uma forma ímpar de yoga que o levou a um entendimento da evolução espiritual e a escrever suas obras principais.[25]

Em 1914, Sri Aurobindo começou a editar um periódico mensal, *Arya*, no qual a substância dos seus livros posteriores apareceu pela primeira vez. Parte desse trabalho tratava da civilização da Índia antiga. Em *Foundations of Indian Culture*, ele reviu todo o âmbito da religião, da arte, da literatura e da política tradicionais da Índia de um ponto de vista espiritual. Além disso, escreveu uma brilhante exposição do *Bhagavad-Gītā* (*Essays on the Gītā*), assim como traduções comentadas de vários Upanishads. Fez um estudo cuidadoso do *Rig Veda*, a fonte da cultura indiana, traduzindo muitos dos seus hinos para o inglês e oferecendo uma interpretação esclarecedora do seu conteúdo místico.[26] Além disso, realizou uma integração magistral das disciplinas yogues tradicionais da Índia em *The Synthesis of Yoga*. Para ele, o yoga era a prática básica para a integração do espírito e da matéria na Terra, em vez de significar apenas um meio para a libertação da alma. Em outros livros, como *The Human Cycle* e *The Ideal of Human Unity*, ele se dedicou a um exame do desenvolvimento da sociedade humana e seu progresso em direção à unidade do mundo. Em *The Future Poetry*, ele considerou o papel da poesia como um instrumento efetivo para a evolução da alma. Entre seus trabalhos curtos, são notáveis *The Mother*, que descreve os quatro poderes e personalidades da Mãe Divina, e *The Supramental Manifestation upon Earth* (publicado nos Estados Unidos como *The Mind of Light*, uma série de artigos que exploram a possibilidade de uma humanidade aperfeiçoada evoluindo antes da manifestação de um ser supramental.

Os dois livros que expressam melhor sua abordagem abrangente do universo são *The Life Divine* e seu poema épico *Savitri*. Em *The Life Divine*, ele apresenta uma síntese dos sistemas filosóficos do Oriente e do Ocidente baseada na ideia de evolução espiritual. Ele a fundamentou numa visão inspirada da natureza divina da existência. A culminação de sua enorme produção literária foi *Savitri*, que infundiu uma intensidade perseverante e uma profunda espiritualidade na forma tradicional do épico. O poema se estende por quase 24.000 linhas de versos brancos. Depois de 1926, Sri Aurobindo deu atenção cada vez maior à sua composição, revisando-a repetidas vezes sempre que possível, de modo a que respondesse ao aprofundamento da sua realização espiritual. Ele também respondia diariamente a inúmeras cartas, durante horas a fio, considerando todos os aspectos da vida espiritual. Nossa preocupação neste capítulo é com a visão de evolução que ele desenvolveu em *The Life Divine*.

A Vida Divina

A *magnum opus* de Sri Aurobindo, *The Life Divine*, é uma obra intrincada e complexa com uma metodologia clara. Ele apresenta uma série de tópicos no contexto de um argumento em desenvolvimento, examina vários pontos de vista relacionados a cada tópico, e sempre conclui apresentando sua própria posição. Uma vez que ele resume cada perspectiva de maneira justa e convincente, precisamos distinguir sua visão de outras visões. Um estratagema favorito dos filósofos para resolver problemas difíceis consiste em oferecer uma solução que elimina, do ponto de vista lógico, possíveis alternativas. Mas em vez de cortar o nó górdio dessa maneira, Sri Aurobindo desenreda cuidadosamente suas diversas ramificações. Em seguida, ele integra as verdades parciais que elas representam em uma síntese mais abrangente. Seu propósito não era o de acrescentar mais uma teoria àquelas já disponíveis, mas aprofundar o nosso entendimento sobre o destino da alma (ser psíquico) e explicar como podemos continuar a evoluir. Um enunciado final do seu pensamento se expressa nos seis últimos capítulos, depois de um longo e tortuoso desenvolvimento, como o curso da evolução que ele descreve. Nesses capítulos, Sri Aurobindo enfatiza o fato de que a vida divina é a vida vivida no Divino e para o Divino, e que a evolução espiritual precisa ocorrer neste mundo.

O primeiro capítulo de *The Life Divine* dá o tom para tudo o que se seguirá. Ele merece nossa atenção cuidadosa porque os princípios gerais que introduz são mais plenamente desenvolvidos mais tarde no livro. O Capítulo I, "The Human Aspiration" [A Aspiração Humana], começa com uma referência ao antiquíssimo anseio do espírito humano por uma vida mais perfeita na Terra:

> A primeira preocupação do homem em seus pensamentos despertos e, pelo que parece, sua preocupação inevitável e suprema – pois ela sobrevive aos mais longos períodos de ceticismo e retorna depois de cada expulsão –, é também a preocupação mais elevada que o seu pensamento pode conceber. Ela se manifesta na adivinhação da Divindade, no impulso em direção à perfeição, na busca pela pura Verdade e pela Felicidade sem mistura, o sentido de uma imortalidade secreta.[27]

Sri Aurobindo assinala que, embora esses ideais pareçam contradizer nossas experiências normais, eles podem ser realizados por uma manifestação evolutiva do Espírito na Matéria. O método da natureza é a busca pela harmonia entre forças opostas: quanto mais intensas as discordâncias aparentes, mais elas atuam como um estímulo que leva a harmonias mais sutis e poderosas. Mas se a evolução é o meio para se obter isso, deve haver alguma coisa mais profunda por trás dela:

> Nós falamos da evolução da Vida na Matéria, da evolução da Mente na Matéria; mas evolução é uma palavra que apenas enuncia o fenômeno sem explicá-lo, pois não parece haver nenhuma razão pela qual a Vida deveria evoluir com base em elementos materiais ou a Mente com base na forma viva, a não ser que aceitemos a solução vedanta de que a Vida já se encontra envolvida na Matéria, e a Mente na Vida, pois, em essência, a Matéria é uma forma de Vida velada, e a Vida é uma forma de Consciência velada. Então, parece haver poucas objeções para que se dê um passo adiante nessa série e se admita que a própria consciência mental pode ser apenas uma forma e um véu de estados superiores, que estão além da Mente.[28]

A referência a estados superiores além da Mente é significativa, pois a evolução se processa nesse sentido. O texto continua: "Pois se a evolução é a manifestação progressiva, efetuada pela Natureza, daquilo que estava adormecido ou operante nela, e nela envolvido, ela também é a realização manifesta daquilo que ela é secretamente."[29] Procurar a manifestação maior da divindade neste mundo é aquilo que Sri Aurobindo considera nosso propósito mais elevado e mais legítimo. Uma vez que "a vontade secreta da

Grande Mãe não nos permitirá, enquanto raça, rejeitar a luta evolutiva, é melhor aceitar o nosso destino na clara luz da razão do que ser impelido pelo instinto cego". O capítulo termina com uma referência ao *status* supramental do ser, que é identificado como a meta a que devemos aspirar:

> Pois é provável que seja esse o próximo estado superior de consciência do qual a Mente é apenas uma forma e um véu, e através dos esplendores dessa luz pode estar estendido o caminho de nossa progressiva autoexpansão rumo a qualquer estado superior que seja o supremo local de repouso da humanidade.[30]

O restante de *The Life Divine* elabora detalhes dessa visão. Nosso foco está voltado para os três tópicos que abrangem as características essenciais da visão de Sri Aurobindo a respeito da evolução. Eles são a criação e a evolução, os princípios do ser e da evolução espiritual.

Criação e Evolução

Sri Aurobindo chegou aos princípios metafísicos necessários ao entendimento da evolução por meio de um yoga que o levou a se aprofundar no chamado "inconsciente" dos psicólogos, que ele descobriu que está, na verdade, pleno de consciência. Suas experiências yogues revelaram a complexa estrutura do nosso ser interior e reafirmaram a concepção vedanta do Eu registrada nos Upanishads.[31] Os antigos visionários estenderam o conhecimento subjetivo do Eu de modo a incluir o universo de acordo com a intuição que tiveram a respeito da correspondência entre o macrocosmo e o microcosmo.[32] Como vimos nos capítulos II e III, essa intuição era a fonte original dos mitos da criação que fazem o início do mundo remontar à escuridão não manifesta que vela a divina fonte das coisas:

$$\frac{\text{Trevas = Realidade Não Manifesta}}{\text{Luz = Universo Manifesto}}$$

No Gênesis, por exemplo, Deus disse: "Haja Luz", mas ele permaneceu oculto nas trevas acima. De maneira semelhante, as *Estâncias de Dzyan* se referem a um *status* não manifesto do Ser absoluto como a "Noite do Universo". Esses dois mitos implicam uma fronteira intangível separando as trevas da luz. Na verdade, não há trevas acima, assim como não há trevas para o sol, que é brilhante mesmo quando não pode ser visto por nós. Isso sugere que a consciência está sempre por toda parte, mesmo que não estejamos conscientes dela, pois no mito a luz representa a consciência e as trevas a inconsciência.[33] Sri Aurobindo transforma a relação entre a luz e as trevas ao nosso redor colocando a luz (identificada com a Consciência) acima das trevas que representam a Matéria:

$$\frac{\text{Luz = Consciência}}{\text{Trevas = Matéria}}$$

Ele também descobriu (ou lhe foi revelado) alguma coisa mais sobre essa luz espiritual que parece nunca ter sido percebida antes. Em sua visão, *a luz está se imprimindo sobre o mundo em resposta a uma aspiração das trevas abaixo*. A plenitude do Espírito se manifesta gradualmente em um avanço evolutivo com muitos desvios, mas ele se move para a frente e para cima, superando os estágios previamente atingidos.

A evolução é mais bem representada por uma espiral e não por uma progressão linear e direta, como em geral se supõe. Pois há bifurcações e caminhos secundários exploratórios que divergem do caminho principal, e também muitos retornos, para se apanhar o que foi deixado para trás devido à irrupção de um novo salto para a frente. Qualquer coisa pronta para ser assimilada em um dado estágio será erguida até um nível superior. Nesse tipo de evolução, uma descida do Espírito em seu oposto aparente (Matéria) não deixa nada completamente sem transformação. É necessário um desdobramento gradual, uma vez que uma descida imediata da luz infinita despedaçaria o fundamento material no qual ela deve se manifestar.[34] Com o advento da vida, a evolução se torna impiedosa e sangrenta, tão violenta que a mente recua diante dela com horror. O poeta vitoriano Tennyson expressou isso como "a Natureza, vermelha no dente e na garra".[35] Ele tentou conciliar essa visão inflexível da natureza com a fé num Criador amoroso, mas não conseguiu penetrar nas raízes mais profundas do mistério:

Que esperança de resposta, ou de alívio?
Por trás do véu, por trás do véu.[36]

Somos colocados diante do espetáculo horrível da imensa luta e dos inenarráveis sofrimentos que a vida tem enfrentado no longo curso de sua evolução sobre a Terra. Na visão de Sri Aurobindo, a criação é o livre jogo do deleite divino e não precisa de justificativa para a sua ação. Não obstante, se a evolução é o desdobramento de uma Realidade Divina, ela não deve ser um movimento arbitrário sem um objetivo. A mente e a vida são princípios limitados, e nenhum deles poderia ser o objetivo último da evolução espiritual. Nenhuma tentativa mental para justificar o sofrimento pode eliminar todos os problemas que ela levanta, mas a mente não é árbitro supremo da verdade nesses assuntos. Apenas o poder do Conhecimento Divino, consciente da verdade plena, poderia remover os últimos vestígios do mistério que está por trás do processo do mundo.

Entretanto, podemos perguntar como a evolução está relacionada com a criação. Sri Aurobindo sugere que "uma Consciência-Força, que é por toda parte inerente à Existência, agindo mesmo quando está oculta, é a criadora dos mundos, o segredo oculto da Natureza".[37] A evolução precisa então ser parte de um contínuo ato de criação que está produzindo formas de ser superiores. A criação e a evolução, longe de serem antagônicas, são na verdade meios complementares para a realização do propósito divino. Ao contrário das visões dos "criacionistas" e "evolucionistas" contemporâneos, elas não são processos totalmente diferentes. A evolução continua o ato da criação, pois o Espírito, em primeiro lugar, é absorvido num inconsciente abismal e em seguida reemerge para se descobrir de uma maneira sequencial. Todos os poderes do Divino se manifestam dessa maneira. A evolução se segue a partir da involução de princípios superiores na matéria, em vez de ser o processo natural cego pressuposto por Darwin. O movimento não é arbitrário ou acidental, uma vez que se desenvolve de uma maneira ordenada ao resgatar o caminho da involução. Em vez de estar restrita a um ato momentâneo ocorrido no início do mundo, a criação é um processo contínuo de manifestação divina do qual todos nós fazemos parte. Sri Aurobindo resume a concepção toda:

> A manifestação do Ser em nosso universo toma a forma de uma involução, que é o ponto de partida de uma evolução – a Matéria, o estágio mais baixo, o Espírito, o topo... Na descida no plano material, do qual nossa vida natural é um produto, o lapso culmina numa Inconsciência total a partir de onde um Ser e uma Consciência envolvidos têm de emergir por meio de uma evolução gradual.[38]

A manifestação do Espírito está sendo colocada em foco sobre a Terra, que é concebida como um microcosmo onde o impulso evolutivo está agora pressionando para a frente. Mas para entender esse processo mais plenamente, os princípios essenciais que operam nele precisam ser claramente identificados. Para esse propósito, o Ser pode ser imaginado como uma grande esfera que os contêm.

Os Princípios do Ser

De acordo com Sri Aurobindo, o Ser é divisível em dois hemisférios, o hemisfério superior representando o Espírito e o inferior, a Matéria (Figura 6). As palavras "Espírito" e "Matéria" são utilizadas como categorias gerais para designar as principais divisões do Ser; elas são depois diferenciadas em vários princípios distintos. Os hemisférios são separados por uma "Tampa Dourada".[39] A imagem esférica é análoga à Cadeia do Ser linear que se encontra na cosmologia tradicional, sem a sugestão, implícita nessa última, de que o mundo material é uma forma de existência inferior. Na visão de Sri Aurobindo, até mesmo a Matéria é implicitamente divina, sendo um aspecto do Espírito. A Tampa Dourada consiste em luz espiritual, que está concentrada na interface entre os dois hemisférios e efetivamente cobre o que existe acima dela. Consequentemente, há uma fronteira intensamente brilhante entre o universo manifesto e os domínios transcendentes que ainda precisam se organizar em matéria. À medida que a evolução ascende a partir do que está na parte de baixo, a Tampa Dourada gradualmente se abre deixando passar um fluxo de luz descendente que se dirige para as trevas, até unir finalmente os dois hemisférios num luminoso mar de Consciência. Em

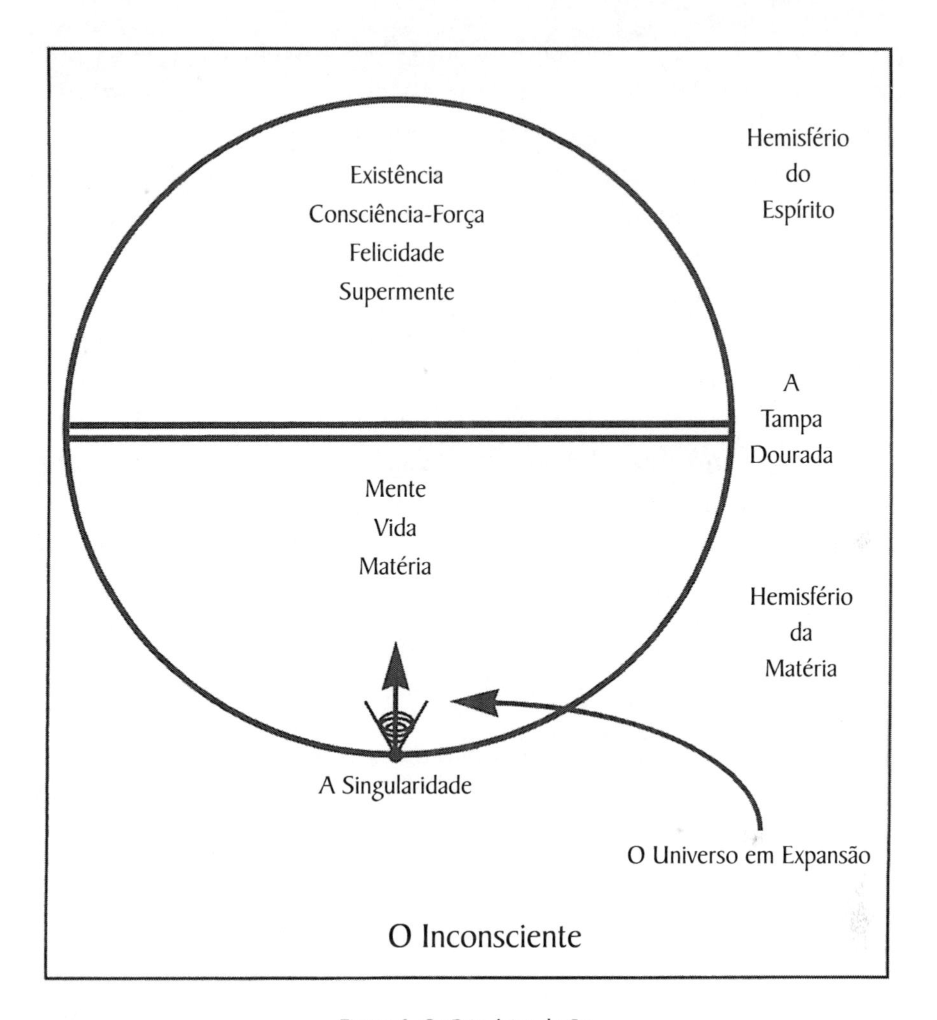

Figura 6. Os Princípios do Ser

nossa condição atual, não podemos penetrar além da Tampa até as regiões superiores sem perder contato com o hemisfério inferior, mas a evolução está trazendo a luz para baixo, para dentro da escuridão material, no decurso do tempo.

Há uma série escalonada de princípios, quatro transcendentes acima da Tampa Dourada e três níveis cósmicos abaixo dela. Os princípios transcendentes são a Existência, a Consciência-Força, a Felicidade (ou Deleite) e a

Supermente. Eles são essencialmente uma Consciência una, infinita e eterna, embora sejam distinguíveis nos sucessivos estágios da involução. Cada um aparece por sua vez, enquanto os outros são ocultados por trás dele. A *Existência* é o princípio que começa a série de transformações. Enquanto Ser Absoluto com ilimitadas possibilidades de existir, ele é comparável a Brahman no pensamento vedanta.

A *Consciência-Força* emerge em seguida como energia criadora (*Shaktii*) que gera o universo e impulsiona a evolução ao longo do tempo. Essa energia funciona como a Mãe Divina sustentando e nutrindo todos os seres. Sri Aurobindo chama de *tapas* ("calor") a força concentrada por intermédio da qual a Consciência age sobre si mesma para criar o universo. Isso corresponde exatamente à origem cósmica descrita pelo modelo do *big-bang*, seja ele interpretado como uma singularidade punctiforme ou como uma compacta porção de energia vibrante, como na teoria das cordas.

O *Deleite* é o terceiro princípio transcendente, sustentando o jogo divino da automanifestação em uma enorme multidão de mundos. Em nosso universo, a divina Līlā tomou um caminho evolutivo para a realização cósmica. Geralmente, esse princípio é identificado com a felicidade que uma alma liberta experimenta quando é libertada de sua escravidão ao mundo. Desse modo, a pergunta que indaga por que o universo foi produzido em primeiro lugar é deixada sem resposta. Para Sri Aurobindo, a resposta a essa questão está no contexto do deleite divino que se manifesta de maneira criativa no mundo.

O último princípio no hemisfério superior, a *Supermente,* é a chave para a compreensão que Sri Aurobindo tem do universo. Ele dá muita atenção a isso, pois seu *status* único como o elo entre os hemisférios superior e inferior não fora plenamente reconhecido antes.[40] A Supermente é a principal fonte de seleção e organização no cosmos. Por exemplo, a estranha harmonia e variedade do universo físico, desde o majestoso rodopiar das galáxias até os mais diminutos detalhes da estrutura subatômica, está fundamentada na sua ação. Sem ela, não poderia haver um mundo ordenado em parte alguma.

Sri Aurobindo distingue três equilíbrios da Supermente. Eles são aspectos de uma Consciência transcendente necessários para facilitar seu desdobramento no espaço e no tempo. Há uma *consciência que abrange*, a qual mantém todas as coisas unidas em suas potencialidades, uma *consciência que apreende*, pela qual a consciência contempla a si mesma a partir de múltiplos centros sem perder a percepção de sua unidade, e uma *consciência que projeta*, por meio da qual ela se envolve em cada um desses centros para experimentar o universo a partir de vários pontos de vista diferentes. A realização de sua unidade suprema seria o cumprimento, assim como o fundamento, do processo cósmico. Em essência, o deleite do jogo divino seria o objeto de tudo isso. É significativo que Sri Aurobindo identifique esse deleite com aquilo que ocorre no nível imaginativo na mente do poeta. Essa última contém várias imagens mentais de coisas, visualiza suas relações umas com as outras, e se identifica com elas a fim de criar um poema unificado.

A Supermente preside sobre o curso da evolução e também representa um estágio importante em sua consumação. Ela sustenta o surgimento da multiplicidade no universo, enquanto mantém as coisas unidas numa unidade entrelaçada. Sri Aurobindo se refere à Supermente como a suprema "Verdade-Consciência", ou "Ideia-Real", porque ela compreende tanto o Divino Conhecimento como a Divina Vontade. Ela não deve ser confundida com o Intelecto, ou Mente Universal, que foi discutido anteriormente. O Intelecto pertence ao nível da Mente que divide e que constrói, e que reside na região abaixo da Tampa Dourada. A luz investida com os poderes da Supermente equilibrada em concentração na Tampa Dourada recebe o nome de Sobremente. A partir daí, ela se afasta de sua fonte divina, mergulhando em uma série de níveis descendentes, que se aprofundam nas trevas e na ignorância.[41]

Os três níveis cósmicos da Mente, da Vida e da Matéria existem abaixo da Tampa Dourada. Eles pertencem ao hemisfério inferior, onde a Mente e a Vida já entraram em evolução das formas materiais. Esses níveis estão relacionados com os princípios espirituais superiores, uma vez que a Matéria é o inverso da Existência, a Vida da Força-Consciente, e a Mente da Supermente. A Mente e a Vida existem em seus próprios níveis antes de se organizarem na matéria física. Embora esses níveis não sejam, em si mesmos, evolutivos, eles desempenham um importante papel na evolução, pois os poderes que derivam desses níveis ingressam na matéria em momentos críticos do processo.[42] No polo oposto do Divino está o Inconsciente, que reside muito abaixo, até mesmo da Matéria. Ele representa o esquecimento total, ou inconsciência, dentro do qual a Consciência afunda antes da criação. O Inconsciente (como o seu nome sugere) oculta a Consciência, assim como a vida está oculta na semente de uma flor; tudo o que existe nos níveis superiores está latente dentro dele. Como sugerimos no Capítulo IV, ele aparece nas equações da física como a famosa singularidade onde as leis da física colapsam.

Quando a matéria, pela primeira vez, jorrou na manifestação, no *big-bang* ela já estava impregnada de um impulso mudo e obscuro de evoluir; uma vez que não estava totalmente consciente, sua atividade é descrita como a sonambúlica. Longe de ser uma estéril Terra desolada, sem nenhum valor redentor, como sustentam algumas tradições, ela é vista aqui como um solo rico preparado para a liberação de potências ocultas em resposta às influências nutritivas vindas de cima. Isso, incidentalmente, revela a relação interna entre o mundo físico e o Divino. Como vimos anteriormente, nem a cosmologia mítica nem a visão tradicional nos oferecem uma razão satisfatória para a existência da matéria em um mundo que provém de um princípio espiritual superior. A cosmologia científica, por outro lado, aceita a matéria como real, mas não é capaz de derivar dela o cosmos psíquico. Na visão de Sri Aurobindo, a matéria é uma forma do Espírito que desempenha um papel necessário na manifestação completa do Divino.

Evolução Espiritual

Todos esses princípios estão envolvidos na evolução do Espírito sobre a Terra. Citando a descrição de Sri Aurobindo dos processos de involução e evolução:

> O Divino desce da pura existência, por meio do jogo da Consciência-Força e da Felicidade e através do meio criativo da Supermente, no ser cósmico; nós ascendemos da Matéria, por meio de uma vida, uma alma e uma mente em desenvolvimento, e através do meio iluminador da Supermente, em direção ao ser divino. O nó dos dois, dos hemisférios superior e inferior, é o lugar onde a mente e a Supermente se encontram com um véu entre elas. O rasgar do véu é

> a condição da vida divina na humanidade; isso porque, por meio desse rasgar, por meio da descida iluminadora do superior na natureza do ser inferior, e, por meio da vigorosa ascensão do ser inferior na natureza do superior, a mente pode recuperar sua luz divina na Supermente que tudo abrange, a alma realiza seu eu divino na Ananda que tudo possui e é toda-bem-aventurada, e a vida volta a recuperar seu poder divino no jogo da onipotente Consciência-Força e Matéria aberta à sua liberdade divina como uma forma da Existência divina.[43]

Os níveis acima da matéria são típicos (e não evolutivos) e cada um deles tem poderes característicos de sua própria natureza. À medida que a ascensão evolutiva prossegue, alguma coisa vinda do nível superior seguinte desce no ser em evolução e o eleva a um novo *status*. O processo não é mecânico, pois a aspiração para evoluir também precisa estar presente. Isso pressupõe que o potencial para o nível superior já está envolvido no nível inferior. A vida desceu na matéria fértil e organismos vivos foram gerados na Terra. Mais tarde, a mente desceu em alguns organismos avançados para gerar seres mentais (dos quais o homem é hoje o principal representante). Em *The Supramental Manifestation upon Earth*, Sri Aurobindo fala de uma "Mente de Luz" que está em vias de se manifestar. Ela é uma ação especial da Supermente, tendo acesso à verdade-consciência, mas expressando-a apenas por meio de recursos mentais.

O resultado dessa fase da evolução seria uma forma aperfeiçoada de humanidade, intermediária entre o homem como ele é agora e um ser plenamente supramental. Não obstante todas as suas promessas, a Mente de Luz é apenas uma precursora da suprema Inteligência criadora e ordenadora que há por trás do cosmos. A evolução resultou no aparecimento de formas complexas, desde as plantas e animais até os seres humanos, e é projetada para se estender além do homem em direção ao Super-homem. Ela procede a partir de cima, embora seja iniciada por uma aspiração vinda de baixo; desse modo, seria infrutífero procurar por mecanismos biológicos que poderiam responder por esse desenvolvimento. Por isso, Sri Aurobindo não está realmente interessado nas transformações biológicas das espécies, mas antecipa a descida de poderes maiores do Espírito que ainda não se manifestaram no universo.[44]

O homem é concebido como uma forma de transição, metade animal e metade divino, a caminho de um ser supramental ou gnóstico. A chave para a sua evolução é a alma, ou ser psíquico, uma vez que a palavra "alma" é demasiadamente ambígua para transmitir o significado preciso intencionado. O ser psíquico é o verdadeiro centro da existência de uma pessoa. Tudo o que nós experimentamos é espelhado nele. Diferentemente do ego agressivo, ele não se encontra envolvido na mistura ordinária de nossos contatos com o mundo. Embora não seja abertamente ativo, ele se torna influente quando é reconhecido com clareza. Sua essência é o amor divino, que pode engolir o mundo todo em sua imensa envergadura. Isso porque, de acordo com Sri Aurobindo, o mundo é o Divino no ato de sua progressiva automanifestação. A alma é o meio indispensável para isso, pois é uma forma do Divino que desfruta do desdobramento do seu esplendor.

O ser psíquico é o verdadeiro Imortal que reside nos recessos secretos do coração. Uma vez identificado, nossa percepção começa a se ampliar, até que por fim abarca todo o universo. É a semente divina na Natureza, nascida no mundo para evoluir através de muitas vidas até uma divindade plenamente manifesta sobre a Terra.[45] A enorme escala da evolução espiritual implica repetidos renascimentos, mas o ser psíquico é muito mais do que a personalidade temporária de uma pessoa. Em si mesmo, *ele não vai a lugar algum*, embora ponha em evidência uma sucessão de personalidades diferentes por meio das quais ele evolui. Como uma semente, ele cresce para cima ao assimilar as experiências de vidas passadas. Enquanto damos a ele alguma coisa de nós mesmos, a alma finalmente evoluirá para além do nosso modo humano de existência. À medida que a evolução prosseguir, ela se tornará demasiadamente grande para os veículos psicofísicos por meio dos quais ela funciona atualmente, adquirindo um invólucro material mais flexível e totalmente transparente para o espírito que traz dentro de si. Há também extensões de consciência acima dela, que podem descer como a luz do sol quando estamos preparados para recebê-las. Além disso, o crescimento que se experimenta quando a alma evolui pode disparar igualmente o potencial interior de outras pessoas, uma vez que todos estão conjuntamente conectados numa unidade totalmente abrangente.

A alma está oculta dentro de nós (embora ela não esteja "contida" em nós), mas quando sua influência é sentida na nossa vida, é despertada uma aspiração para prosseguir a evolução. Ela é atraída em direção ao mundo, onde aparece repetidas vezes sob diferentes disfarces, movida por uma vontade secreta de manifestar o Divino numa matéria resistente e aparentemente inconsciente. O deleite divino se infundiu na matéria como alma, que está destinada a evoluir *no mundo* em vez de deixá-lo não transformado.[46] A marcha retorcida rumo à transcendência é impulsionada pelo amor cósmico, a força que sustenta os nossos esforços. Esse é o amor da alma por um universo no qual o Divino está manifestando mais e mais de si mesmo.[47] O elo entre eles é o amor, pois o amor da alma pelo Divino em sua numerosa manifestação é idêntico ao deleite do Divino em sua própria forma cósmica.

O amor resolve o mistério de nossa existência em um mundo externamente impessoal, onde a vida às vezes parece estar condenada a uma frustração e um desespero incessantes. Ele nos leva para além de todas as dúvidas e reservas mentais a respeito de quem nós realmente somos e por que estamos aqui. Nenhum poder terrestre ou retração nervosa pode impedir seu curso para sempre. O deleite na manifestação é a suprema *raison d'etre* para a existência de universos, mas ela se expressa neste como uma brincadeira ou jogo cósmico de auto-ocultação e redescoberta. Quanto ao futuro, teremos de esperar e ver o que acontece, pois ainda há muitos obstáculos a serem resolvidos e transpostos, individual e coletivamente. Qualquer que seja o nosso destino, Sri Aurobindo reafirma sua visão da evolução espiritual no parágrafo que conclui *The Life Divine*:

> Se há uma evolução na Natureza material e se é uma evolução do ser com a consciência e a vida como seus dois termos-chave e poderes-chave, essa plenitude do ser, plenitude da consciência, plenitude da vida precisa ser a meta de desenvolvimento em direção ao qual estamos nos inclinando e que se manifestará em um estágio anterior ou posterior do nosso destino. O Eu, o Espírito, a Realidade que está se desvelando a partir da primeira inconsciência da vida e da matéria fará evoluir sua verdade completa do ser e da consciência nesta vida e matéria. Ele se voltará para si mesmo – ou, se o seu fim enquanto indivíduo

> é retornar para o seu Absoluto, ele também poderá fazer esse retorno –, não por meio de uma frustração da vida, mas por meio de uma completude espiritual de si mesmo na vida. Nossa evolução na Ignorância, com suas diversificadas alegrias e dores de autodescoberta e de descoberta do mundo, suas semirrealizações, seus constantes achados e perdas, é apenas o nosso primeiro estágio. Ele precisa levar inevitavelmente a uma evolução no Conhecimento, a uma autodescoberta e um autodesdobramento do Espírito, a uma autorrevelação da Divindade nas coisas, nesse verdadeiro poder de si mesmo na Natureza, que para nós ainda é uma Supernatureza.[48]

Nesse ponto, transpomos a cosmologia como ela é atualmente entendida e simplesmente notamos que a evolução pode acontecer somente em um universo que tenha propriedades que permitem a sua ocorrência – que é outra maneira de enunciar o princípio antrópico. Isso implica o fato de que as leis da física são precisamente aquelas necessárias para o atual estágio do desenvolvimento cósmico. Isso poderia significar que o universo foi deliberadamente planejado para permitir a ocorrência da evolução ou que as propriedades singulares do nosso universo forneceram a oportunidade para um influxo de Espírito na Matéria. Como vimos antes, essa não é uma questão que possa, em última análise, ser decidida pela mente.

CONCLUSÃO

Cores prismáticas
Trazem em sua luz cambiante
Notícias do sol.

Prancha X. A Mãe

VIII

Poesia Cósmica

Introdução

Parece apropriado concluir o nosso estudo sobre a cosmologia com uma consideração a respeito da poesia cósmica. Muitos dos temas universais associados com as quatro faces do universo clamam por expressão poética, uma vez que o universo só pode ser apreendido em sua plena significação como um grande poema que revela o nosso lugar e o nosso destino dentro dele. A poesia é um poder da consciência, um poder que, se nos abrimos a ele, pode nos exaltar espiritualmente e até mesmo transformar a nossa mente. A fonte de inspiração tradicional para a poesia é uma forma da Mãe Divina conhecida por vários nomes em antigas culturas. Na Índia védica, ela era chamada de Vãc, a deusa da Fala. Ela é a portadora do Mantra, a Palavra inspirada, que é a fonte de toda grande poesia. Os gregos, que não tinham uma categoria separada para a poesia cósmica, reconheceram uma das emanações da Mãe Divina como Urânia, a Musa da astronomia. Eles a associavam com a deusa do amor e da beleza, *Afrodite Urânia,* a Afrodite Celeste. Ela significava, para os poetas e filósofos gregos, a beleza tranquila do céu estrelado.

Embora a maior parte dos poemas não seja intencionalmente cosmológica, mesmo assim eles se apoiam em suposições a respeito do universo das quais o poeta pode ter apenas uma vaga consciência. Há geralmente alguma relação entre um poema e o mundo sobre o qual ele está comentando. Mesmo quando o poema não envolve a ideia de um cosmos completo, a existência de algo é pressuposta a partir dos elementos de ordem que se pode extrair de uma concepção do cosmos. Mas a poesia não é apenas uma irrupção emocional espontânea, pois é também uma maneira de dar coerência àquilo que nossos sentimentos nos contam a respeito do mundo. É uma visão ordenada que revela as possibilidades inerentes à natureza. Um poema bem ordenado nos ajuda a descobrir os aspectos duradouros das coisas que o sentimento é capaz de revelar. No que tem de melhor, ele pode nos mostrar que o universo não apenas inclui a nós mesmos entre os seus conteúdos, mas também é responsivo aos nossos mais altos ideais e aspirações.

O contraste entre um poema cosmológico deliberadamente organizado e um menos estruturado pode ser ilustrado pela diferença entre *Divine Comedy** de Dante e *The Waste Land* de T. S. Eliot. Em *A Divina Comédia*, Dante apresenta um cosmos finito, compactamente ordenado, que inclui um propósito claramente definido. Ele sabe o que o seu mundo tem a oferecer e pode mostrar como obter realização nesse mundo. Cada estágio ao longo do caminho que leva à perfeição espiritual está correlacionado com um nível específico do universo. Além disso, toda a jornada é sustentada pelo poder da Graça Divina. Por outro lado, um poema como *The Waste Land* reflete um mundo indefinido, sem coerência nem propósito; tudo o que Eliot pode fazer é apresentar fragmentos desconexos de uma vida. Os leitores precisam descobrir por si mesmos o sentido dele, se isso é de fato possível em tal mundo. Somos deixados procurando por significado em um universo que é indiferente ao fato de se poder ou não encontrar qualquer razão para se existir nele.

A cosmologia de um poema pode ser mítica, científica, tradicional ou evolutiva. Cada tipo de cosmologia influenciará a maneira como responderemos ao poema como um todo. As visões de mundo filosóficas podem ter um aspecto imaginativo, mas o papel da imaginação tem importância central na poesia cósmica. Embora esses poemas nem sempre reflitam o conhecimento cosmológico contemporâneo, eles podem ser julgados pelo seu sucesso em despertar sentimentos apropriados a respeito do universo. Há muitos tipos de poesia capazes de expressar tais sentimentos, mas a forma

---

* *A Divina Comédia*, publicado pela Editora Cultrix, São Paulo, 1965.

que nos interessará é a poesia épica. O grande propósito de um épico o torna singularmente capaz de fazer justiça ao grandioso tema do universo e do nosso lugar nele. No entanto, uma poesia cósmica memorável desse tipo é uma ocorrência rara, pois requer a conjunção de várias qualidades incomuns em um único poeta. Essas qualidades incluem, além de consumados talentos poéticos, uma imaginação suficientemente grande para abranger todo o universo, um extenso aprendizado e um rico estoque de experiências de vida às quais se pode recorrer. Um poeta épico também precisa ter capacidade para visualizar o destino humano em um cenário cósmico. Acima de tudo, é necessário um grande coração para se entender os ritmos de grande amplitude do universo. Não é de se admirar que somente alguns indivíduos tenham possuído todas essas qualidades.

Outra razão pela qual a poesia cósmica em uma escala épica é tão rara é a dificuldade envolvida em se sustentar a atenção do leitor quando o tema principal é o próprio universo. Poemas desse tipo tendem a se tornar puramente didáticos. Os mais interessantes são aqueles que relacionam o universo a preocupações humanas sérias. Eles geralmente identificam um problema específico da vida e exploram uma visão de todo o universo para a sua solução. Para esse propósito, qualquer um dos quatro tipos de cosmologia pode ser utilizado para se resolver o problema apresentado pelo poema. Dessa maneira, os leitores são capazes de compreender por que o problema surge e como ele pode ser resolvido. Finalmente, um grande poema cosmológico concilia conhecimento e sentimento em uma visão unificada que relaciona intimamente o homem ao universo em que ele vive.

Com relação a isso, os leitores terão favoritos pessoais, mas os quatro poemas cósmicos examinados aqui foram escolhidos porque cada um deles representa um tipo de cosmologia que foi examinado anteriormente neste livro. Com exceção do *Bhagavad-Gītā*, todos eles são poemas épicos escritos por poetas identificáveis. Até mesmo o Gītā faz parte de um dos grandes poemas épicos da Índia, o *Mahābhārata*. O Gītā é também a única escritura religiosa entre os quatro, sendo amplamente reconhecido como um texto sagrado do hinduísmo. O *Mahābhārata* é atribuído ao compilador Vyasa, nome associado com um grande corpo da literatura hinduísta, mas não pode ser positivamente identificado como uma figura histórica. Ao discutirmos esses poemas, será utilizada a seguinte classificação:

1. Cosmologia Mítica: *Bhagavad-Gītā*
2. Cosmologia Científica: *De Rerum Natura* (Lucrécio)
3. Cosmologia Tradicional: *A Divina Comédia* (Dante)
4. Cosmologia Evolutiva: *Savitri* (Sri Aurobindo)

Todos esses quatro poemas celebram a harmonia e a variedade do universo. Eles transmitem um sentido de consciência cósmica, embora ela seja sentida a partir de diferentes níveis de experiência. Correlacionar os poemas com os vários tipos de cosmologia pode não ser exato em todos os detalhes, mas cada um deles conta intensamente com uma dada perspectiva cosmológica.

O Bhagavad-Gītā

O *Bhagavad-Gītā*, ou "Cântico do Senhor", é um clássico espiritual universal que transcende fronteiras religiosas e culturais. Não obstante o seu contexto hinduísta, sobrecarregado por séculos de disputas sectárias, em todos os lugares ele fala diretamente ao coração humano. Foi traduzido para o inglês em numerosas ocasiões, cada tradução conferindo ao texto uma nuança ligeiramente diferente. Muitos comentários foram escritos a seu respeito, mas somente alguns deles são realmente úteis para a compreensão de sua mensagem espiritual. Há três comentários proeminentes disponíveis em inglês: (1) Sri Aurobindo, *Essays on the Gita*[1], (2) Sri Krishna Prem, *The Yoga of the Bhagavat Gita*[2], e (3) Sri Jnaneshvar, *Jnaneshvari*.[3] Cada um deles interpreta o Gītā a partir de um ponto de vista baseado na experiência interior profunda. Na exposição a seguir, preferimos a abordagem de Sri Aurobindo, pois ela capta a originalidade do Gītā melhor do que os outros. Não devemos nos esquecer de que, além do seu valor como escritura religiosa, o Gītā é um poema cósmico de imenso poder e beleza. Lido como uma ilustração de poesia cósmica, ele nos fornece uma visão de mundo completa.[4]

O problema da vida com o qual o Gītā lida ocorre no início da obra. É o resultado de circunstâncias que levaram a uma violenta guerra civil que ocorreu em alguma época do passado lendário da Índia. Arjuna, o mais habilidoso guerreiro do lado das forças destinadas à vitória, é o homem representativo de seu mundo. É um grande herói em quem as pessoas procuram liderança na batalha que está por vir. Seu irmão, o rei justo e legítimo, queria recuperar o trono do qual fora defraudado, e Arjuna apoiou sua reivindicação. Sua meta suprema era estabelecer um governo universal de paz e justiça na Índia. Os usurpadores que se opuseram a eles eram heróicos de acordo com os padrões da época, mas a sua honra estava manchada pela hipocrisia e pelo autoengrandecimento. Antes que a batalha começasse, Arjuna dirigiu seu carro de batalha em meio aos exércitos de modo a ter uma visão das forças inimigas. Ao inspecioná-las, reconheceu muitos parentes e ex-mestres perfilados contra ele. Entendendo as horríveis consequências sociais e morais da guerra, ele perdeu seu gosto pela batalha e se recusou a continuar, declarando: "Eu não lutarei."

> Tendo assim falado no campo de batalha, Arjuna se afundou no assento de sua biga, atirando ao chão o arco divino e a aljava inexaurível (que os deuses lhe deram para essa hora terrível), seu espírito esmagado pela tristeza.[5]

Esse dilema referente ao que deveríamos fazer quando somos chamados a agir em um mundo menos que perfeito é o problema central do Gītā.

O cocheiro de Arjuna tem outras ideias, pois ele é Krishna – uma encarnação (*avatāra*) da Pessoa Suprema (Purushottamma) ou Divindade. Na realidade, ele é um Ser transcendente, ativo no mundo embora permaneça desprendido e imóvel no meio da ação. Todo o universo é uma manifestação desse Ser, e um Avatar é sua corporificação especial sobre a Terra em um momento crucial de sua história. De acordo com Sri Aurobindo, o propósito interior de uma descensão como essa é revelar ao mundo um poder previamente não desenvolvido. O Avatar aceita as limitações do nascimento humano e partilha das dificuldades e lutas que esse nascimento acarreta. Ele inspira e apoia os esforços do homem para estabelecer uma vida superior sobre a Terra. Na crise atual, a Pessoa Suprema se tornou o cocheiro de

Arjuna a fim de despertar uma consciência mais ampla e mais universal na humanidade. A ganância e a hostilidade com relação a um inimigo, estando arraigada em egoísmo agressivo, geralmente motiva guerras. No entanto, a consciência representada por Krishna conhece a Divindade dentro de si mesmo e de todos os outros seres, até mesmo de inimigos. Essa consciência é a verdadeira base da estabilidade social, bem como a chave da libertação espiritual. Seu aparecimento sobre a Terra requer uma descensão divina, uma vez que ele não poderia vir à luz por via do curso ordinário dos acontecimentos humanos. Quando se manifesta, forças que resistem a uma mudança decisiva no mundo se erguem contra ele. Por isso, os desafios imediatos da vida precisam ser enfrentados corajosamente, e a maneira de fazer isso é a responsabilidade do ensinamento de Krishna no Gītā.

Krishna decidiu revelar a verdade mais profunda sobre a realidade a Arjuna, que era uma pessoa disciplinada e de mente elevada, responsiva à orientação interior do Divino. Ele explicou-lhe que o universo consiste em forças conflitantes de Luz (o Daivic) e Trevas (o Asuric), que são representadas na Terra pelas facções antagônicas que se defrontam. Há duas naturezas, uma inferior e a outra superior, sendo ambas manifestações da Divindade, mas atuando diferentemente no mundo. A natureza inferior consiste nos princípios materiais do corpo, da vida, da mente e do ego, que são apenas instrumentos da Vontade Divina. Em contraste com ela, a Natureza superior ou divina é o poder por meio do qual essa Vontade opera no mundo. Ela é a Mãe Divina em algumas tradições, mas no Gītā ela é tratada como um aspecto da Pessoa Suprema:

> Saiba que esse é o útero de todos os seres. Eu sou o nascimento do mundo todo e, portanto, também a sua dissolução.
>
> Nada existe de supremo além do Eu, Ó Dhananjaya. No Eu, tudo o que está aqui está preso como pérolas em um fio.[6]

As almas individuais são porções eternas da Divindade e não devem ser confundidas com os princípios da natureza inferior. Essas almas são manifestações da Pessoa Suprema na arena cósmica. Como declara Krishna: "É uma porção eterna do Eu que se torna Jiva [Alma] no mundo das criaturas vivas e cultiva os poderes subjetivos de Prakriti [Natureza], da mente e dos cinco sentidos."[7]

A guerra na qual Arjuna se encontra ocorre nesse cenário cósmico. Krishna quer que ele conduza as forças da Luz contra as forças das Trevas, que esmagariam todo progresso em direção a uma consciência superior, a qual ameaça a dominação do mundo pelas Trevas. Arjuna recebe a oportunidade de participar desse conflito lutando na vanguarda das forças da Luz. Mas ele precisa fazer isso sem o egoísmo entrincheirado na natureza inferior, que é a barreira que se ergue no caminho que leva ao estabelecimento de uma nova consciência sobre a Terra. A escolha é dele, e ele tem Krishna como seu cocheiro esperando para conduzi-lo à vitória. Não obstante, nem mesmo esse ensinamento inspirado consegue abalar Arjuna e tirá-lo de sua letargia. Um Avatar não apenas ensina uma doutrina, mas também pode revelá-la por meio de seu próprio corpo transfigurado. O propósito da consciência superior preparando-se para emergir precisa ser reconhecido com o olho espiritual e não apenas explicado em palavras. Foi concedida a Arjuna uma visão climática do Espírito do Mundo, a forma universal da Divindade.[8] Nessa visão, o pano de fundo cósmico da vida na Terra é descrito vividamente, de modo que Arjuna participará com plena compreensão da tarefa que ele é convocado a realizar. Ele precisa crescer no conhecimento da Divindade reconhecendo-a na imensidão do universo, bem como dentro de si mesmo e das outras pessoas.

A Visão do Espírito do Mundo é uma poderosa experiência da consciência cósmica transmitida nos termos simbólicos da cosmologia mítica hinduísta. Arjuna reconhece todo o universo, com a multidão de seres que habitam os vários níveis cósmicos, todos eles unificados no corpo luminoso da Divindade, "como se mil sóis se erguessem ao mesmo tempo no céu".[9] Essa visão que abrange tudo, apresentada com insuperável força poética, domina completamente a imaginação sem sacrificar a clareza e a precisão da forma. De início, o aspecto do terror e da destruição é totalmente dominante, e uma voz declara:

> Eu sou o Espírito do Tempo, destruidor do mundo, que assoma com altura imensa para a destruição das nações.[10]

Finalmente, o sentido de uma harmonia e de um propósito maiores prevalece, e todas as discórdias aparentes são resolvidas. Toda a cena exibe a variedade inexaurível do universo mantida coesa na unidade da Divindade.

Krishna diz a Arjuna que "por Mim e por nenhum outro eles são assassinados, você se torna apenas a ocasião em que isso acontece".[11] Desse modo, se ele decide lutar, ele não será o assassino, mas apenas o instrumento para eliminar as obstruções a um novo modo de vida no mundo. Em outro lugar no Gītā, são delineados os métodos para se estabelecer firmemente a consciência superior dentro de um indivíduo e são descritos os seus principais atributos. Arjuna está situado no meio da ação e o que lhe é solicitado é sua cooperação voluntária. A estrondosa convocação de Krishna dirigida à alma do homem preparado para o combate resume a mensagem do Gītā: "Tu que vieste a este mundo transitório e infeliz, ama e te voltes para Mim."[12] No final, Arjuna consente em ingressar na luta contra as forças hostis que sufocariam o avanço posterior da humanidade. Unido à Pessoa Suprema, que se tornou seu cocheiro, tudo o que se destina a ser realizado o será. Isso resolve o problema apresentado no início do Gītā.

De Rerum Natura

É difícil encontrar um grande poema cósmico a respeito da cosmologia científica. Poemas desse tipo estão geralmente interessados no próprio universo, e não no homem e seus problemas, a não ser na medida em que ele é uma parte representativa do mundo material. Nada que se relacione com esse tipo de cosmologia pode ultrapassar *De Rerum Natura* ("*Sobre a Natureza das Coisas*"), obra do poeta romano Lucrécio. Escrito no século I a.C., ele apresenta uma imagem geral do universo semelhante à encontrada na ciência moderna. Esse poema tem por base a imagem de um universo infinito de átomos voando de um lado para o outro no espaço vazio ilimitado e combinando-se aleatoriamente em mundos inumeráveis. O universo é governado pela lei inexorável – até mesmo os deuses, cuja existência Lucrécio não nega, nada mais são que combinações de átomos que existem nas regiões eternamente pacíficas entre os mundos.[13] Em sua visão, os deuses são tão indiferentes ao destino dos seres humanos quanto à natureza das coisas.

Nós, por outro lado, precisamos conhecer a natureza do universo a fim de obter felicidade, por mais breve que seja. Poderíamos querer prolongar indefinidamente a nossa vida, mas todos nós estamos destinados a morrer; desse modo, o problema central que a vida impõe para Lucrécio é o medo da morte. Esse medo é composto por nossas superstições religiosas relativas ao inferno e ao julgamento divino após a morte. Depois de uma longa passagem depreciando o medo da morte em um universo onde a vida é apenas um fenômeno passageiro, ele afirma:

> Os homens sentem clareza suficiente na sua mente, um pesado fardo, cujo peso os deprime. Se eles apenas percebessem com igual clareza as causas dessa depressão, a origem dessa protuberância malévola dentro do próprio peito, eles não levariam uma vida como essa que hoje nós vemos tão comumente – ninguém sabendo o que realmente quer e cada um sempre tentando fugir de onde está, como se a mera locomoção pudesse livrá-lo desse fardo.[14]

Lucrécio rapidamente assinala que a solução para o problema reside em entender a natureza do universo em que vivemos:

> Ao agir assim, o indivíduo está realmente fugindo de si mesmo. Uma vez que ele permanece relutantemente preso ao eu, do qual naturalmente não pode fugir, ele passa a odiá-lo porque é um homem doente ignorante da causa de sua doença. Se ele apenas percebesse isso, atiraria para o lado outros pensamentos *e se dedicaria, em primeiro lugar, a estudar a natureza do universo*. Não é a fortuna de uma hora que está em questão, mas a de todo o tempo – o quinhão armazenado para os mortais ao longo de toda a eternidade e que os espera após a morte [os itálicos foram acrescentados].[15]

Porém, que tipo de universo o poema revela? Lucrécio se propõe a explicar a natureza última da realidade, que, segundo ele, se compõe de átomos materiais:

> Passarei agora a discorrer para vocês a respeito das realidades últimas do céu e dos deuses. Revelarei esses *átomos* a partir dos quais a natureza cria todas as

> coisas e as aumenta e as nutre, e nos quais, quando elas perecem, a natureza novamente as resolve.[16]

O universo consiste em um número infinito de átomos e em um espaço vazio infinito que os contém. Tudo pode ser explicado pela combinação de átomos que interagem por meio de sequências mecânicas de causa e efeito.[17] Mesmo que os deuses existam, eles não interferem no funcionamento da natureza e é pueril temê-los. Não há vontade ou planejamento divino governando os movimentos dos átomos; sistemas de mundos estão continuamente se formando e se dissipando por toda parte no espaço por colisões aleatórias.

Acontece que existimos em um desses sistemas encerrados pelas "fortificações flamejantes do mundo". Tudo aparece e desaparece com o tempo, mas os próprios átomos são eternos. Os átomos não passam a existir, nem jamais desaparecem, uma vez que o grande princípio que governa o universo garante que nada pode surgir do nada absoluto nem ser completamente aniquilado. Quanto à *criação*:

> *Nada jamais pode ser criado pelo poder divino a partir do nada.* A razão pela qual todos os mortais são tão oprimidos pelo medo é que eles veem todo tipo de coisas acontecendo na terra e no céu sem causa discernível, e eles atribuem essas coisas à vontade de um deus. Em conformidade com isso, quando vimos que nada pode ser criado do nada, temos uma imagem mais clara do caminho à nossa frente, o problema de como as coisas são criadas e ocasionadas sem a ajuda dos deuses.[18]

A segunda parte desse princípio que abrange tudo trata da natureza da *destruição*:

> *A natureza resolve tudo em seus átomos componentes e nunca reduz uma coisa a nada.* Se qualquer coisa fosse perecível em todas as suas partes, qualquer coisa poderia perecer subitamente e desaparecer da nossa vista. Não haveria necessidade de qualquer força para separar suas partes e afrouxar seus vínculos. Na realidade, uma vez que tudo é composto de sementes indestrutíveis, a nature-

za, obviamente, não permite que alguma coisa pereça até que tenha encontrado uma força que a abale com um golpe ou que se arraste para dentro de suas rachaduras e a desate.[19]

Isso completa a afirmação de Lucrécio do princípio fundamental da conservação, que, *mutatis mutandis*, ainda está subjacente em grande parte da cosmologia científica moderna.

Sua visão de uma Natureza impessoal que, cegamente, cria e destrói mundos feitos de átomos eternos é apresentada com admirável habilidade poética. A filosofia que há por trás do poema não se originou com o próprio Lucrécio, mas foi extraída dos escritos do filósofo grego Epicuro (cerca de 300 a.C.), que ele elaborou sobre as teorias dos primeiros atomistas gregos.[20] No entanto, seu interesse básico estava nas implicações éticas de suas ideias. Ele acreditava que uma vida reduzida a alguns prazeres simples que não perturbam a paz mental de um indivíduo era o máximo que alguém pode esperar. Nossa própria alma é composta de átomos de um tipo mais sutil do que aqueles que formam o nosso corpo físico. A morte é o fim da vida pessoal, pois ela consiste no espalhamento dos átomos da alma no espaço depois da destruição do corpo. Uma vez que a morte significa a total extinção de uma pessoa individual, não há base para o medo do julgamento divino no além.

Para Lucrécio, o entendimento de que o universo é composto apenas de átomos que se movem para lá e para cá sem propósito no espaço infinito elimina o medo da morte (embora não elimine a sua *finalidade*), resolvendo assim o problema pelo qual o poema está interessado. Os princípios impessoais do universo o convencem de que é fútil se lamentar diante do nosso destino inevitável. Embora não possa ser evitada, a morte perdeu seu aguilhão porque é a dissolução da personalidade em átomos insensíveis. Essa imagem desoladora do destino humano se baseia em uma visão imaginativa da Natureza, em que tudo, desde o nascimento de uma flor até a decomposição de um mundo, é governado por um processo mecânico. Impressionado pelo poder inexaurível da Natureza, Lucrécio tentou mostrar a impotência do homem e dos deuses. Para ele, a realização da paz interior só é possível pela aceitação dessa visão sóbria da Natureza universal e eterna. Como ele diz:

> Esse pavor e essa escuridão da mente não podem ser dissipados pelos raios do sol, os brilhantes feixes de luz do dia, mas apenas por meio de um entendimento da forma externa e do funcionamento interno da natureza.[21]

A Divina Comédia

A Divina Comédia não se refere especificamente ao universo mágico, mas utiliza vários de seus principais temas. Esses temas incluem um cosmos geocêntrico, uma versão moralizada dos três mundos, com o Inferno localizado dentro da Terra, e uma ênfase no poder do feminino divino. De acordo com a tradição cristã, os deuses foram varridos do universo, mas há uma profusão de anjos que desempenham várias funções dentro dele. Dante baseou sua visão no tema tradicional de uma viagem através do cosmos como uma alegoria da ascensão espiritual da alma até Deus. O poema era, ostensivamente, um retrato da visão de mundo do catolicismo medieval, mas se desviava da perspectiva da Igreja em vários aspectos. Uma vez que Dante era um poeta que possuía dotes extraordinários, sua imaginação não podia ficar restrita aos limites da teologia ortodoxa. No início do poema, seu problema era um sentido de desespero que se aprofunda por causa da corrupção e da brutalidade existentes em todos os níveis da ordem social. Ele está perambulando em uma floresta escura da qual tenta fugir subindo numa colina próxima. Mas é expulso de volta por três animais simbólicos, um leopardo (luxúria), um leão (violência) e uma loba (traição), cada um deles representando um dos defeitos da natureza humana. Como Dante está a ponto de perder toda a esperança, o espírito do antigo poeta romano Virgílio, que ele reverenciava, aparece e se oferece para ser o seu guia:

> Portanto, penso e julgo que é melhor você me seguir, e devo guiá-lo, tirando-o deste lugar e o levando até um lugar eterno, onde você ouvirá os uivos de desespero e verá os antigos espíritos em sua dor, cada um deles lamentando sua segunda morte; e você verá essas almas que estão contentes dentro do fogo, pois elas esperam alcançar – sempre que isso possa acontecer – os bem-aventurados.[22]

Logo descobrimos que Virgílio é um instrumento da Graça Divina, que está agindo em favor de Dante, pois a Graça é o poder salvador no cosmos do poema. Ela flui da Virgem Maria, que é identificada como a Rainha do Céu, a Mãe de Deus, e a dispensadora de misericórdia para a humanidade sofredora. A Graça Divina está aberta a todos, mas só pode operar efetivamente nas pessoas que estão dispostas a recebê-la. Presumivelmente, Dante é uma delas. Para o seu benefício, a Graça funciona por intermédio de uma sucessão de intermediações, que vão de Lucia (luz) e Beatriz (amor), que foi a jovem bem-amada de Dante, a Virgílio (racionalidade). Eles intervêm nesse momento crucial da vida de Dante para guiá-lo através dos vários níveis do universo até Deus. O significado simbólico de cada nível cósmico é descrito ao longo do caminho mostrando a ele como estamos relacionados com o cosmos. Somente assim ele será capaz de atingir uma completa resolução do problema psicológico introduzido no Canto da abertura. O conhecimento do verdadeiro lugar do homem no universo é indispensável para a remoção da nossa cegueira no que se refere ao propósito de Deus em criar o mundo.

O universo do poema é dividido em três regiões principais correspondentes ao Inferno, ao Purgatório e ao Paraíso (Figura 7). De acordo com a tradição cosmológica medieval, a Terra é uma esfera colocada no centro do cosmos, e a geografia do poema se baseia no que se conhecia na época a respeito da superfície da Terra. A Europa, a Ásia e a África, as três grandes massas de terra do Hemisfério Setentrional, eram esquematicamente representadas pelos chamados "mapas T-O" da época. Esses mapas dividiam o mundo conhecido em três partes, com a Ásia no topo, a Europa na parte inferior, à esquerda, e a África na parte inferior, à direita. Os continentes estavam encerrados dentro de um círculo e circundados pelo Mar Oceânico. Jerusalém, como a cidade mais importante do mundo cristão, estava colocada em seu centro geográfico. Acreditava-se que o Hemisfério Sul, em grande parte inexplorado, era constituído principalmente de água. Porém, no cosmos de Dante, há uma ilha bem no meio sobre a qual se ergue a Montanha do Purgatório. Ela está localizada em posição antípoda com relação a Jerusalém. Essa montanha se ergue através dos quatro elementos da região terrestre até a esfera da lua. Acima dela estão as esferas celestes,

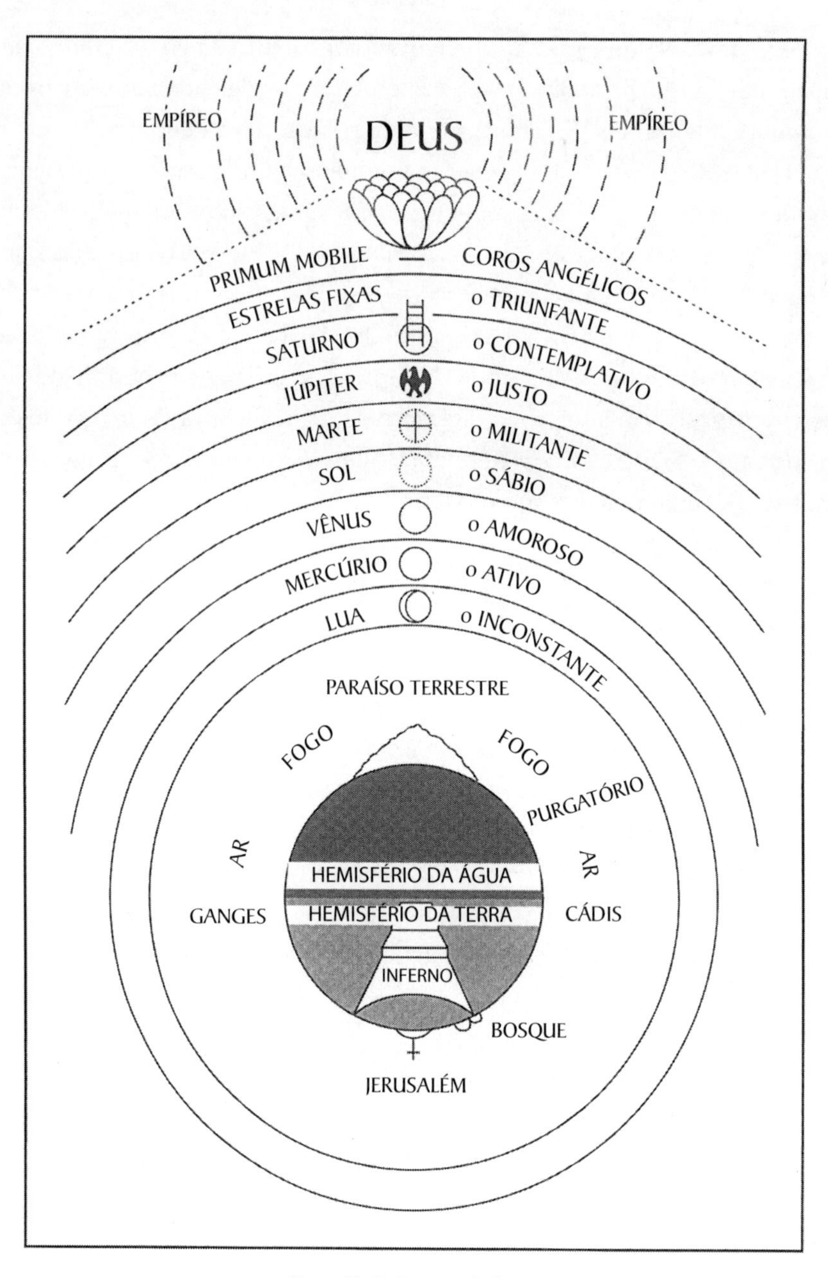

Figura 7. O Cosmos de Dante

arranjadas em ordem até a esfera das estrelas fixas. Além dela, situa-se o *Primum Mobile*, que move as outras esferas, encerrando a todas em um cosmos finito, e o *Empíreo*, ou eterna morada de Luz que circunda Deus.

O inferno está situado no interior da Terra, e é representado sob a forma de uma cavidade cônica com bordas estreitas, que se afunda até o nadir do cosmos, onde Satã (Dis) está encerrado em um lago congelado. Sua figura impotente está encarcerada no ponto mais afastado da morada de Deus no Empíreo. Há espíritos não regenerados em cada borda, e Dante aprende muito sobre as fragilidades da condição humana ao vê-los e conversar com eles. De início, ele sente apenas piedade pelos seus sofrimentos. No entanto, mais tarde, quando desce mais profundamente nas regiões inferiores, fica aterrorizado com os abismos de crueldade e de traição nos quais esses espíritos afundaram. Eles são responsáveis por crimes que violam todos os traços de decência humana, e percebe que eles estão no Inferno por causa da própria vontade mal-direcionada. É sua inflexível recusa em abrir o coração ao poder da Graça Divina que os mantém lá. Quando atinge o fundo do poço, fica mudo e atônito diante da monstruosa forma de Dis. Ao contrário das representações populares do Inferno como um lugar em chamas, o Inferno de Dante é gelado para simbolizar a total frieza de um coração sem amor. Para seu horror, ele descobre que precisa atravessar essa corporificação da depravação a fim de recuperar a segurança relativa da superfície da Terra. Agarrado a Virgílio, ele é levado para baixo, até o corpo peludo de Dis, através do centro de gravidade do mundo, e em seguida para cima, até o ar livre:

> Meu guia e eu chegamos nessa estrada oculta para abrir caminho de volta ao mundo claro; e sem pensar em descansar, subimos – ele primeiro e eu em seguida – até que eu vi, através de uma abertura redonda, algumas das belas coisas que o Céu traz. Foi daí que nós emergimos, para ver – mais uma vez – as estrelas.[23]

Depois de deixar o Inferno, Dante se encontra em uma ilha no mar, do outro lado da Terra, onde se localiza a Montanha do Purgatório. O topo dessa montanha fica exatamente abaixo da esfera da Lua e é ocupado pelo

Paraíso Terrestre. Há uma atmosfera de esperança nessa ilha que eleva o seu ânimo após a longa jornada na escuridão:

> Para navegar por águas mais bondosas, agora o pequeno barco do meu talento levanta suas velas, deixando atrás de si um mar tão cruel; e o que eu canto será esse segundo reino, no qual a alma humana é purificada do pecado, tornando-se digna de ascender ao Céu.[24]

Dante sobe as plataformas que se espiralam encosta acima, aprendendo com as almas que ele encontra o que cada plataforma significa. As almas no Purgatório representam pessoas que tentaram levar uma vida moral exemplar, foram impedidas de fazer isso por causa de vários obstáculos. Elas estão aí porque é o lugar onde, como diz Dante, "a alma humana é purificada do pecado". Quando a purificação é completada, a alma simplesmente ascende e ingressa no Paraíso, pois nada mais existe para se opor ao seu progresso. Depois de alcançar o topo da montanha, Virgílio, o Poeta Pagão, não pode seguir além. Ele confia Dante a Beatriz, cujo amor o atrairá para cima, através das esferas celestes até o Empíreo. Depois de beber das águas revivificantes do Rio Eunoe, ele está pronto para subir aos céus:

> A partir dessa onda mais sagrada, agora eu voltei para Beatriz; refeito, assim como novas árvores são renovadas quando geram novos ramos, eu estava puro e preparado para subir até as estrelas.[25]

Enquanto se movem pelos céus, Beatriz explica a Dante a importância das aparições angélicas que encontram ao longo do caminho.[26] Almas bem-aventuradas residem no Empíreo perto de Deus, mas Dante vê os seus reflexos nas esferas celestiais apropriadas. Até mesmo no Céu há uma hierarquia de almas ordenadas de acordo com seus méritos espirituais. Não obstante, cada alma está satisfeita com sua condição, pois todas elas são uma só no seio de Deus. Quando Dante atinge o Empíreo, ele é, de início, cegado pela Luz, mas gradualmente discerne uma grande Rosa Branca, que simboliza o Amor Divino. A Virgem Maria, circundada pelas almas dos bem-aventurados, está sentada lá, na Luz Divina.[27] Beatriz é substituída por São Bernardo de Clairvaux, o grande místico medieval e devoto de Maria, e que agora aparece ao lado de Dante. Numa prece magnífica, ele implora a Maria para que conceda a Dante a visão mística de Deus.

> Senhora, sois tão elevada, e assim podeis interceder, pois aquele que tem graça, mas não procura a vossa ajuda, pode ansiar por voar, mas não tem asas. Vossa amorosa bondade não apenas responde àquele que indaga, mas está muitas vezes pronta para responder livremente muito antes que a pergunta seja formulada. Em vós há compaixão, em vós há piedade, em vós há generosidade, em vós há toda a bondade que se encontra em qualquer criatura.[28]

Em resposta à prece de Bernardo, é concedida a Dante a ansiada "Visão Beatífica" que os místicos cristãos procuravam com tanto fervor como a culminação dos seus exercícios espirituais; com ela, vem a paz que ultrapassa todo entendimento.

A *Divina Comédia* se encerra com a tentativa indecisa de Dante para descrever essa Visão. Ele nos conta que seu olhar estava fixado na "Luz Eterna", na qual todo o universo estava "reunido e ligado por amor dentro de um só espaço" e as desarmonias entre as coisas se desvaneceram. Apareceram três círculos de cores diferentes, que estavam inter-relacionados dentro da Luz. No segundo círculo, ele viu uma imagem esmaecida do Homem Arquetípico, em quem a humanidade e Deus se unem em perfeita harmonia. Enquanto ponderava essa visão, ele perdeu subitamente todo sentido de separação. Aí, lhe faltaram as palavras, e seu desejo e vontade passaram a ser movidos como uma roda em rotação uniforme pelo "Amor que move o sol e as outras estrelas".[29] O poder da Graça Divina que emanava da Virgem Maria levou Dante ao pináculo da bem-aventurança, e então ele passou a entender o propósito da vida no universo. Nessa alegoria da alma projetada na imensa pintura do cosmos, nos é mostrada a Luz espiritual que se reflete nos seres humanos. A partir daí, Dante pode viver em contentamento num estado de graça que o protegerá de aflições psicológicas posteriores. Uma vez que seus apuros no início do poema são os mesmos que os de qualquer pessoa sensível, a alegoria pode se aplicar a quem quer que esteja preparado para empreender a jornada mística.

Savitri

Mais uma vez, nós recorremos a Sri Aurobindo, que, além de suas outras realizações, era um poeta consumado, com uma considerável coleção de poemas em seu crédito. Ela inclui delicados poemas curtos, dramas líricos e poemas narrativos e épicos – quase todos escritos em inglês. Ele utilizou vários padrões de versos, fez experiências com métricas quantitativas, e um cuidadoso estudo da forma poética. Além disso, tentou escrever um épico em hexâmetros homéricos, *Ilion*, mas o deixou inacabado com quase nove livros completos, entre doze. Sri Aurobindo também passou cerca de três décadas trabalhando em sua obra-prima, *Savitri: A Legend and a Symbol* [*Savitri: Uma Lenda e um Símbolo*], poema épico em doze livros, totalizando aproximadamente 24.000 linhas de versos brancos (cerca de duas vezes maior em quantidade de texto que o *Paraíso Perdido* de Milton).[30] *Savitri* se baseia numa história lendária, encontrada no *Mahābhārata*, a respeito de uma princesa indiana cuja grande devoção fez com que o Deus da Morte devolvesse a vida do seu marido morto, Satyavan. Ela estava ligada com a Deusa Sol (também chamada Savitri), que concedera a bênção de uma filha ao Rei Aswapathy, que não tinha filhos, em resposta à sua austeridade religiosa. Depois que Savitri se casou, sua vida com o marido foi feliz, mas cheia de pressentimentos sobre a morte dele, que ocorreu um ano mais tarde. Quando Yama, o Senhor da Morte, veio para reclamar a alma do seu marido, sua coragem e sua devoção obrigaram Yama a libertá-lo. Sri Aurobindo via nessa lenda um símbolo do envolvimento divino no processo da evolução do mundo.[31]

Há momentos críticos na evolução em que o abismo oceânico do Inconsciente ameaça se erguer e engolir a alma em evolução. Apenas uma intervenção direta de cima pode derrotar as forças opressivas em ação nas profundezas.[32] Essas forças são simbolizadas no épico de Sri Aurobindo pela figura ameaçadora da Morte. Em *Savitri*, o problema da vida tem um alcance muito maior do que foi cogitado nos poemas que já discutimos. A urgência da situação é indicada nos Cantos da abertura, que mostram Savitri meditando na floresta, ao nascer do dia fatal em que Satyavan morreria. Enquanto a escuridão que precede a aurora, cheia com uma mistura de pavor e promessa, se converte lentamente na luz habitual do dia, nós a encontramos se preparando para a provação que estava para vir. Ela revê a sua vida sobre a Terra levando-a até esse dia, e encontra dentro de si a força espiritual que será necessária para o seu confronto com a Morte, pois esse confronto não será um desafio meramente humano de nossa inevitável mortalidade, mas uma luta entre duas forças cósmicas que sustentam o destino evolutivo do mundo em equilíbrio. Savitri é uma emissária da Mãe Divina que nasceu como ser humano para mudar as condições predominantes da vida sobre a Terra (Prancha XI). Ela veio para afirmar a supremacia do Espírito sobre a Matéria no curso da evolução da alma.

Uma guerreira flamejante vinda dos cimos eternos
Fortalecida para forçar a porta negada e fechada
Golpeada pela mudez absoluta do rosto da Morte
E rompendo os limites da consciência e do Tempo.[33]

De acordo com Sri Aurobindo, a meta imediata da evolução é a transformação do ser humano no ser supramental. Ele não procurou essa transformação para si mesmo, mas para a alma divina oculta em todos os seres humanos. Como vimos no Capítulo VII, a evolução pode ser concebida como um processo cósmico envolvendo a descida sucessiva de princípios superiores na matéria; isso leva ao aparecimento de novas formas de ser sobre a Terra. No caso da humanidade, que atingiu o nível da mente, o estágio seguinte será a emergência da Supermente. Uma vez que esta é um princípio transcendente, que antes disso não havia se manifestado no universo, seu aparecimento constituiria um dos principais acontecimentos na história. A vida sobre a Terra mudaria dramaticamente, sendo que até mesmo a eliminação da morte se tornaria possível. Uma transformação de tamanha magnitude se encontra muito além das capacidades humanas atuais, e requer uma intervenção divina no processo evolutivo normal. Uma tal intervenção, com seu enorme potencial para o futuro, deve ser a aspiração da vanguarda da raça.

No épico de Sri Aurobindo, o pai de Savitri, o Rei Aswapathy, representa essa vanguarda. Ele não está suplicando à Mãe Divina por um filho, mas para que ela apresse o lento avanço rumo à transformação. Sua aspiração concentrada o leva através de uma sucessão de mundos psíquicos, simbolizados por uma escadaria cósmica, onde, silenciosamente, ele observa os diferentes tipos de seres e de atividades que ocorrem em cada um deles.[34] Ele atravessa regiões do universo progressivamente mais sutis à procura do conhecimento secreto capaz de curar a divisão entre Espírito e Matéria. Essa viagem interior inclui uma breve visita a um antro de horror e ilusão que lembra o Inferno de Dante, mas o seu impulso abrangente e ascendente o leva a ingressar nas silenciosas alturas espirituais acima da mente. Tudo o que ele aprende é descrito em imagens que evocam impressões vívidas desses mundos. Somos levados a sentir essas impressões como estados interiores do nosso ser. A busca do Rei Aswapathy consiste em alcançar o topo da "Escada do Mundo" e entrar em comunhão direta com a Mãe Divina. Quando alcança essas alturas, ele é arrebatado pela doçura da aura que a circunda:

> Pois lá estava alguém, suprema, atrás de Deus.
> Um Poder Materno que, profundamente, meditava sobre o mundo;
> Uma Consciência revelou sua fronte maravilhosa
> Transcendendo tudo o que existe, e nada negando:
> Imperecível acima de nossas cabeças caídas
> Ele sentiu uma Força arrebatadora e inabalável.
> A verdade imperecível se manifestou, o Poder permanente
> De tudo o que aqui se faz e em seguida é destruído,
> A Mãe de todas as divindades e de todas as forças
> Que, mediadora, liga a terra ao Supremo.[35]

Ele se dirige a ela vindo deste mundo sofredor em busca de uma bênção para a humanidade, aparentemente condenado a um destino implacável e incompreensível:

Prancha XI. A Chegada de Savitri

Ele procurou por uma Força que ainda não estava na terra,
Pela ajuda de um Poder grande demais para a vontade humana,
Pela Luz de uma Verdade que é agora só um brilho na distância,
Por uma confirmação que viesse de sua alta Fonte onipotente.[36]

Inicialmente, ela parece relutante em interceder por nosso destino, ordenando a Aswapathy que retornasse à Terra e ajudasse a humanidade quando isso fosse possível, deixando, porém, o futuro nas mãos de Deus: "Todas as coisas mudarão na hora transfiguradora de Deus."[37] Depois de um momento de silêncio, ele recupera a voz do seu coração e faz um apelo apaixonado em favor da Terra, insistindo para que ela interviesse de imediato neste mundo perturbado e imperfeito. As longas passagens do seu apelo são expressas em ritmos magníficos, dotados de grande poder de iluminação:

Como devo contentar-me com os dias mortais
E com a embotada medida das coisas terrestres,
Eu que vi por trás da máscara cósmica
A glória e a beleza de vossa face?
É opressivo o destino ao qual acorrentaste vossos filhos!
Até quando deverão nossos espíritos batalhar contra a Noite
E suportar a derrota, e o brutal jugo da Morte,
Nós que somos os vasos de uma Força imortal
E os construtores da divindade da raça?[38]

Prosseguindo em seu apelo, Aswapathy relata uma de suas visões, na qual uma futura raça de Imortais desce à Terra num irreprimível influxo do Espírito:

Vi os flamejantes pioneiros do Onipotente
Sobre a orla celeste que se volta para a vida
Descendo em multidão pelas escadarias de âmbar, rumo ao nascimento;
Precursores de uma multidão divina
Ao deixarem os caminhos da estrela da manhã, eles ingressaram
No pequeno cômodo da vida mortal.

Eu os vi cruzando o crepúsculo de uma era,
As crianças que trazem em seus olhos de sol uma aurora de maravilhas,
Os grandes criadores com suas largas frontes tranquilas,
Os que rompem as barreiras maciças do mundo
E os que lutam com o destino nas arenas de sua vontade,
Os operários das minas dos deuses,
Os mensageiros do Incomunicável,
Os arquitetos da imortalidade.
Na decaída esfera humana eles ingressaram,
Faces que se vestem com a glória tranquila do Imortal,
Vozes que ainda comungam com os pensamentos de Deus,
Corpos que se enchem de beleza com a luz do Espírito,
Que conduzem a palavra mágica, o fogo místico,
Que trazem consigo a dionisíaca taça da alegria,
Olhos de um adivinho que se aproxima,
Lábios que cantam um desconhecido hino da alma,
Pés que ecoam nos corredores do Tempo.
Sumos sacerdotes da sabedoria, doçura, poder e felicidade,
Os que descobrem os caminhos ensolarados da beleza
E os nadadores das impetuosas torrentes risonhas do Amor
E os dançarinos que entraram pelas portas douradas do êxtase,
E cujos passos, algum dia, mudarão a terra sofredora
E justificarão a luz na face da Natureza.[39]

Aswapathy conclui com uma prece pedindo para que a deusa torne essa visão uma realidade sobre a Terra:

Ó Sabedoria-Esplendor, Mãe do universo,
Ó Criadora, Noiva artista do Eterno,
Não demore em nos estender vossa mão transmutadora
Que, em vão, insiste em forçar as grades douradas do Tempo,
Como se o Tempo não ousasse abrir seu coração a Deus.
Ó fonte radiante da delícia do mundo,
Liberta do mundo e inatingível nas alturas,

Ó Felicidade que, profundamente oculta, sempre habita nosso interior
Embora os homens te procurem fora deles e nunca te encontrem,
Mistério e musa de língua hierática,
Encarna a alva paixão de tua força,
Em missão envia à terra alguma forma viva de Ti.[40]

A resposta é imediata e decisiva:

Uma semente será plantada na tremenda hora da Morte,
Um ramo de céu transplantado em solo humano;
A Natureza saltará por cima do passo mortal que ela der;
O destino será mudado por uma vontade inabalável.[41]

Por isso, Savitri nasceu para lutar com a Morte nos campos do tempo.

O épico prossegue com os acontecimentos dramáticos da vida externa de Savitri e uma descrição de sua preparação interior sem precedente para a morte do seu marido. Na última parte da narrativa, Savitri confronta a sombria figura da Morte. Ela a segue obstinadamente ingressando em um crepúsculo sinistro até as profundezas cheias de trevas de sua morada, pedindo-lhe constantemente para que liberte a alma de Satyavan de suas garras. Ao longo do caminho, ela se opõe com inteligência a todos os apelos de Savitri. Nesse poema, a Morte não é apenas um símbolo de nossa mortalidade, mas um poder cósmico que representa a negação do ser e a antítese de todo esforço evolutivo. Há longos diálogos nos quais ele tenta solapar a decisão de Savitri de recuperar a alma do seu marido, pois Satyavan é a alma em evolução da humanidade, destinada a se tornar o ser supramental imortal sobre a Terra. A morte precisa ser derrotada no plano do debate metafísico profundo antes que a força divina em Savitri finalmente a supere.

A uma certa altura, a Morte, a esperta sofista do niilismo, adverte Savitri:

Ó alma enganada pelo esplendor de seus pensamentos,
Ó criatura terrestre com seu sonho de céu,
Obedece, em resignação e calma, à lei terrestre.[42]

Eis uma parte da resposta de Savitri:

Este universo guarda um antigo encantamento;
Seus objetos são taças esculpidas de Delícia do Mundo
Cujo vinho encantado é certa bebida que arrebata a alma profunda:
O Todo-Maravilhoso envolveu o céu em seus sonhos,
Ele fez do Espaço vazio e antigo sua casa de maravilhas;
Ele derramou seu espírito em sinais de Matéria:
Os fogos de sua grandeza queimam no grande sol,
Ele desliza pelo céu tremeluzindo na lua;
Ele é beleza entoando hinos nos campos do som;
Ele canta em celebração as estâncias das odes do Vento;
Ele é silêncio que à noite espreita as estrelas;
Ele desperta na aurora e cada ramo profere o seu chamado,
Jaz atônito na pedra e sonha na flor e na árvore.[43]

Ela prossegue:

Ó Morte, eu triunfei sobre ti dentro de mim;
Não estremeço mais com o assalto da aflição;
Uma poderosa quietude se assentou em minhas profundezas
Ocupou meu corpo e meus sentidos:
Ela acolhe a aflição do mundo e a transmuta em força,
Ela torna a alegria do mundo igual à alegria de Deus.
....
Minha vontade é maior do que tua lei, Ó Morte;
Meu amor é mais forte do que os grilhões do Destino:
Nosso amor é o celeste selo do Supremo.[44]

Perto do final de sua grande disputa, Savitri finalmente declara:

Por que lutas em vão comigo, Ó Morte,
Eu, uma mente liberta de todos os pensamentos crepusculares,
Para quem os segredos dos deuses são evidentes?

Pois agora eu sei finalmente, além de toda dúvida,
Que as grandes estrelas ardem com meu fogo incessante
E que a vida e a morte são feitas com o combustível desse fogo.[45]

A Morte a desafia a revelar seu poder pedindo a ela para que lhe mostre a face da "Mãe Poderosa". Só então ela lhe devolverá Satyavan. Mas esse pedido encerra a disputa: a negra forma da Morte é dissolvida na luz que irradia do corpo transfigurado de Savitri, e reconduzida ao Inconsciente de onde ela veio. Mesmo assim, restos desvanecidos do seu poder têm a permissão de se demorar um pouco, impedindo que a humanidade se torne complacente em demasia. Esses resíduos ainda são capazes de provocar devastações por meio daqueles que são suscetíveis à sua influência. No final, a própria Morte se revela como uma máscara do Divino. Savitri remove o principal obstáculo à evolução da alma, e ambos, ela e Satyavan, retornam em triunfo às suas vidas sobre a Terra. Eles são saudados, com espanto e maravilha, pelas multidões que se reúnem ao seu redor, pois todos se beneficiaram misteriosamente de sua disputa interior com a Morte. O épico conclui com a Noite nutrindo auspiciosamente em seu seio a promessa de uma aurora mais generosa.

Pouco antes de o poema terminar, um perplexo sábio-sacerdote pergunta a Savitri a respeito da vibrante aura de paz que ela irradia depois de sua luta decisiva com a Morte para resgatar a vida do seu marido morto. Ela lhe responde que basta sentir amor e unicidade com todos os seres:

Despertada para o significado do meu coração,
O qual diz que sentir amor e unicidade é viver
E essa magia de nossa áurea mudança
É toda a verdade que eu sei ou procuro, Ó sábio.[46]

Essas palavras revelam a essência da alma e o segredo do cosmos, pois elas expressam o deleite criativo que ingressou no mundo para se tornar um ser divino dentro dele. O amor a que Savitri se refere é esse deleite dirigido para uma forma percebida de divindade. Como tal, ele tem pouco a ver com os sentimentos pessoais transitórios geralmente associados com o amor, embora até mesmo estes possam exibir um resquício dele. O amor por outra alma pode se ampliar de modo a incluir todo o universo e ser finalmente transmutado no Amor Eterno que aninha cada ser em seu estreito abraço.[47] Savitri, que realizou plenamente a divindade dentro de si, está falando do amor em todos esses sentidos. Eles correspondem aos três modos de consciência distinguidos no Capítulo I. Em nossa leitura do épico, sua mensagem é: *o Amor já venceu a Morte*, e a promessa dessa tremenda vitória interior, que preparou o caminho para a alma em evolução, está destinada a obter uma realização concreta sobre a Terra.

EPÍLOGO

Escalando uma montanha
Céu acima e terra abaixo
As nuvens brilhantes dançando.

Prancha XII. Ascensão Rumo à Verdade

Observações Finais

Uma questão pode se demorar na mente de alguns leitores, uma vez que se afirmou antes que o universo se parece mais com um grande poema do que com um computador. Passamos em revista quatro poemas, cada um deles expressando uma visão cósmica diferente dos outros. Como todos eles podem ser verdadeiros? A chave para se resolver esse dilema está em minha sugestão, no Prólogo, de que os vários tipos de cosmologia não estão todos eles sujeitos a iguais condições. Uma observação semelhante pode ser feita com relação aos poemas que acabamos de examinar: eles são todos verdadeiros até certo ponto, mas seus âmbitos variam amplamente. Poemas que atribuem à consciência uma realidade eterna subjacente ao universo são superiores àqueles que não o fazem, pois sugerem uma oportunidade para transcender nossa mortalidade. Além disso, se a alma tem estatura cósmica, é mais provável que o poema que torna isso mais claro seja o mais verdadeiro.

A medida da verdade de um poema cósmico reside em sua capacidade para nos elevar a níveis superiores de percepção, liberdade e deleite. Mais do que uma mera propriedade lógica de certos enunciados, a Verdade é um poder espiritual que aprofunda e transforma a nossa visão de nós mesmos e do universo. *Savitri* de Sri Aurobindo oferece a visão de mais longo alcance de que nós dispomos, pois relaciona o destino da alma com a mais completa das concepções de um cosmos evolutivo. Os outros poemas ignoram o potencial da alma para uma evolução posterior. Até mesmo o *Bhagavad-Gītā*, que introduz a possibilidade de uma consciência superior capaz de ser atingida pelo homem na Terra, se recusa a oferecer uma imagem completa do progresso contínuo da alma. A evolução tem caráter inevitavelmente histórico e o mero fato de se pensar sobre ela não pode nos oferecer qualquer certeza a respeito do futuro: a evolução é mais profunda do que a capacidade da mente para conhecê-la ou para medi-la.

Embora a especulação filosófica desempenhe um papel importante na cosmologia, ela não tem importância decisiva por causa de sua natureza essencialmente intelectual. Ela não consegue evitar inteiramente a acusação de ser um exercício de futilidade, independentemente da firmeza com que esteja arraigada na lógica ou na experiência. Portanto, nós confiamos, sempre que possível, no poder do *sentimento*. Esse fato não é tão subjetivo quanto possa parecer, pois quando nossos sentimentos mais profundos estão livres da interferência de influências vindas da natureza inferior, eles se tornam um meio valioso para se penetrar no mistério cósmico. O que poderia parecer uma fantasia desprovida de base para a mente lógica pode então ser compreendido com fato indubitável. A literatura especializada está cheia de referências à intuição, à experiência espiritual, à união com Deus, e assim por diante, mas o sentimento é um contato simples e direto com a realidade conhecida pelos místicos de todo o mundo.

Muitos filósofos acreditam que apelos à intuição não têm valor como reivindicações de conhecimento. Mas eles poderiam estar reagindo de maneira excessivamente emocional às excessivas reivindicações feitas em nome da intuição. Na verdade, algum tipo de intuição está envolvido na procura do conhecimento. Por exemplo, percepções criativas profundas e aguçadas têm levado a grandes descobertas nas artes e nas ciências. Não obstante, o conhecimento mental está sujeito a uma incerteza que não pode ser completamente eliminada. Há sempre pressuposições espreitando por trás das pretensões da mente ao conhecimento. Essas pressuposições nunca são comprovadas porque já estão supostas em toda necessidade de prova. Se a intuição é apenas um meio para esse tipo de conhecimento, ela estará exposta à mesma incerteza. Nesse caso, há pouca esperança de uma solução final para o problema do conhecimento, ou, na verdade, para qualquer problema humano. Uma saída para esse impasse procura um poder de conhecimento que reside acima da mente, qualquer que seja o nome que possamos escolher para nomeá-lo.

A mente é, inerentemente, uma mistura confusa de verdade e falsidade. Com seus poderes de percepção sensorial, razão e intuição, a mente é apenas uma forma de consciência limitada. A consciência é autorreveladora e divina; com certeza, ela tem modos de conhecimento e de experiência que estão além da competência da mente. O pensamento racional não pode atingir modos de consciência superiores. O mito e a visão imaginativa podem ajudar, mas dependem de um grau incomum de abertura. Até mesmo o que é revelado é insuficiente, pois há uma forte tendência para o enfraquecimento da inspiração original, que atua até que ela fique reduzida ao confuso nível mental. Somente grandes místicos e yogues são capazes de se elevar acima dessa tendência. A fim de progredir ainda mais, o que é revelado precisa descer e, gradualmente, transformar nossa natureza mental limitada num maior poder de conhecimento e de verdade. Mas isso necessita de uma aspiração sustentada, que deixa para trás as opiniões e preconceitos de filósofos e teólogos. Isso é necessário porque suas afirmações, já de início, são mentalizadas, partilhando, até um certo ponto, da ignorância geral da mente.

O sentimento desempenha um importante papel na transição para um novo modo de conhecimento. Fizemos frequentes referências ao poder do sentimento ao longo de todo este livro, a começar com a menção de Sri Aurobindo ao oceano de Felicidade do qual o mundo surgiu. Seguindo-se a isso, apresentamos uma discussão a respeito da consciência cósmica, por meio da qual nos tornamos cientes da unidade do cosmos e aprendemos a amá-lo como ao nosso próprio eu. A consciência cósmica, em vez de ser uma curiosidade intelectual, foi identificada como a motivação mais eficaz para o estudo da cosmologia. Por seu intermédio, um indivíduo sente-se em unidade com a infinita extensão do ser: então se desenvolve um sentido de harmonia com todo o cosmos. Além desse modo de consciência está o Divino transcendente, que a mente pensante acha impossível apreender: essa transcendência é a fonte suprema de tudo o que conhecemos e amamos aqui.

Muitas alusões à Mãe Divina enfatizavam sua função como a força dinâmica que há por trás da manifestação, promovendo todos os nossos esforços rumo ao crescimento espiritual. A chave para se reconhecer sua presença reside na capacidade da alma para o amor. Pois o amor é o elo entre a alma e o universo – isto é, o amor da alma pelo Divino em suas numerosas manifestações. Um amor dessa natureza desempenha um papel fundamental na transição para um novo modo de ser: ele é a força que impulsiona a evolução humana, revelando aspectos do universo que são inacessíveis à mente. Com relação a isso, a poesia cósmica foi reconhecida como um meio indispensável para expressar verdades espirituais. Todos os temas acima estão relacionados com o sentimento. Eles apontam para verdades interiores que têm precedência sobre as intrusões de julgamento pela mente. Como tais, elas estão entre essas "coisas mais preciosas" às quais a Mãe se refere, e que não podem ser vistas com os olhos físicos (Prancha I).[1]

No âmago das coisas está a alma, a pérola esquiva que ultrapassa qualquer preço, sem a qual a existência do universo parece sem sentido. Ela é um pássaro dourado que canta na noite para anunciar o advento da aurora. A alma sabe que o universo é um todo uno indivisível no qual tudo participa do deleite divino. No final, essa compreensão prevalecerá. Compreensões como essas não podem ser forçadas, mas crescem tranquilamente como flores que emergem do solo no desabrochar do tempo. Elas clamam por uma aguçada aspiração de nossa parte, baseadas no firme fundamento da paz interior. Desse modo, temos de exercitar grande paciência e prudência na busca do conhecimento cosmológico, pois, com certeza, há muitas surpresas que ainda nos esperam à medida que trilhamos o caminho da presença emergente da alma na nossa vida.

Qualquer que seja a visão que se adote a respeito dos poemas que acabamos de discutir, há uma consideração importante que merece a nossa atenção. Três desses poemas se referem a um poder espiritual que atua no universo de uma maneira positiva. No *Bhagavad-Gītā*, a Pessoa Suprema se encarna como Krishna para conduzir o homem rumo a uma nova consciência. Dante, em *A Divina Comédia*, focaliza na Graça Divina que irradia da Virgem Maria como o poder que atrai o homem para Deus. Para Sri Aurobindo, a própria Savitri, representando a Mãe Divina sobre a Terra, derrota o negro Adversário que se opõe à evolução da alma. Apenas o poema de Lucrécio carece de qualquer referência a um poder da Graça em ação no mundo. Mesmo que ele tenha invocado a deusa Vênus como um princípio criativo, ela era apenas uma metáfora para descrever a fertilidade das interações atômicas que são contrabalançadas pela decadência inevitável simbolizada por Marte. Seus deuses não exercem influência no curso dos acontecimentos e não se preocupam com o destino do homem. Somos abandonados aos nossos próprios artifícios em um mundo que nos condena à extinção final. A cosmologia de Lucrécio pode ter algum atrativo como uma visão direta, destituída de sentimento, da condição humana: ela está, não obstante, presa a uma concepção muito limitada a respeito da natureza do universo.

A visão mais ampla defendida nos outros poemas põe em jogo o poder da Graça Divina em um universo que tem significação muito maior. Nos poemas que temos diante de nós, a Graça não é apenas um poder de salvação que compensa a fragilidade humana, mas uma força cósmica que eleva os indivíduos em suas aspirações a alturas espirituais que eles não conseguiriam atingir por conta própria. Há pouco espaço para a sentimentalidade na visão de Dante de um cosmos repleto de perigos insuspeitados a cada volta, e nada poderia ser mais realista do que a convocação de Arjuna por Krishna para que ele participasse da batalha iminente que assoma diante dele. De maneira semelhante, o perigoso curso da evolução da alma na Natureza imaginado por Sri Aurobindo não é para covardes. Entretanto, sua culminação pressupõe um universo no qual um poder superior está em ação. Pois quem mais a não ser uma encarnação da Mãe Divina poderia desafiar com sucesso a dominação da Morte sobre o mundo a fim de desobstruir, para uma humanidade em evolução, o caminho que leva ao futuro?[2]

Isso, mais uma vez, nos leva de volta ao Prólogo, no qual sugerimos que a cosmologia poderia nos ajudar a recuperar o deleite divino oculto no universo. Mas não se deveria confundir esse deleite com os prazeres dos sentidos, ou mesmo com a vida contemplativa, que muitos filósofos consideram como o bem mais elevado do homem. O deleite a que nos referimos é a essência da existência cósmica. Ele está sempre presente no universo, sustentando a infinita procissão das formas, embora raramente seja vivenciado por nós em nossa consciência externa. O Divino que está em cima também está embaixo, assim como a alma que aspira por uma maior perfeição no universo, que é, ele também, uma manifestação divina. Toda a existência é um todo uno e indivisível, onde tudo partilha do deleite divino. Como se expressa Sri Aurobindo:

> E qual é o fim de toda a matéria? Como se o mel pudesse saborear a si mesmo e a todas as suas gotas juntas, e como se todas as suas gotas pudessem saborear umas às outras, e cada uma a todo o favo de mel como ela mesma, assim deverá ser o fim, com Deus e a alma do homem e o universo.[3]

A graça da Mãe não se destina a nos ajudar a obter sucesso mundano ou a prometer a seus fiéis uma gloriosa recompensa no céu.[4] Depois da morte, pode haver uma liberação temporária dos fardos da vida, mas o foco fundamental da graça da Mãe é impulsionar a alma para a frente na tarefa ainda incompleta de fazê-la evoluir para a perfeição neste mundo. Nenhum poder humano ou instituição humana pode garantir o sucesso de nossos esforços nessa direção, pois há obstáculos tremendos que devem ser superados. Mas se a vida na Terra é concebida como um progresso em direção a uma luz e a uma verdade maiores, nós estaremos bem no caminho para um futuro melhor. A realização de uma vida divina seria o mais elevado objetivo a se procurar em um universo em evolução. Uma maneira de facilitar isso consiste em reconhecer o cosmos como um poema sublime no qual o poder da graça nos atrai para além de nossas atuais imperfeições "demasiadamente humanas". O universo *como um todo*, com todas as suas quatro faces, é o maior de todos os poemas, pois ele incorpora o Deleite do qual todas as coisas emergem e novos seres continuam a aparecer. O Deleite se manifesta como beleza no objeto (universo) e amor no contemplador (alma). Quando o amor une a alma com o universo, nós podemos experimentar esse deleite cósmico. *A alma então reconhece todo o universo como seu próprio Eu*. Nesse sentido, podemos concordar com o poeta inglês John Keats, que escreveu:

> "Beleza é verdade, verdade beleza" – isso é tudo
> O que se sabe na terra, tudo o que é preciso saber.[5]

Há distâncias ainda mais longínquas que o conhecimento deve atingir, pois a Supermente ainda precisa manifestar o seu esplendor. Acima dela existem alturas ainda não reveladas de puro Deleite, Consciência-Força e Existência, que Sri Aurobindo mal sugere o que são. Elas também deverão finalmente desempenhar um papel na evolução e na efusão da graça da Mãe. Embora essa graça esteja disponível a todos, sua eficácia está ajustada à medida de quão abertos estamos para recebê-la. A abertura à graça é uma maneira de nos entregarmos ao Divino, mas a entrega precisa ser distinguida da mera resignação. A verdadeira entrega é um alerta e uma participação receptiva na Vontade Divina, ao passo que a resignação é submissão passiva a forças que obstruem nossa evolução.[6] Enquanto isso, nos impelimos para a frente à procura da alma secreta, que um dia revelará plenamente sua divindade radiante sobre a Terra. Nas palavras incomparáveis de Sri Aurobindo:

> Algumas pessoas verão o que ninguém ainda entende;
> Deus crescerá enquanto os sábios falam e dormem;
> Pois o homem não saberá de sua vinda até que chegue sua hora
> E só acreditará depois que o trabalho estiver feito.[7]

A liberdade espiritual está relacionada com o âmbito da visão que uma pessoa tem do universo como um todo. Desafios confrontam qualquer tentativa séria de se obter uma visão plenamente integrada. Mas isso não é surpreendente diante de um universo tão profundo e complexo – e, em última análise, inspirador – como aquele em que vivemos.

Notas

PRÓLOGO

1. Sri Aurobindo, *The Secret of the Veda*, incluído em *Sri Aurobindo Birth Centenary Library* (Pondicherry, 1973), Vol. 10, p. 102. Todas as citações subsequentes extraídas das obras de Sri Aurobindo serão referenciadas a essa edição por meio da sigla SABCL.
2. A palavra sânscrita *ānanda* pode ser traduzida tanto por felicidade como por deleite, sendo que "felicidade" significa um estado mais passivo e "deleite" um mais dinâmico. Sri Aurobindo a utiliza em ambos os sentidos, mas normalmente ele coloca ênfase em deleite. *Ānanda*, em seu sentido puro, tem uma qualidade metafísica que não deve ser confundida com o sentimento subjetivo comum.
3. No *Rig-Veda*, o conhecimento iluminado é simbolizado pelas vacas dos arianos. As vacas foram roubadas pelos *Panis* (poderes da ignorância) e escondidas na caverna escura do ser físico subconsciente. A tarefa dos *rishis* (videntes védicos) era a de recuperar o conhecimento e o deleite representado pelas vacas.
4. Veja o sugestivo verso no décimo livro do *Rig-Veda*: "Com três quartos, Purusha [o Homem Cósmico] se levantou: um quarto dele estava novamente aqui", *Rig-Veda* 10. 90. 4 (tradução de Griffith). Há também quatros estados de Brahma mencionados no Upanishad Mandukya. Note, além disso, os quatro mundos da *cabala*, onde o mundo físico (*Asiyyah*) é o último de uma série de emanações do Infinito (*Ain Soph*). De maneira semelhante, as quatro faces angélicas que aparecem na "Visão do Carro" de Ezequiel têm uma significação cosmológica relacionada com os signos fixos do zodíaco.
5. "Psíquico" se refere normalmente ao que reside além do mundo físico e suas leis. Mas também existe de uma forma individualizada, que Sri Aurobindo chama de "ser psíquico" (ou alma espiritual). Ele utiliza esse termo para distingui-lo da mente e das emoções vitais. A alma *sente*, mas não se "emociona". Uma vez que a palavra "psíquico" tem outros significados, a palavra "oculto" – que simplesmente significa "escondido" – pode ter sido utilizada quando se referia à face psíquica do universo. Infelizmente, isso adquiriu conotações sinistras que é melhor evitar num contexto cosmológico.

6. Neste livro, o universo com suas quatro faces é considerado como o universo *enquanto totalidade*.
7. Isso é feito, por exemplo, por Fritjof Capra em *The Tao of Physics: An Exploration of the Parallels between Modern Physics and Eastern Mysticism* (Berkeley, 1975). [*O Tao da Física: Um Paralelo entre a Física Moderna e o Misticismo Oriental*, publicado pela Editora Cultrix, São Paulo, 1985.]
8. Compare com o contemporâneo de Leibniz, Espinosa, que evitou sobrepor categorias ao distinguir entre os diferentes atributos de uma única substância, que ele chamava de Deus ou Natureza. Mas isso era uma solução puramente formal para um problema mais complexo.
9. Muitos cientistas discordariam, alegando que o motivo fundamental que impulsiona a ciência é a curiosidade intelectual. Isso é verdade, como se pode constatar por toda parte na pesquisa científica, mas a visão que consideramos aqui é a de que até mesmo a satisfação completa da curiosidade, se ela fosse atingida, não seria suficiente para estabelecer um relacionamento autêntico com o universo.
10. Wordsworth, William, "Lines Composed a Few Miles above Tintern Abbey", *Wordsworth*, poemas escolhidos, com introdução e notas de David Ferry (Nova York, 1959), pp. 35-6.
11. *Ibid.*, p. 36. Sri Aurobindo chamou Wordsworth e seus colegas românticos de "Poetas da Aurora" porque ele percebeu que um novo impulso espiritual começava a emergir na poesia deles.

CAPÍTULO I. A CONSCIÊNCIA E O UNIVERSO

1. Compare isso com a imagem védica dos dois pássaros na mesma árvore: um deles esvoaça de um lado para o outro sob os ramos enquanto o outro se aninha tranquilamente na parte de cima, desfrutando da paisagem.
2. O filósofo alemão Schopenhauer afirmou que "o mundo é minha representação" (ideia), e concluiu que sem o ego o mundo não é nada. Ao contrário, a abordagem da cosmologia que oferecemos aqui supõe que cada pessoa é uma representação (microcosmo) de um mundo que existe independentemente do ego. A realidade desse mundo é conhecida pela alma.
3. O ponto essencial é expresso de forma sucinta pelo mestre zen Sokei-an em um ensaio intitulado "Onde Moram os Bodhisattvas". Ele sustenta que as pessoas comuns vivem em seus próprios mundos pessoais, mas os bodhisattvas habitam um mundo que tem uma natureza própria independente. Isso pode ser ilustrado por um exemplo tirado da vida cotidiana: quando um criminoso vê um policial, ele fica assustado, enquanto um cidadão que obedece à lei sabe que não há nada a temer. Veja Sokei-An, *Cat's Yawn*

(Nova York, 1947), p. 45. A vida de Sokei-an é descrita, na sua maior parte com suas próprias palavras, em *Holding the Lotus to the Rock*, organizado por Michael Hotz (Nova York, 2002).

4. No Egito antigo, a constelação de Órion estava associada com Osíris, o deus da morte e da ressurreição, mas eu não estava ciente disso nessa época.
5. O professor era Milton K. Munitz. Ele foi um professor excelente e chegou a escrever vários livros e artigos sobre cosmologia.
6. *The Rubaiyat of Omar Khayyam*, XXVII, traduzido por Edward Fitzgerald (muitas edições). Embora essa passagem seja geralmente interpretada de maneira negativa, como uma referência à vaidade das discussões intelectuais sobre o universo, Paramhansa Yogananda afirma que ela é, na verdade, um profundo tributo aos mestres de Omar, que lhe ensinaram a perceber a verdade espiritual superior. Omar era sufi, e a interpretação de Yogananda esclarece muitas imagens e alusões poéticas que permanecem opacas na tradução hedonista que Fitzgerald fez do poema. Para detalhes adicionais, veja Yogananda, Paramhansa, *The Rubaiyat of Omar Khayyam Explained*, pp. 119-21.
7. Os filósofos têm elaborado vários compromissos com o materialismo simples, tais como o naturalismo e o epifenomenalismo, mas a matéria física e a energia permanecem como as realidades básicas.
8. A qualidade triuna do ser divino é captada na grande fórmula vedanta Sat-Chit-Ananda, Existência-Consciência-Felicidade. Esses três constituem uma unidade essencial (Saccidānanda), pois a Existência é Consciência infinita e a Consciência infinita é Felicidade pura (pois nada existe fora dela que possa perturbá-la). Para Sri Aurobindo, essa fórmula aponta para além da distinção filosófica entre Nirguna Brahman (Deus Impessoal sem atributos) e Saguna Brahman (Deus Pessoal com atributos), em direção a uma realidade total mais inclusiva. Como veremos mais tarde, a Consciência também é uma força, ou a energia criativa que produz o universo.
9. Para aqueles que estão familiarizados com a filosofia indiana, esse fato será reconhecido como a posição do Advaita Vedanta. Certas escolas de budismo sustentam visões semelhantes.
10. Alguns físicos quânticos afirmam que a consciência é ativa em processos subatômicos. Porém, mesmo que isso seja verdade, sua extensão operacional e seu nível de envolvimento ainda precisam ser esclarecidos.
11. Nesse contexto, a Consciência não deve ser confundida com a "mente", que é uma forma limitada da Consciência. A manifestação da mente no cérebro é a mente *física*. Esse é o único aspecto da mente estudado pelos neurocientistas, que ignoram sua natureza mais profunda.
12. A visão adotada aqui é de importância crucial para o que se segue. Há somente algumas preocupações desse tipo que são significativas para a cosmologia. Por exemplo, nossa resposta à pergunta: "Qual é a natureza da realidade suprema?" é a *Consciência*. Então,

se alguém perguntar: "O universo é real?", a resposta é que ele existe, mas que não tem nenhuma realidade inerente, por si só, fora da Consciência. E a resposta para a pergunta: "Nós temos alguma liberdade verdadeira?" será sim, mas apenas a alma é realmente livre. Essas respostas, e outras como elas, baseiam-se numa visão abrangente do mundo. Naturalmente, visões podem ser criticadas, mas não da mesma maneira que se faz com as explicações causais. Tentar mostrar que uma visão é falsa erra o alvo, que seria o de reconhecê-la no âmbito de uma visão mais ampla e mais inclusiva. Em geral, visões abrangentes têm alguma verdade, independentemente de quão parciais elas possam ser.

13. Sri Aurobindo, *The Synthesis of Yoga*, SABCL, Vol. 20, p. 247.
14. Sri Aurobindo, *Letters on Yoga*, SABCL, Vol. 22, p. 315.
15. Veja Richard M. Bucke, *Cosmic Consciousness: A Study in the Evolution of the Human Mind* (Nova York, 1959). Esse livro esteve em constante circulação por mais de um século.
16. *Ibid.*, p. 10.
17. Walt Whitman, *Leaves of Grass* (Nova York, 1983), "Passage to India", p. 331.
18. *Ibid.*, pp. 334-35.
19. *Ibid.*, "On the Beach at Night Alone", p. 211.
20. Bucke, *Cosmic Consciousness*, p. 5.
21. *Ibid.*, p. 384.
22. Esse é um termo especial utilizado por Sri Aurobindo para designar a alma. Há uma diferença entre a alma vital (ou emocional), que é comumente sentida como "alma", e uma manifestação pura da Consciência como *ser psíquico*.
23. Também é possível que um ser psíquico plenamente desenvolvido venha a ser unido com o Jivātman, que é o ser central de cada pessoa. Nós ignoramos as distinções psicológicas sutis feitas por Sri Aurobindo entre alma, psique, entidade psíquica e ser psíquico, pois elas não são essenciais para a presente discussão. Quando a alma é mencionada neste livro, ela se refere ao *ser psíquico*, ou personalidade verdadeira, e não à alma vital.
24. Compare a bajulação de Fausto na presença do Espírito da Terra, em *Goethe's Faust*, com o original alemão e uma nova tradução e introdução por Walter Kaufmann (Garden City, 1961), pp. 101-03.
25. Sri Aurobindo, *Letters on Yoga*, SABCL (vol. 22), pp. 316-17.
26. Veja, em especial, a seção "Evolução Espiritual", no Capítulo VII.
27. O notável historiador de ciência francês Alexandre Koyré utilizou essa ideia no título de um influente livro que escreveu sobre a Revolução Científica. Veja A. Koyré, *From the Closed World to the Infinite Universe* (Nova York, 1958). Bruno é discutido no Capítulo II.
28. Dorothea Waley Singer, *Giordano Bruno: His Life and Thought, with an Annotated Translation of His Work On the Infinite Universe and Worlds* (Nova York, 1950), pp. 248-49.

29. Há outras influências sobre o pensamento de Bruno, que abordaremos no Capítulo VI, a respeito da "Cosmologia Tradicional". A historiadora Frances Yates acreditava que os inquisidores da Igreja estavam mais preocupados a respeito da associação de Bruno com a magia da Renascença do que com suas visões cosmológicas.
30. Bruno foi morto em Roma, em 1600 d.C., ano que foi considerado pelo filósofo inglês Alfred North Whitehead como o marco que inaugurou uma nova imagem científica do universo. Veja o seu livro *Science and the Modern World* (Nova York, 1969), p. 1. Não obstante, a cosmologia de Bruno vai muito além da ciência.
31. Há várias biografias de Bruno disponíveis em inglês. Embora seja um tanto desatualizado, o livro de J. Lewis McIntyre, *Giordano Bruno: Mystic Martyr* (Aberdeen, 1903) oferece uma visão geral de sua vida e sua filosofia. Para um estudo cuidadoso da cosmologia filosófica de Bruno, veja Paul-Henri Michel, *The Cosmology of Giordano Bruno* (Ithaca, 1962). Os diálogos populares de Bruno em italiano foram traduzidos para o inglês. Eles foram vertidos no idioma da Inglaterra de Sydney e Shakespeare, e podem ter influenciado esses grandes poetas elisabetanos. Uma vívida defesa de Bruno como cosmólogo apareceu recentemente em Ramon G. Mendoza, *The Acentric Labyrinth: Giordano Bruno's Prelude to Contemporary Cosmology* (Rockport, MA, 1995). Há muita coisa a ser elogiada nesse estudo, que apresenta uma percepção aguçada da visão de Bruno do universo.
32. Na cosmologia mítica, o universo psíquico abrange o universo físico, que se supõe ser dependente dele (veja o Capítulo III).
33. "Mecanicismo" deriva do grego *mēchanē* (uma máquina). As interpretações do mecanicismo variam com o progresso da ciência. No século XIX, ele se referia à doutrina segundo a qual o universo, como qualquer máquina, poderia ser explicado inteiramente pelas leis da mecânica. Hoje, ele implica o fato de que o universo é governado pelas leis da física como elas são atualmente entendidas.

CAPÍTULO II. A COSMOLOGIA MÍTICA

1. Veja, por exemplo, os livros do arqueoastrônomo Anthony Aveni, em especial *Ancient Astronomers* (Washington, 1993) e *Stairways to the Stars: Skywatching in Three Great Ancient Cultures* (Nova York, 1997).
2. As águas brilhantes e negras foram, presumivelmente, o resultado de uma diferenciação que ocorreu no oceano primordial.
3. Muitos estudiosos admiram a astronomia aritmética babilônica, mas os astrônomos também eram sacerdotes, que estavam presumivelmente comprometidos com seu grande mito da criação, o *Enuma Elish.* Coube aos gregos, mais filosóficos, introduzir modelos geométricos na cosmologia.

4. Giorgio de Santillana e Hertha von Dechend. *Hamlet's Mill: An Essay Investigating the Origins of Human Knowledge and its Transmission through Myth* (Boston, 1977). Em seu livro, os autores propuseram um modelo cosmológico semelhante ao que era ensinado por algumas escolas de magia no mundo antigo. Mas, aparentemente, eles não estavam cientes desses paralelismos esotéricos.
5. O significado literal da palavra *universo* é "voltado para o um".
6. Os leitores que gostariam de obter mais detalhes sobre essa interpretação podem consultar a seção "Intermezzo: A Guide for the Perplexed", em *Hamlet's Mill*, pp. 56-75.
7. Esse é um ponto muito importante. Vale a pena ter em mente a distinção feita por Carl Jung entre um símbolo e um signo. Um *signo* designa alguma coisa que pode ser conhecida de modo direto, convencional, mas um *símbolo* (especialmente um símbolo mítico) incorpora um poder psíquico que opera de maneira secreta, conhecida apenas por meio dos seus efeitos. Veja Carl G. Jung (org.), *Man and his Symbols* (Nova York, 1976), pp. 3-4.
8. Alguns mitólogos distinguem entre *mitos* (narrativas sagradas) e *contos folclóricos* (histórias seculares). A principal diferença está no fato de que os mitos autênticos incluem uma verdade simbólica, enquanto os contos folclóricos são puramente fictícios. Para distinções úteis entre mitos, contos folclóricos e lendas, veja Alan Dundes (org.), *Sacred Narrative: Readings in the Theory of Myth* (Berkeley, 1984), pp. 1, 5, *et passim*.
9. Esse uso não deve ser confundido com o "ser psíquico", expressão utilizada por Sri Aurobindo para se referir a um aspecto do espírito divino que está em evolução no mundo.
10. Esse foi o título dado a um documentário de televisão a respeito dele, posteriormente publicado com o mesmo título. Há uma biografia recente de Campbell, escrita por Stephen e Robin Larsen, *A Fire in the Mind: The Life of Joseph Campbell* (Nova York, 1991).
11. Joseph Campbell, *Myths to Live By* (Nova York, 1972), p. 13.
12. Robert A. Segal faz uma crítica acadêmica da visão de Campbell do mito em "Joseph Campbell's Theory of Myth", Dundes, *Sacred Narrative*, pp. 256-69. Veja também o levantamento mais extenso de Segal sobre a obra de Campbell, *Joseph Campbell: An Introduction* (Nova York, 1990).
13. Para uma apreciação da posição de Jung, feita com clareza, veja C. G. Jung, "The Psychology of the Child Archetype", em Dundes, *Sacred Narrative*, especialmente pp. 249-50.
14. Bronislaw Malinowski, *Magic, Science and Religion and Other Essays* (Garden City, 1959).
15. Mircea Eliade, *Cosmos and History: The Myth of the Eternal Return* (Nova York, 1959).
16. Sri Aurobindo, *The Secret of the Veda*, SABCL, Vol. 10.
17. *The Secret of the Veda*, SABCL, Vol. 10, p. 4.

18. Para uma revisão recente das evidências desse fato, veja Georg Feuerstein, Subhash Kak e David Frawley, *In Search of the Cradle of Civilization: New Light on Ancient India* (Wheaton, 1995).
19. *The Secret of the Veda*, SABCL, Vol. 10, pp. 5-6.
20. *Ibid.*, p. 6.
21. *Ibid.*
22. *Ibid.*, pp. 225, 235.
23. *Ibid.*, p. 37. Sugestões sobre a consciência cósmica são abundantes no *Rig-Veda*. Isso é especialmente evidente nas referências ao deus Varuna (um nome relacionado com o grego *Uranus* (Urano)), que está estreitamente associado com o *Rita*. Varuna representa a imensidão oceânica da Consciência Divina que permeia o cosmos. Simbolicamente, ele está correlacionado com o espaço etérico e com os céus estrelados. Sua vastidão que tudo abrange e sua pureza sustentam o universo e o protegem graças à preservação de *Rita*.
24. Uma ideia semelhante se encontra no Egito antigo, onde a deusa Maat representa a ordenação correta do universo. Ela utilizava uma pena em sua cabeça, simbolizando a Verdade e a Justiça. No *Livro dos Mortos*, o coração de um morto é pesado colocando-se essa pena no outro prato da balança. Se seus pecados fossem mais pesados do que a pena, ele seria julgado em conformidade com isso.
25. Como amostra dessa literatura, podemos destacar dois livros de David Kinsley: *Hindu Goddesses: Visions of the Divine Feminine in the Hindu Religious Tradition* (Berkeley, 1988) e *The Goddess' Mirror: Visions of the Divine from East to West* (Nova York, 1989). Uma coleção acessível de ensaios se encontra em Carl Olson (org.), *The Book of the Goddess Past and Present: An Introduction to Her Religion* (Nova York, 1990).
26. J. J. Bachofen, *Myth, Religion, and Mother Right: Selected Writings of J. J. Bachofen* (Princeton, 1973).
27. Marija Gimbutas, *The Goddesses and Gods of Old Europe: Myths and Cult Images* (Berkeley, 1982). Veja também seu estudo mais abrangente, *The Language of the Goddess* (San Francisco, 1991).
28. No entanto, como veremos no próximo capítulo, as "Estâncias de Dzyan" sugerem que a situação não é totalmente desprovida de esperança.
29. Gênesis 1:1-8 (Versão Padrão Revisada).
30. Por exemplo, em *The Mystical Theology*, Dionísio o Areopagita escreve: "A Escuridão Divina nada é além daquela luz inacessível onde se diz que o Senhor habita." Citado por Evelyn Underhill em *Mysticism: A Study in the Nature and Development of Man's Spiritual Consciousness* (Nova York, 1955), p. 347.
31. Quando se faz referência ao homem como a "imagem de Deus", isso parece indicar que o Deus Bíblico é *andrógino*. Se não fosse assim, metade da raça humana estaria excluída da imagem divina.

32. Daniel C. Matt, *The Essential Kabbalah: The Heart of Jewish Mysticism* (San Francisco, 1996), p. 94.
33. Para um exame mais detalhado da doutrina da criação na Cabala de Luria, veja Gershom Scholem, *Kabbalah* (Nova York, 1978), pp. 128-44.
34. *Chhandogya Upanishad*, em Swami Nikhilananda, *The Upanishads*, Volume Quatro (Nova York, 1959), pp. 218-19.
35. O significado de "caos" no mito não deve ser confundido com a teoria científica do caos, na qual o comportamento caótico de um sistema físico decorre das leis da física. O caos ocorre quando minúsculas diferenças nas condições iniciais de um processo crescem tanto que os resultados não podem ser previstos com absoluta precisão. Mas o caos *mítico* precede as leis da física.
36. Os Upanishads têm origem na Índia antiga. Eles consistem em discursos filosóficos que lidam com uma ampla variedade de assuntos espirituais, em particular a identidade de Ātman (o Eu) com Brahman (o Absoluto).
37. Ananda K. Coomaraswamy: *The Dance of Shiva* (Nova York, 1957), p. 78.
38. Para um breve resumo dos cálculos envolvidos, veja Joseph Campbell, *The Mythic Image* (Princeton, 1974), pp. 141-44.
39. A palavra Brahman não deve ser confundida com Brahmā. Brahmā é a forma nominativa de Brahman, da qual ela difere apenas em gênero. Enquanto Brahman se refere à realidade impessoal subjacente ao universo, Brahmā é um Deus pessoal. Portanto, Brahmā (assim como Shiva) pode aparecer e desaparecer em ciclos sucessivos.
40. Veja a discussão sobre o "Modelo do Universo Oscilante" no Capítulo IV.
41. Capítulo III, *A Noite do Universo.*
42. *Collected Works of the Mother*, Edição Centenária (Pondicherry, 1985), Vol. 4, p. 23 fn. A Mãe, Mirra Alfassa Richard, nasceu na França, mas viveu mais da metade de sua vida na Índia. Ela se encontrou com Sri Aurobindo pela primeira vez em Pondicherry e, depois de permanecer quatro anos no Japão, retornou para a Índia e mais tarde se tornou o centro dinâmico do Sri Aurobindo Ashram. Sua ligação com Sri Aurobindo é brevemente abordada no Capítulo VII.
43. As tradições a que ela se refere podem ter raízes no folclore cabalístico, no qual se diz que antes da criação deste mundo, Deus havia criado e destruído outros mundos, que não foram satisfatórios para o seu propósito.
44. Os físicos utilizam a segunda lei da termodinâmica (entropia) para definir o sentido único do tempo. Os sistemas físicos geralmente tendem a evoluir em direção a estados de entropia mais alta (maior desordem). Mas isso realmente não a explica. A segunda lei é apenas estatística, sendo a entropia teoricamente reversível (mesmo que isso seja extremamente improvável). Tentativas para responder pela assimetria do tempo apenas com base na física não são conclusivas. Portanto, recorrer a uma base metafísica para explicar o sentido único do tempo é uma opção razoável, a não ser que queiramos des-

cartar totalmente o tempo. Veremos mais tarde (no Capítulo VII) que a evolução espiritual sobrepuja a entropia. A alma no universo requer um futuro progressivo para o seu desenvolvimento pleno, e isso, mais do que a entropia, determina o sentido do tempo.

45. Muito se tem escrito sobre *Ākāsha*. É um estado sutil da matéria que permeia o universo físico, que nele flutua. Há várias gradações de Ākāsha, desde o extremamente sutil ao mais espesso, mas os detalhes não serão examinados aqui. Com relação a isso, a antiga concepção estóica de *pneuma* também deve ser levada em consideração. Acreditava-se que o *pneuma* fosse uma substância material tênue que preenchia o mundo todo. Os estóicos consideravam-no como um poder vivo caracterizado por pressões e tensões internas. O universo físico estava encaixado nele, e dele derivava sua forma e sua coerência.

CAPÍTULO III. AS ESTÂNCIAS DE DZYAN

1. Uma recente biografia de Madame Blavatsky, que é razoavelmente objetiva no que se refere aos detalhes de sua vida e de sua obra, é o livro de Sylvia Cranston, *HPB: The Extraordinary Life and Influence of Helena Blavatsky, Founder of the Modern Theosophical Movement* (Nova York, 1993). Para um estudo erudito do movimento que ela iniciou, veja Bruce F. Campbell, *Ancient Wisdom Revived: A History of the Theosophical Movement* (Berkeley, 1980).
2. Sri Krishna Prem e Sri Madhava Ashish, *Man, the Measure of All Things in the Stanzas of Dzyan* (Madras, 1966), p. 10. Esse livro é um comentário detalhado sobre as *Estâncias de Dzyan* de um ponto de vista psíquico.
3. H. P. Blavatsky, *The Secret Doctrine: The Synthesis of Science, Religion, and Philosophy* (Pasadena, 1952), Vol. I, p. viii. [*A Doutrina Secreta*, publicado pela Editora Pensamento, São Paulo 1980.]
4. *Ibid.*, pp. 14-7.
5. *Ibid.*, p. 13.
6. Veja *Man, the Measure of All Things*, pp. 1-34.
7. Sri Ramana Maharshi, o grande sábio de Arunachala, o chamou de "uma rara combinação de *jnani* e *bhakta*". Há uma autobiografia disponível, escrita por Dilip Kumar Roy, *Yogi Sri Krishnaprem* (Bombaim, 1968).
8. *Man, the Measure of All Things*, p. 34.
9. *The Selected Poetry and Prose of Shelley*, organizado por Harold Bloom (Nova York, 1966), p. 448.
10. Veja Joseph Campbell, *The Inner Reaches of Outer Space: Metaphor as Myth and as Religion* (Nova York, 1986), Capítulos III-V. Na Índia, ele faz parte do Yoga *Kundalini* clássico. Um sistema comparável é sugerido pela árvore cabalística dos *sephiroth*.

11. Em *A Doutrina Secreta*, o universo psíquico é dividido em sete níveis (incluindo o físico) correspondentes a sete níveis semelhantes na constituição do homem. Mas o número de níveis pode variar em outros sistemas. O ponto importante é que há diferentes gradações do ser no mundo psíquico.
12. *A Doutrina Secreta*, Vol. I, p. 54.
13. Sri Aurobindo, *Savitri*, SABCL, Vol. 28, Livro Um, Canto Um, p. l.
14. *Rig Veda* X. 129. 4-5 (tradução de Sri Aurobindo).
15. *Man, the Measure of All Things*, p. 31.
16. *A Doutrina Secreta*, Vol. I, p. 21.
17. *Man, the Measure of All Things*, p. 32.
18. *A Doutrina Secreta*, Vol. I, pp. 27-8.
19. Veja a seção sobre "A Importância dos Estados de Transição" neste capítulo.
20. *A Doutrina Secreta*, Estância I.8.
21. O espaço físico é definido por uma *métrica* que impõe restrições sobre o espaço em geral. Ela especifica a geometria de um espaço (incluindo sua dimensionalidade) e o torna mensurável. O espaço em geral, ou "espaço universal", é equivalente a um ponto sem dimensão: ele não tem nenhuma métrica intrínseca própria. A mente não pode excluir essa possibilidade e precisa recorrer a histórias para torná-lo inteligível. Por exemplo, se o espaço é imaginado como um *medium* extenso, poderíamos dizer que o Divino impõe uma métrica sobre ele. Se ele é entendido como um ponto sem dimensão, poder-se-ia dizer que o Divino entra em relações consigo mesmo, das quais emerge uma métrica. Na física, isso é semelhante às abordagens alternativas da relatividade geral e da mecânica quântica. A teoria que se adota depende de sua utilidade para lidar com situações que interessam aos cientistas.
22. Uma apresentação útil dessa controvérsia encontra-se em *The Leibniz-Clarke Correspondence*, editado com uma introdução e notas de H. G. Alexander (Manchester, 1956).
23. *A Doutrina Secreta*, Estância II. 2.
24. Subjetivamente, isso pode ser comparado com o que acontece quando começamos a despertar de um sono. O mundo ainda não apareceu por completo, mas estamos apenas começando a tomar consciência dele.
25. Veja Estância III. 7, na subseção *O Despertar do Cosmos*.
26. Podemos reconhecer na filosofia indiana três estágios de realização que correspondem a essa distinção. No primeiro estágio, o sistema Sāmkhya faz uma distinção entre Purusha (Alma) e Prakriti (Natureza). Elas são realidades distintas, correspondendo, *grosso modo*, à diferença entre espírito e matéria. O vedanta, por outro lado, reconhece apenas uma realidade, Brahman (o Absoluto), com Māyā como o poder insondável que se manifesta como o mundo empírico. Finalmente, alguns sistemas inspirados pelo tantrismo sustentam a plena igualdade de Ishvara (o Senhor) e Shakti (a Força Criado-

ra). Embora possam ser distinguidos mentalmente, ambos se referem à mesma realidade observada em modos alternativos.

27. Veja Estância I.2. Para entender esse verso, precisamos distinguir entre a passagem do tempo e o tempo como mera extensão (aqui chamado de "duração"). A duração está livre das distinções entre passado, presente e futuro, que são partes da nossa concepção ordinária do tempo. Nesse sentido, ela é semelhante ao espaço universal e é parte da pura extensão do Ser. O potencial para uma passagem do passado para o futuro é inerente a ela, assim como a dimensionalidade é um potencial do espaço universal (veja a nota 21). Nas *Estâncias de Dzyan*, o tempo que flui é como uma entidade viva que cresce por meio da assimilação do passado. Ele dorme em *pralaya* e desperta com um novo universo, enriquecido pela experiência dos universos anteriores.
28. Há um problema recorrente com as citações utilizadas neste livro. Muitas foram escritas antes que a revolução feminista passasse a desempenhar um papel proeminente em nossa cultura. Por isso, elas geralmente incluem termos masculinos. Por questão de clareza, esses termos foram mantidos sempre que ocorreram.*
29. De maneira ideal, as famílias são mantidas unidas pelo amor, que é também, *na origem*, um princípio cósmico. O amor é o laço que mantém coeso o universo em uma perfeita unidade, como Platão sugeriu em *Timeu* 32 c. Veja o Capítulo VI, Seção 3 do *Timeu* de Platão. Isso não é explicitado nas *Estâncias de Dzyan*.
30. As relações místicas não são espaciais em essência. Nós as concebemos por meio de termos relativos: superior e inferior, interior e exterior, que podem ser representados visualmente como uma linha vertical ou como círculos concêntricos, respectivamente. Ambos são meios que a mente utiliza para entender um universo que transcende seus limitados poderes do conhecimento.
31. Isso é uma referência às forças cósmicas necessárias para manifestar a Mente Universal. Elas têm diferentes funções no universo, mas não as "criadoras" dessa Mente. Em vez disso, elas são princípios espirituais que atuam em níveis superiores do cosmos, e que, em várias tradições, são chamados de deuses, *devas*, hostes angélicas, *dhyān chohans*, *dhyāni buddhas*, etc.
32. Estância I.5. A "nova roda" é um ciclo cósmico durante o qual a Mente Universal desdobra as potencialidades de um novo universo.
33. *Man, the Measure of All Things*, pp. 50-1.
34. Ver Estância III. 2.
35. *A Doutrina Secreta*, Vol. I, p. 38.
36. Veja "A *Nona Sinfonia de Beethoven*: Uma Breve Análise", no final deste capítulo.

---

* As traduções (e os livros escritos no Brasil) desconsideram esse uso conjunto dos pronomes masculino e feminino, pois, pelo que parece, não houve motivação geral suficiente para que ele fosse adotado nos livros em português. (N. do T.)

37. *A Doutrina Secreta*, Vol. I, pp. 28-30.
38. Uma escola de filosofia indiana, o *Shaivismo de Cachemira*, postula uma vibração inicial (*spanda*) da consciência, que preenche o espaço com pulsações de energia criativa. Na física moderna, a teoria das supercordas reduz todo o universo a microscópicos padrões constituídos por cordas vibrantes. Poderia isso ser uma convergência de duas aguçadas e profundas percepções vindas de duas diferentes abordagens da cosmologia?
39. Sri Aurobindo, *Savitri*, SABCL, Vol. 28, Livro Um, Canto Um, p. 3.
40. *Man, the Measure of All Things*, pp. 163-64.
41. Ver Estância III. 7.
42. Compare com Gênesis 1: 6-7.
43. Estância II. 2.
44. Karma é geralmente definido como "a lei da causa e efeito *moral*", mas também pode se aplicar à causalidade em geral.
45. *A Doutrina Secreta*, Vol. II, pp. 304-06. Por exemplo, no caso de um fio elétrico, a causa imediata de um choque é o ato de tocar o fio. No entanto, o poder da própria eletricidade é simplesmente o que ele é em virtude do seu lugar na ordem cósmica. Compare com a seguinte citação: "Então, não vamos mais chamar o Karma de Lei, mas, em vez disso, de verdade dinâmica de muitos lados de toda ação e de toda vida, o movimento orgânico do Infinito manifestado aqui", Sri Aurobindo, *The Hour of God*, SABCL, Vol. 17, p. 34.
46. A moderna concepção de "campo matemático" está mais perto da ideia de karma apresentada aqui. Veja "As Leis da Natureza", no Capítulo IV.
47. Isso está relacionado com a peregrinação do Sol a que se refere a Estância I. 5.
48. De acordo com Leibniz, as mônadas estavam, no sentido causal, isoladas umas das outras, e, desse modo, não tinham nenhuma ligação entre si. Em outras palavras, elas eram "sem janelas".
49. Isso é o Hua Yen (*Kegon*, em japonês), ou Escola "Grinalda de Flores".
50. Veja o Capítulo VII sobre "A Cosmologia Evolutiva" para mais detalhes.
51. Esse assunto é tratado em *A Doutrina Secreta*, Vol. II.
52. *A Doutrina Secreta*, Vol. II, p. 170.

CAPÍTULO IV. A COSMOLOGIA CIENTÍFICA MODERNA

1. Com o surgimento da mente, a alma deixa para trás o estado do mundo psíquico, que era semelhante ao dos sonhos e no qual a diferença entre o sujeito e o objeto era fraca e indistinta. A mente percebe o mundo como um objeto separado em relação a um eu ou ego subjetivo. Embora isso tenha algumas vantagens práticas, a natureza interior do objeto permanece desconhecida. O progresso da alma não reside em retornar a um nível inferior, mas em evoluir para algo que transcende as tendências divisórias da mente.

Então, o que devemos chamar de "conhecimento?" Pois ele se tornaria um *conhecimento por identidade* com o objeto.

2. Veja Colin A. Ronan. *The Shorter Science and Civilisation in China (Vol. I): An Abridgement of Joseph Needham's Original Text* (Cambridge, 1980), pp. 285-91. Needham discute os motivos de fundo que levaram ao conceito de "leis da natureza" na Europa e contrasta essa situação com a ausência de um conceito semelhante na China antiga.
3. Por exemplo, as equações de Maxwell do eletromagnetismo são, às vezes, chamadas de "leis", mas na verdade constituem uma notação concisa para se descrever as propriedades matemáticas do campo eletromagnético. Veja a subseção sobre *O Despertar do Cosmos* no capítulo anterior, em especial a nota 45.
4. Tecnicamente, um "campo" em física é um construto matemático que descreve uma região do espaço na qual há forças presentes em cada ponto.
5. Esse assunto é novamente discutido com relação às "singularidades" na cosmologia (veja "O Modelo Padrão do *Big-bang* neste capítulo).
6. Para as circunstâncias históricas que cercam o Grande Debate e sua resolução por Hubble, ver Robert W. Smith, "Cosmology 1900-1931", em Norriss S. Hetherington (org.), *Cosmology: Historical, Literary, Philosophical, Religious, and Scientific Perspectives* (Nova York, 1993), pp. 329-45. O livro de R. W. Smith, *The Expanding Universe: Astronomy's "Great Debate" 1900-1931* (Cambridge, 1982), fornece mais detalhes.
7. A lei de Hubble é expressa como se segue:
   (velocidade radial de uma galáxia) =
   (constante de Hubble) x (distância da galáxia)
   ou, de modo mais conciso: $v = H \times d$.
8. Entre os incontáveis livros que já se escreveu a respeito da relatividade, a tentativa original de Einstein de oferecer uma exposição popular de suas ideias é única por sua clareza e seu encanto. Escrita logo depois que ele completou sua teoria geral, ela carece de muitos detalhes essenciais, mas permanece um clássico em seu campo. Einstein foi o primeiro a perceber que a teoria geral tinha coisas importantes a dizer sobre todo o universo, abrindo desse modo o assunto da cosmologia a explorações científicas posteriores. Veja Albert Einstein, *Relativity: The Special and General Theory* (Nova York, 1961). Houve muitas edições desse livro desde seu aparecimento em alemão em 1917. Li o livro inicialmente quando tinha 16 anos de idade, mas entendi muito pouco dele naquela época. Ainda assim, fiquei particularmente impressionado pela Parte 3, que diz respeito ao "universo como um todo". Tendo descoberto nessa época que as estrelas estavam organizadas em galáxias, a ideia de que o universo poderia ser apreendido *in toto* como uma hiperesfera finita, embora ilimitada, era fascinante. Atualmente, a cosmologia progrediu até muito além dessa ideia, embora a maneira profunda e aguçada como essa ideia percebe o universo permaneça inestimável. Hoje, estou convencido de que Einstein teve uma breve, porém intensa, experiência de consciência cósmica. Ela modelou

o desenrolar de suas pesquisas posteriores, e o levou a enfatizar acentuadamente a matemática como a chave para o entendimento do mundo físico.

9. Esse enunciado pode ser expresso matematicamente como uma relação entre duas massas, m e m', e a distância entre elas: $F = G (m \times m' / r^2)$, em que G é a constante gravitacional, que representa a intensidade da gravidade em nosso universo. A força de atração, F, atua ao longo da linha que une as massas.
10. Mendel Sachs, *Relativity in Our Time: From Physics to Human Relations* (Londres, 1993), p. 2.
11. Os raios luminosos seguem a distância mais curta entre dois pontos. Essa distância é chamada de *geodésica* nas geometrias não euclidianas.
12. Houve diferentes explicações para a queda de um corpo. Quando Aristóteles viu uma pedra caindo, ele supôs que se tratava da tendência natural de um corpo pesado para se deslocar em direção ao centro do mundo. Newton, por outro lado, atribuiu a queda de uma maçã a uma força que a atraía para a Terra. Einstein ficou impressionado com a declaração de um homem que havia caído de um prédio. O homem disse que não sentiu uma força puxando-o para baixo, mas que era o chão que parecia subir ao seu encontro.
13. Newton acreditava que o espaço era um meio no qual Deus percebia diretamente os corpos materiais em movimento. Uma crítica cuidadosa de suas ideias sobre o espaço, o tempo e o sensório divino se encontra no livro de E. A. Burtt, *The Metaphysical Foundations of Modern Physical Science* (Londres, 1949), pp. 243-63; veja também *The Leibniz-Clarke Correspondence*, editado com introdução e notas de H. G. Alexander (Manchester, 1956).
14. Amir D. Aczel, *God's Equation: Einstein, Relativity, and the Expanding Universe* (Nova York, 1999).
15. Estava inscrito no original alemão acima da lareira do saguão da faculdade na Universidade de Princeton. Embora seu significado esteja aberto a várias interpretações, a observação parece transmitir a crença de Einstein segundo a qual os segredos do universo não estão escondidos para nos enganar, mas decorrem de sua profunda sublimidade. Se o cosmos não fosse tão misterioso, ele não sustentaria o nosso interesse por muito tempo. Um exame detalhado das ideias religiosas de Einstein pode ser encontrado em Max Jammer, *Einstein and Religion* (Princeton, 1998).
16. Albert Einstein, Prefácio para Dagobert D. Runes (org.), *Spinoza Dictionary* (Nova York, 1951).
17. Spinoza, *Ethics*, Parte Dois, Proposição XLIV, Corolário 2.
18. Albert Einstein, *Ideas and Opinions* (Nova York, 1954), p. 38.
19. Em forma tensorial, a equação é escrita assim:
$R_{ij} - 1/2\, g_{ij}\, R = - 8 \pi G T_{ij}$, onde R_{ij} é o *Tensor de Curvatura de Ricci* (uma função complicada do tensor métrico e de suas derivadas), g_{ij} é o *Tensor Métrico*, R é a *Curvatura Esca-*

lar de Ricci, T_{ij} é o *Tensor de Massa-Energia*, e G a *Constante Gravitacional*. Esse G é o mesmo que aparece na equação que expressa a lei da gravitação de Newton. A expressão à esquerda representa a curvatura do espaço-tempo, enquanto a da direita depende da distribuição da matéria e da energia.

20. Reporte-se à discussão sobre o "espaço universal" no Capítulo III, subseção *A Noite do Universo*.
21. Veja E. R. Harrison, *Cosmology: The Science of the Universe* (Cambridge, 1981), Capítulo 5, "Containment and the Cosmic Edge".
22. O livro de Brian Greene, *The Elegant Universe: Superstrings, Hidden Dimensions, and the Quest for the Ultimate Theory* (Nova York, 1999), é uma excelente introdução à teoria das cordas.
23. "O universo em seu todo" é mais apropriado do que "o universo como um todo", uma vez que essa última expressão (como é utilizada neste livro) inclui mais do que o universo físico.
24. Isso é discutido no Capítulo V, na seção intitulada "Um Universo Fugitivo?".
25. Veja a descrição do universo de de Sitter a seguir.
26. Harrison discute o *background* histórico do Princípio de Mach, inclusive a influência de Mach sobre Einstein, em *Cosmology*, pp. 176-79. Uma formulação desse princípio é a seguinte: "[Ele] afirma que as forças inerciais locais são determinadas pela distribuição e pela quantidade de matéria no universo." (*Ibid.*, p. 178).
27. Para uma descrição dos desenvolvimentos científicos nesse período, veja Sir Arthur Eddington, *The Expanding Universe* (Ann Arbor, 1958), Capítulo I.
28. Medições recentes da radiação cósmica de fundo por meio da Sonda Anisotrópica de Micro-ondas Wilkinson (WMAP, *Wilkinson Microwave Anisotropy Probe*) fornecem sólidas evidências de que o universo é *plano*. Isso corresponde bem à previsão do modelo do Universo Inflacionário, que será discutido no Capítulo V.
29. Para uma exposição popular sobre esse modelo, veja George Gamow, *The Creation of the Universe* (Nova York, 1970).
30. O pano de fundo histórico do Paradoxo de Olbers é discutido em Harrison, *Cosmology*, pp. 249-51. Veja também sua abordagem mais extensa sobre o assunto em E. R. Harrison, *Darkness at Night: A Riddle of the Universe* (Cambridge, 1987).
31. Para mais detalhes, consulte Steven Weinberg, *The First Three Minutes: A Modern View of the Origin of the Universe* (Nova York, 1977).
32. Compare a analogia com uma bolha de sabão, onde é a pele que se estica à medida que a bolha se expande.
33. Por exemplo, Tolman afirma que "uma contínua sucessão de expansões e contrações irreversíveis... pareceria muito estranha do ponto de vista da termodinâmica clássica, que prevê um estado final de entropia máxima e repouso como resultado de processos irreversíveis contínuos em um sistema isolado". Richard C. Tolman, *Relativity, Thermo-*

dynamics, and Cosmology (Nova York, 1987), pp. 439-40; veja também seu diagrama (Figura 10) na p. 443.

34. O pano de fundo histórico é revisto por Helge Kragh, "Steady State Theory", em Hetherington, *Cosmology*, pp. 391-403. Para uma abordagem mais extensa, veja Helge Kragh, *Cosmology and Controversy: The Historical Development of Two Theories of the Universe* (Princeton, 1996).

CAPÍTULO V. O BIG-BANG E ALÉM DELE

1. Uma formulação interessante a respeito da relação entre harmonia e variedade foi proposta por Leibniz. Durante uma discussão sobre sua teoria das mônadas, ele afirma: "E essa é a maneira de se obter uma variedade tão grande quanto possível, mas com a maior ordem [harmonia] possível; ou seja, é a maneira de se obter o máximo de perfeição possível", *Monadology*, artigo 58, Philip P. Weiner (org.), *Leibniz: Selections* (Nova York, 1951), p. 544. Seu ponto essencial parece ser este: ordem, ou harmonia, em demasia, sem uma quantidade adequada de variedade, empobreceria o universo, enquanto variedade em demasia sem harmonia seria um caos indiscriminado.
2. Einstein disse certa vez que o que ele realmente queria saber era se Deus teve uma escolha ao criar o universo. Num sentido *absoluto*, é claro, a consciência divina está livre de todas as necessidades e limitações, mas também está livre para se limitar em vista de algum propósito. Se fosse descoberta uma teoria final, ela poderia ser tão restritiva que apenas um universo seria possível. Em qualquer caso, poder-se-ia dizer (num sentido *relativo*) que uma vez feita a escolha divina, tudo o que se seguisse seria necessário para realizar seu propósito.
3. Uma palavra de cautela talvez seja necessária nesse ponto. Isso é expresso por Goethe em belas palavras:

   Cinza, caro amigo, é toda teoria,
   E só é verde a árvore dourada da vida.

   Goethe's Faust, op. cit, p. 207. Mas quem afirma isso é Mefisto, e essa afirmação não deve ser tomada como a última palavra sobre o assunto.
4. Albert Einstein e Leopold Infeld, *The Evolution of Physics: From Early Concepts to Relativity and Quanta* (Nova York, 1938), p. 297.
5. Para a *função de onda* Ψ de uma partícula com massa m movendo-se em um potencial V, a equação de Schrödinger pode ser escrita assim:

   $$-\hbar^2/2m\{\partial^2\Psi/\partial x^2 + \partial^2\Psi/\partial y^2 + \partial^2\Psi/\partial z^2\} + V\Psi = i\,\hbar\,\partial\Psi/\partial t$$

   onde $\hbar$ é a constante Planck, que aparece na equação associada com um número imaginário (i = raiz quadrada de –1). Essa equação diferencial parcial governa o desenvolvimento ordenado de um sistema quântico. Nesse sentido, a mecânica quântica é totalmente determinista, mas a própria função de onda é interpretada de uma maneira probabilística.

6. Ele tirou essa ideia da filosofia de Aristóteles, que introduziu o termo *potentia* para descrever a tendência de uma forma latente para se tornar atualizada. Podemos acrescentar que ela também é uma reminiscência da concepção de "caos" na cosmologia mítica.
7. Veja, por exemplo, David Bohm, *Wholeness and the Implicate Order* (Londres, 1983). A noção de uma ordem implicada sugere a visão do antigo filósofo grego Anaxágoras, segundo a qual tudo está contido em tudo.
8. Outra situação em que a física parece tocar numa fronteira diz respeito à natureza interna de uma partícula. Os físicos falam de partículas "punctiformes", mas pontos são entidades geométricas abstratas sem propriedades físicas discerníveis. Experimentos recentes indicam que uma partícula fundamental, como o próton, tem uma complexa estrutura interna feita de quarks e glúons. Mas até mesmo esses podem ser constituídos de entidades ainda menores. Veja Robert Kunzig, "The Glue That Holds the World Together", *Discover*, julho de 2000 (Volume 21, Número 7), pp. 64-9.
9. Por exemplo, se a posição x é conhecida com exatidão (isto é, se $\Delta x = 0$), o *momentum* deve ser desconhecido (um vez que Δp se torna infinito), e vice-versa.
10. Edward P. Tryon, "Is the Universe a Vacuum Fluctuation?", em John Leslie (org.), *Physical Cosmology and Philosophy* (Nova York, 1990), pp. 216-19.
11. A ideia de espaços multidimensionais se tornou cientificamente manejável em algumas das recentes versões da teoria das cordas.
12. Em matemática, a palavra "imaginário" não significa "inexistente", mas tem um sentido numérico bem definido. Os chamados "números complexos" têm componentes reais e imaginários, e desempenham um papel importante na análise de Hawking.
13. Um bom resumo da cosmologia científica recente, que inclui uma discussão sobre esses tópicos, pode ser encontrada em Martin Rees, *Before the Beginning: Our Universe and Others* (Reading, 1997).
14. Para uma abordagem exaustiva das diferentes variedades do princípio antrópico, veja J. D. Barrow e F. J. Tipler, *The Anthropic Cosmological Principle* (Nova York, 1986).
15. Esse é o modelo do Universo Inflacionário que será discutido na próxima seção.
16. Edgar Allan Poe, *Eureka: An Essay on the Material and Spiritual Universe* (Nova York, 1848). Uma obra conveniente onde se pode encontrar esse ensaio é a de Harold Beaver (org.), *The Science Fiction of Edgar Allan Poe* (Nova York, 1976), pp. 211-309. O ensaio de Poe é dedicado ao naturalista do século XIX Alexander von Humboldt, cuja obra em vários volumes *Kosmos* estava apenas começando a aparecer em tradução inglesa.
17. *Eureka*, em Beaver, *The Science Fiction of Edgar Allan Poe*, p. 306.
18. *Ibid.*
19. *Ibid.*, pp. 306-07.

20. *Ibid.*, p. 262.
21. Os campos escalares, como a temperatura em cada ponto de um quarto, são puramente numéricos. Diferentemente dos campos gravitacional e elétrico, eles não apontam para um dado sentido. Um campo escalar constante é indistinguível de um vácuo; sua presença só poderia ser constatada se ocorressem variações dentro dele. Acredita-se que a presença de campos escalares no espaço confere massa às partículas elementares, como os elétrons. No contexto dos modelos inflacionários, eles geram uma força repulsiva que pode superar a da gravidade.
22. Para uma descrição inicial desse modelo, veja Andrei Linde, "The Universe: Inflation out of Chaos", em Leslie (org.), *Physical Cosmology and Philosophy.* Veja também John Leslie, "Creation Stories, Religious and Atheistic", em Clifford N. Matthews e Roy A. Varghese (orgs.), *Cosmic Beginnings and Human Ends: Where Science and Religion Meet* (Chicago, 1995), pp. 339-40.
23. A estrutura do vácuo quântico é extremamente complexa. Perturbações no campo escalar causam perturbações de densidade que são necessárias para a formação das galáxias. Elas apareceriam como ligeiras diferenças de temperatura na radiação cósmica de fundo. Elas foram descobertas em 1992 pelo Cosmic Background Explorer (COBE), Explorador do Ruído de Fundo Cósmico.
24. *The Selected Poetry and Prose of Shelley*, organizado por Harold Bloom (Nova York, 1966), p. 343. A estrofe toda é:

    Mundos rolam incessantemente
    Sobre mundos, da criação à extinção,
    Como bolhas que num rio corrente
    Cintilam, e explodem, e se vão.
    [*Worlds on worlds are rolling ever/From creation to decay,/Like the bubbles on a river/ Sparkling, bursting, borne away.*]
25. O deleite é o terceiro aspecto da Realidade Una que tomamos como a fonte suprema de todas as coisas (note a concepção vedanta de Sat-Chit-Ananda, que foi discutida no Capítulo I).
26. Para um exame completo sobre esse assunto, veja Sri Aurobindo, *The Life Divine*, Livro Um, Capítulo 11 ("Delight of Existence: The Problem") e Capítulo 12 ("Delight of Existence: The Solution"), SABCL, Vol. 18, pp. 91-111. Uma versão modernizada da teodiceia pode ser encontrada em John Leslie, *Universes* (Londres, 1989), Capítulo 8. Leslie oferece uma interpretação neoplatônica modificada na qual Deus é considerado uma exigência ética abstrata e não um ser todo-poderoso.
27. Detalhes adicionais poderão ser encontrados nos Capítulos VII e VIII do presente livro.
28. Mais material de base sobre esse tópico pode ser encontrado em Donald Goldsmith, *The Runaway Universe: The Race to Find the Future of the Cosmos* (Cambridge, 2000).

CAPÍTULO VI. A COSMOLOGIA TRADICIONAL

1. Uma figura-chave na transição do século XVII para um panorama científico moderno foi o monge francês Marin Mersenne, apologista católico e entusiasta da ciência mecanicista, que detestava a magia em todas as suas formas. Ele considerava os proponentes do universo mágico como "ateus, animistas e deístas" – todos eles sujeitos ao que ele considerava como um tipo peculiar de loucura. Porém, afora as interessantes questões históricas que essa visão levanta, deveria ser óbvio que nada realmente foi comprovado, de uma maneira ou de outra, com relação à natureza do universo *como um todo*.
2. Titus Burckhardt, *Mirror of the Intellect: Essays on Traditional Science and Sacred Art*, traduzido e organizado por William Stoddart (Albany, 1987), p. 17.
3. Ilustrações desse tipo podem ser vistas nas numerosas imagens astrológicas que associam os órgãos do corpo humano com as estrelas e planetas.
4. O Intelecto Universal é às vezes considerado como o macrocosmo que abrange todo o universo dentro dele. O universo, nesse caso, seria considerado o microcosmo, uma vez que esses termos são bastante flexíveis.
5. Kurt Seligmann, *The History of Magic* (Nova York, 1948), pp. 128-29.
6. Um estudo clássico sobre a história intelectual dessa ideia está em Arthur O. Lovejoy, *The Great Chain of Being* (Nova York, 1960).
7. Essa visão da Natureza deve ser comparada com a ideia da Grande Mãe como criadora cósmica na cosmologia mítica. Veja também a concepção da Mãe Divina nos Capítulos VII e VIII do presente livro.
8. Tentativas recentes, como a "hipótese de Gaia", de James Lovelock, falham em captar a vigorosa imagem tradicional da Grande Mãe. Elas equivalem a pouco mais do que metáforas aplicadas a processos naturais supostamente autorreguladores. Um retrato excelente das vicissitudes pelas quais passou o conceito de Natureza desde o início da Revolução Científica se encontra em Carolyn Merchant, *The Death of Nature: Women, Ecology and the Scientific Revolution* (San Francisco, 1980).
9. Os dois comentários modernos proeminentes sobre *Timeu* em inglês são A. E. Taylor, *A Commentary on Plato's Timaeus* (Londres, 1928) e F. M. Cornford, *Plato's Cosmology* (Nova York, 1952). A obra de Cornford, que inclui uma tradução e comentários contínuos, é a mais moderna e presumivelmente a mais confiável.
10. A palavra grega *demiourgos* significa "funcionário público", ou "artesão". Platão a aplicou ao fazedor do universo, que construiu o mundo a partir de materiais caóticos preexistentes. Um artesão transforma coisas desorganizadas em um todo belo e ordenado. Essa ideia é comparável, em alguns pontos, com a Mente Universal mencionada nas *Estâncias de Dzyan*.
11. Há uma história antiga contada no épico babilônico da criação, *Enuma Elish*, do deus Marduque modelando os céus e designando os lugares para os deuses planetários de-

pois de ter destruído Tiamat, a personificação do caos primordial. É possível que Platão tenha tido acesso a alguma versão dessa história.

12. Embora Platão não diga isso, é tentador reconhecer nessa Forma o universal Arquétipo do Homem, a criatura inteligente por excelência.
13. Cornford sugere que talvez Platão teve acesso a um modelo visual desses círculos, tal como uma esfera armilar. Essa é uma suposição plausível, mas o instrumento provavelmente não era tão sofisticado quanto os modelos com os quais estamos familiarizados.
14. Cornford, *Plato's Cosmology*, p. 97 (*Timaeus* 37 c).
15. *Ibid.*, p. 44 (*Timaeus* 32 c).
16. Uma apresentação dos detalhes científicos no *Timeu* pode ser encontrada em Gregory Vlastos, *Plato's Universe* (Seattle, 1975).
17. Cornford, p. 359 (*Timaeus* 92 c).
18. A historiadora inglesa Frances Yates enfatizou a importância histórica dos argumentos oferecidos por Isaac Casaubon em 1614, baseados na nova datação que ele atribuiu ao *Corpus Hermeticum,* segundo a qual os escritos herméticos foram falsificações cristãs posteriores. Mas isso ignora a possibilidade de que eles poderiam conter traços de uma doutrina cosmológica egípcia mais antiga.
19. Veja Frances A. Yates, *Giordano Bruno and the Hermetic Tradition* (Chicago, 1964). Um exemplo das especulações cosmológicas de Bruno é o seu diálogo de 1584, *De l'infinito universo e mondi.* Uma tradução inglesa desse diálogo pode ser encontrada em Dorothea Waley Singer, *Giordano Bruno: His Life and Thought* (Londres, 1950), pp. 225ss.
20. *Fama Fraternitatis*, em Frances A. Yates, *The Rosicrucian Enlightenment* (Londres, 1972), p. 238.
21. Frances A. Yates, "The Hermetic Tradition in Renaissance Science", em Charles S. Singleton, *Art, Science, and History in the Renaissance* (Baltimore, 1967), pp. 263-64.
22. Veja o Capítulo III, "As Estâncias de Dzyan".
23. Robert Fludd, *The Origin and Structure of the Cosmos*, trad. por Patricia Tahil, Magnum Opus Hermetic Sourceworks nº 13 (Edimburgo, 1982). O diagrama no texto foi reproduzido inúmeras vezes. Seleções dos escritos de Fludd podem ser encontradas em William H. Huffman, *Robert Fludd: Essential Readings* (Londres, 1992).
24. No budismo tibetano, diagramas circulares como este são chamados de "mandalas". Eles são dispositivos úteis para se visualizar os poderes do mundo psíquico, possibilitando que os praticantes interajam com eles de modo seguro. Técnicas semelhantes eram utilizadas na Europa durante a Renascença. Os diagramas cósmicos funcionavam como talismãs mágicos para imprimir na mente uma imagem do universo. Giordano Bruno, por exemplo, empregava-os como um meio de abrir portas para a consciência cósmica. Veja Frances A. Yates, *The Art of Memory* (Chicago, 1966).
25. Nessa representação, a capacidade do homem para participar do Intelecto não é indicada porque Fludd está dando proeminência às artes práticas que prometem uma vida

melhor na Terra. Mas em outros diagramas ele descreve a presença do Intelecto nos seres humanos. Veja, por exemplo, S. K. Heninger, Jr., *The Cosmographical Glass: Renaissance Diagrams of the Universe* (San Marino, 1977), p. 144 (Figura 84).

26. Seligmann, *A History of Magic*, p. 72.
27. Embora o diagrama de Fludd provavelmente não seja aquele ao qual o *Fausto* de Goethe se refere como o "Símbolo do Macrocosmo", o sentimento que ele deve ter inspirado é bem expresso pela reação de Fausto diante dele:

    Que júbilo irrompe dessa visão
    E entra nos meus sentidos – agora eu o sinto fluir,
    Jovial, uma sagrada fonte de deleite,
    Através de cada nervo, minhas veias estão brilhando.
    Seria um deus que fez com que esses símbolos fossem
    Aquilo que alivia minha inquietação febril,
    Enchendo de alegria meu peito ansioso,
    E com misteriosa potência
    Torna manifestos os poderes ocultos da natureza que me cerca?

    Sou um deus? A Luz cresce dessa página –
    Nessas linhas puras meu olho pode ver
    A natureza criadora se estendendo à minha frente...
    Tudo ondula dentro do todo,
    Cada um vivendo na alma do outro.

    Goethe's Faust (traduzido por Walter Kaufman), *op. cit.*, pp. 97, 99. Finalmente, Goethe veio a reconhecer a influência energizante do "Eterno Feminino" em toda aspiração humana (*ibid.*, p. 503).
28. A imaginação criadora desempenha um papel importante nesse processo. O homem se aproxima do Uno ao imprimir em sua mente imagens mágicas associadas com as estrelas e os planetas. Ao fazer isso, ele é capaz de recuperar sua dignidade verdadeira como microcosmo. Isso é possível porque as esferas celestes derivam de Ideias no Mundo Inteligível e funcionam como governantes do cosmos visível.
29. Um bom resumo dessa interpretação do modelo pode ser encontrado em Titus Burckhardt, *Alchemy: Science of the Cosmos, Science of the Soul* (Baltimore, 1971), Capítulo III.
30. Considere a famosa afirmação do "*libertino*" de Pascal, que descreve o mundo sem propósito da cosmologia científica moderna: "O silêncio eterno desses espaços infinitos me amedronta", *Pascal's Pensées* (Nova York, 1958), p. 61.
31. Isso apareceu num tratado pseudo-hermético, o *Livro dos 24 Filósofos*, que foi compilado anonimamente no século XII. Foi aplicado ao universo por filósofos renascentistas como Nicolau de Cusa e Giordano Bruno.

32. Uma referência tradicional à evolução pode estar implícita no mito hinduísta dos dez avatares, ou encarnações, de Vishnu. Elas parecem representar uma progressão evolutiva de um peixe, através de diversos tipos de animais, até os homens-deuses Rama e Krishna, e o futuro avatar, Kalki. Veja os comentários de Sri Aurobindo em SABCL, Vol. 22, *Letters on Yoga*, pp. 402-04.
33. A versão original do *I Ching* foi atribuída ao Rei Wen do início da dinastia Chou (cerca de 1050 a.C.), mas ninguém sabe até onde remonta a visão cosmológica subjacente.
34. Veja Joseph Needham e Colin Ronan, "Chinese Cosmology", em Hetherington (org.), *Cosmology*, pp. 25-32.
35. Uma edição amplamente utilizada desse livro é a de Richard Wilhelm (trad.), *The I Ching or Book of Changes* (Nova York, 1971). [*I Ching – O Livro das Mutações*, publicado pela Editora Pensamento, São Paulo, 1983.]
36. *Ibid.*, p. 127.
37. Veja Ronan, *The Shorter Science and Civilisation in China*, pp. 142-50.
38. *Tao Te Ching*, traduzido por Gia-Fu Feng e Jane English (Nova York, 1972), Capítulo 1. Há incontáveis traduções do *Tao Te Ching*. Escolhemos essa porque ela reflete um íntimo sentimento pelo Tao que parece estar ausente em muitas outras.
39. *Ibid.*, Capítulo 25.
40. *Ibid.*, Capítulo 6.
41. *Ibid.*, Capítulo 40.
42. *Ibid.*, Capítulo 34.
43. Para uma outra versão dessa história, veja Laurence Binyon, *The Flight of the Dragon* (Londres, 1959), pp. 85-6.

CAPÍTULO VII. A COSMOLOGIA EVOLUTIVA

1. O pano de fundo histórico geral é exposto no livro de John C. Greene, *Science, Ideology, and World View: Essays in the History of Evolutionary Ideas* (Berkeley, 1981). Veja, em especial, o Capítulo 6, "Darwinism as a World View", no qual Greene distingue claramente entre o darwinismo como teoria científica e como visão de mundo.
2. Veja Stephen Jay Gould, *Wonderful Life: The Burgess Shale and the Nature of History* (Nova York, 1989).
3. O *nominalismo* é a teoria segundo a qual apenas coisas particulares existem, ao passo que expressões universais como, por exemplo, "humanidade" são apenas nomes que não têm nenhuma existência objetiva fora da mente humana. Para uma exposição clara sobre a importância do pensamento populacional, veja Ernst Mayr, *The Growth of Biological Thought: Diversity, Evolution, and Inheritance* (Cambridge, 1982), pp. 45-7.

4. Alguns biólogos evolucionistas preferem a imagem de um arbusto que se ramifica do que a de uma árvore. Eles afirmam que essa é uma representação mais adequada da ideia de que a evolução não é um processo dirigido para uma meta. Onde o arbusto é muito espesso, isso significa que muitas espécies aparentadas irradiaram como grupo em várias direções. Nesse caso, nenhum deles pode ser considerado superior ou inferior na escala evolutiva.
5. Uma definição científica da vida é "um sistema químico autossustentável que é capaz de experimentar a evolução darwiniana". Mas essa definição não nos diz *por que* ela é capaz de fazer isso.
6. Um resumo útil sobre o que se conhece e o que não se conhece a respeito da origem da vida é o livro de Robert Shapiro, *Origins: A Skeptic's Guide to the Creation of Life on Earth* (Nova York, 1986).
7. Veja a discussão no Capítulo I, Seção 5, "Visões de Mundo e Cosmologia".
8. Essa frase é parte do título de uma monumental abordagem sobre o assunto, embora um tanto datada, feita por Andrew D. White, *A History of the Warfare of Science with Theology in Christendom* (Nova York, 1955).
9. O mecanicismo implica o fato de que todas as coisas podem ser explicadas exclusivamente em função de causa e efeito.
10. Greene, *Science, Ideology, and World View*, pp. 133 ss.
11. Herbert Spencer, *First Principles* (Londres, 1946), p. 358.
12. Veja Platão, *The Sophist*, 246A.
13. Charles Darwin, *On the Origin of Species by Means of Natural Selection: Or the Preservation of Favoured Races in the Struggle for Life* (Londres, 1947), p. 462.
14. Sri Aurobindo, *Evolution* (SABCL, Vol. 16), p. 230.
15. *Ibid.*, pp. 230-31.
16. Há uma tradução para o inglês de Joseph McCabe (Nova York e Londres, 1900).
17. Veja a nossa discussão anterior sobre a sintonia fina e o princípio antrópico no Capítulo V.
18. Henri Bergson, *Creative Evolution*, Arthur Mitchell (trad.) (Nova York, 1911).
19. Samuel Alexander, *Space, Time and Deity: The Gifford Lectures at Glasgow 1916-1918* (Nova York, 1966).
20. A exposição fundamental de suas ideias está em *The Phenomenon of Man* (Nova York, 1959). Outros escritos, tais como *The Divine Milieu* (Nova York, 1957) e *The Future of Man* (Nova York, 1964), complementam sua visão evolucionista.
21. Jean Gebser, *The Ever-Present Origin* (Athens: Ohio University Press, 1985).
22. Às vezes, os filósofos argumentam que é logicamente impossível ao ser eterno mudar. Isso pressupõe que o Infinito é limitado pelo âmbito da nossa lógica mental. Pode ser que no Infinito os elementos contraditórios aparentes sejam realmente complementares. A partir dessa perspectiva, ele não só poderia mudar como também evoluir sem

perder sua natureza eterna. A evolução poderia ser o resultado de um poder inerente de auto-ocultamento e redescoberta.

23. A Mãe empreendeu a realização prática da visão de Sri Aurobindo para o futuro da humanidade. Seus escritos projetam luz sobre cada aspecto da vida e do yoga. Veja *Collected Works of the Mother*, 17 Volumes (Pondicherry: Sri Aurobindo Ashram Trust, 1985).
24. Isso aconteceu antes da chegada de Gandhi para liderar o movimento que libertou a Índia da dominação britânica. Gandhi se envolveu na luta política, mas não previu as implicações mais amplas da independência da Índia para o destino espiritual do mundo.
25. Uma oportuna biografia curta que apresenta as características salientes de sua vida é a de Peter Heehs, *Sri Aurobindo: A Brief Biography* (Délhi, 1989). Para uma apreciação autêntica de sua obra por um líder *sadhak*, veja M. P. Pandit, *Sri Aurobindo* (The Builders of Indian Philosophy Series), Pondicherry, 1998.
26. Em particular, veja *The Secret of the Veda* e *Hymns to the Mystic Fire* (SABCL, Volumes 10 e 11).
27. Sri Aurobindo, *The Life Divine*, SABCL, Vol. 18, p. 1.
28. *Ibid.*, p. 3.
29. *Ibid.*, p. 4.
30. *Ibid.*, p. 5. Esse é especialmente o caso para *vijnāna*, um conceito mencionado, mas não plenamente desenvolvido, em textos vedanta. Com frequência, Sri Aurobindo o identifica com a Supermente (veja abaixo).
31. Por exemplo, veja a doutrina dos cinco invólucros no *Taittirīya Upanishad* (Swami Nikhilananda, *The Upanishads*, Vol. IV, pp. 39-50). Ela culmina na identificação de Ātman e Brahman nos Upanishads.
32. *Ibid.*, pp. 67-74.
33. A relação entre luz e consciência não é arbitrária, pois ambas são autorreveladoras. Isso sugere sua conexão subjacente.
34. Compare a história de Zeus e Sêmele na mitologia grega.
35. Alfred, Lord Tennyson, *In Memoriam*, Seção 56. *The Selected Poetry of Tennyson*, editado, com uma introdução, por Douglas Bush (Nova York, 1951), p. 182.
36. *Ibid.*, p. 183. O "véu" é provavelmente uma referência a Ísis de Saís, à qual Tennyson faz alusão várias vezes em seus escritos. Veja o Capítulo VI sobre cosmologia tradicional.
37. Sri Aurobindo, *The Life Divine*, SABCL, Vol. 18, p. 295.
38. Sri Aurobindo, *The Life Divine*, SABCL, Vol. 19, pp. 662-63.
39. "A face da Verdade está coberta com uma brilhante tampa dourada [*hiranyamaya pātra*]" "Isha Upanishad", *The Upanishads*, SABCL, Vol. 12, p. 67.
40. Referências à Supermente aparecem por toda a obra *The Life Divine.* Veja especialmente os Capítulos XIV-XVI, SABCL, Vol. 18, pp. 122-49.
41. A Mãe contava uma história relacionada com isso a respeito de quatro grandes Seres que emanaram no princípio da criação. A sensação de ser dotado de um poder tremendo le-

vou cada um deles a agir independentemente, introduzindo, desse modo, divisão e desordem no universo. Esse erro foi a causa original da ignorância e da hostilidade no mundo material. Para superar isso, uma consciência e um amor maiores tiveram de descer por intermédio da intervenção da Divina Mãe a fim de trazer o mundo de volta à sua origem suprema em Liberdade e Deleite (*Collected Works of the Mother*, Vol. 9, pp. 205-07). Embora sua história seja semelhante ao mito cabalista de Adão Kadmon e da ruptura dos vasos, que exigiu o trabalho da restauração divina, ela sonda mais profundamente as raízes do mistério do mundo. Veja o Capítulo II, Seção 7, "Tipos de Mitos da Criação".

42. De acordo com Sri Aurobindo, há várias regiões mentais acima da mente comum, mas abaixo da Supermente; em ordem ascendente, elas são: Mente Superior, Mente Iluminada, Intuição e Sobremente. Além disso, há uma natureza "subliminar" que circunda nossa consciência superficial e que está em estreito contato com os níveis típicos universais. Nenhum desses poderes é totalmente operante na nossa vida atual, embora eles possam atuar sobre nós por vias sutis. Mas esse tópico pertence mais à psicologia espiritual do que à cosmologia.
43. Sri Aurobindo, *The Life Divine*, SABCL, Vol. 18, pp. 264-65.
44. Surge uma pergunta: "A evolução pode ocorrer em outros planetas além do nosso?" Os astrônomos continuam a descobrir novos planetas além do sistema solar, e há probabilidades de que alguns deles possam abrigar vida. Onde houver vida, mecanismos como a seleção natural estarão, sem dúvida, operando a fim de ocasionar a transformação das espécies. Mas a evolução *espiritual* é um assunto diferente, pois ela requer a presença do ser psíquico que provém do próprio Divino. De acordo com Sri Aurobindo, *esse* tipo de evolução está ocorrendo apenas na Terra. Portanto, a Terra ainda retém um *status* único no cosmos.
45. Há uma inscrição em uma lâmina de ouro encontrada numa tumba órfica em Petelia, no sul da Itália (século XV/III a.C.). A alma está recebendo instruções sobre como proceder no caminho depois da morte, no Hades. Quando ela alcança a fonte sagrada pouco antes dos Campos Elísios, ela é aconselhada a dizer aos guardiões da fonte:

    Diga: "Sou filho da Terra e do Céu estrelado,
    Mas a minha raça é do Céu (somente)."

    W. K. C. Guthrie, *Orpheus and Greek Religion: A Study of the Orphic Movement* (Nova York, 1966), p. 173.
46. Um paralelismo interessante se encontra no tratado hermético *Poimandres*, no qual o Homem cósmico (*Anthropos*) viu sua Forma Divina refletida na Natureza e, se apaixonando por ela, quis habitar junto a ela, como alma (*Hermetica*, organizada e traduzida para o inglês por Walter Scott, pp. 121-22). No *Corpus Hermeticum*, o objetivo é libertar a alma para que ela possa retornar ao Reino Celeste do qual ela caiu. Para Sri Aurobindo, por outro lado, o Divino ingressou no universo como alma a fim de se estabelecer aqui por meio da evolução.

47. Espinosa, em um contexto totalmente diferente, apresenta uma sugestão sobre a natureza desse amor. Na *Ética*, perto do final de uma longa exposição filosófica sobre o universo como uma substância única, ele chega ao que ele chamou de "o amor intelectual de Deus". Ele afirma: "*O amor intelectual da mente por Deus é o próprio amor com o qual Ele ama a Si mesmo, não na medida em que Ele é infinito, mas na medida em que Ele pode se manifestar através da essência da mente humana, considerada sob a forma da eternidade; isto é, o amor intelectual da mente por Deus é parte do amor infinito com o qual Deus ama a Si mesmo.*" Benedict de Spinoza, *Ethics and On the Improvement of the Understanding* (Nova York, 1955), Parte Cinco, Proposição XXXVI, p. 274.
48. Sri Aurobindo, *The Life Divine*, SABCL, Vol. 19, pp. 1069-070.

CAPÍTULO VIII. POESIA CÓSMICA

1. Sri Aurobindo, *Essays on the Gita* (SABCL, Vol. 13).
2. Sri Krishna Prem, *The Yoga of the Bhagavat Gītā* (Baltimore, 1973).
3. Esse é um título incluído na série de traduções de textos indianos da UNESCO. O livro é um comentário em marata do século XIII sobre o Gītā. Há também uma tradução anterior, feita por Manu Subeda, *Gita Explained* de Dynaneshwar Maharaj (Palli Hill, Bandra, 1932).
4. O Gītā aceita a visão vedanta de libertação espiritual *(moksha)* como o objetivo supremo da vida, mas a complementa com um yoga multilateral, que inclui os yogas do conhecimento, da ação e da devoção. Ela enfatiza o desempenho da ação sem desejos *(nishkāma karma)* no mundo.
5. *Bhagavad Gita and Its Message* (com texto, tradução e comentário de Sri Aurobindo), organizado por Anilbaran Roy (Pondicherry, 1995), I. 46.
6. *Ibid.*, VII. 6-7.
7. *Ibid.*, XV. 7.
8. *Ibid.*, XI. Essa visão interior é concedida a Arjuna por meio do misterioso poder de Krishna (*yogamāyā*) para revelar sua forma cósmica. É o mesmo poder por cujo intermédio a Divindade se manifesta no processo da criação cósmica (veja *Bhagavad Gita and Its Message*, IV. 6, VII. 25).
9. *Ibid.*, XI. 9-14.
10. *Ibid.*, XI. 32.
11. *Ibid.*, XI. 33.
12. *Ibid.*, IX. 33.
13. Joseph Needham afirma que Lucrécio não tinha na mente o conceito, que apareceu mais tarde, de "lei da natureza". Lucrécio defendeu explicações naturais e causais dos fenômenos naturais, mas em geral falava de "princípios" em vez de "leis". Needham

atribui isso à negação epicurista de que os deuses haviam criado o mundo ou tinham interesse por ele. Eles não governavam o universo e, por isso, não estabeleceram "leis" para ele. Veja Ronan, *The Shorter Science and Civilisation in China*, Vol. 1, pp. 286-87.

14. Lucretius, *The Nature of the Universe*, traduzido com uma introdução de Ronald Latham (Baltimore, 1962), p. 128.
15. *Ibid.*, pp. 128-29.
16. *Ibid.*, p. 28. A palavra grega *atomos* significa "indivisível"; portanto, um "átomo" é, literalmente, indestrutível. Esse significado contradiz o uso moderno da palavra, que o visualiza como um sistema de partículas. Lucrécio na verdade não utiliza essa palavra, mas, em vez dela, fala de sementes, primeiros corpos, etc.; seus "átomos" correspondem melhor ao que chamamos hoje de partículas elementares.
17. Embora a visão que Lucrécio tem do universo seja basicamente mecanicista, ele segue o filósofo grego Epicuro ao permitir que os átomos executem uma guinada espontânea (*clinamen*) a partir do movimento de baixo causado pelo seu peso. Mas esse desvio não é o resultado de uma escolha consciente, e por isso sua visão geral não se desvia totalmente do mecanicismo cego.
18. *The Nature of the Universe*, p. 31.
19. *Ibid.*, p. 33.
20. Os primeiros atomistas gregos de que se tem conhecimento são Leucipo e Demócrito, que pertenciam ao século V a.C.
21. *The Nature of the Universe*, p. 31.
22. *The Divine Comedy of Dante Alighieri*, tradução em verso por Allen Mandelbaum, 3 volumes (Nova York, 1984), Vol. I, *Inferno*, Canto I, p. 9.
23. *Inferno*, Canto XXXIV, p. 317.
24. *The Divine Comedy of Dante Alighieri*, Vol. II, *Purgatorio*, Canto I, p. 3.
25. *Purgatorio*, Canto XXXIII, p. 313.
26. Num determinado ponto de sua ascensão através dos céus, Dante olha para baixo, para as esferas estreladas junto à Terra bem longe dele, e se admira diante de sua insignificância no cosmos. Ele se refere à Terra como "a pequena eira que desse modo incita nossa selvageria". (*The Divine Comedy of Dante Alighieri*, Vol. III, *Paradiso*, Canto XXII, p. 203.) Essa é uma percepção comum nos estágios iniciais da consciência cósmica. Uma experiência comparável é descrita no fragmento cosmológico de Cícero conhecido como *O Sonho de Cipião*.
27. O simbolismo da rosa aparece por toda parte na arte e na literatura medieval, em particular nos vitrais das grandes catedrais góticas. A magnífica rosácea do século XIII no transepto norte de Notre Dame de Paris é um exemplo notável. Os painéis multicoloridos que irradiam do centro representam o universo em toda a sua glória. No centro, a Virgem Maria com o menino Jesus em seu colo é representado como o foco de toda a criação. Despojada de suas armadilhas teológicas, esse vitral tem uma profunda signi-

ficação cosmológica. Maria pode ser reconhecida como um símbolo da Mãe Divina segurando em seu seio a alma recém-nascida (ser psíquico), seu filho, que está destinado a evoluir num ser divino na Terra.

28. *The Divine Comedy*, Vol. III, *Paradiso*, Canto XXXIII, p. 297.
29. *Ibid.*, pp. 301-03, *et passim*. Embora os três círculos sejam em geral interpretados como a trindade cristã, eles também sugerem os três modos de consciência distinguidos por Sri Aurobindo. O segundo círculo representaria então a consciência cósmica.
30. Como a Mãe disse certa vez: "Ele enfiou todo o universo em um único livro." *Sweet Mother: Harmonies of Light*, palavras recolhidas por Mona Sarkar (Pondicherry, 1978), p. 22.
31. Histórias de uma Deusa que resgata alguém dentre os mortos são encontradas em muitas culturas. Os egípcios contam que Ísis procurou o corpo de Osíris, e os babilônios contam que Ishtar desceu aos infernos para resgatar Tammuz. Esse tema se repete, com variações, em outros mitos. Mas esses mitos se preocupam apenas com a procura pela Deusa de um amor perdido. Uma visão mais ampla da evolução cósmica não desempenha um papel nesses mitos.
32. Compare o mito hinduísta do avatar Boar (Varāha), que resgatou a Deusa Terra de um grande dilúvio mergulhando no mar e a trazendo de volta em suas presas.
33. Sri Aurobindo, *Savitri*, Livro Um, Canto Dois, "The Issue", SABCL, Vol. 28, p. 21.
34. Sua jornada interior é descrita em grandes detalhes no Livro Dois, "The Book of the Traveller of the Worlds", Cantos Um a Quinze.
35. Livro Três, Canto Dois, p. 313.
36. Livro Três, Canto Três, p. 317.
37. Livro Três, Canto Quatro, p. 341.
38. *Ibid.*
39. *Ibid.*, pp. 343-44.
40. *Ibid.*, p. 345.
41. *Ibid.*, p. 346.
42. Livro Dez, Canto Dois, p. 619.
43. Livro Dez, Canto Três, p. 630.
44. *Ibid.*, p. 633.
45. *Ibid.*, p. 638.
46. Livro Doze, Epílogo, p. 724.
47. Vale a pena revisitar o assombroso poema de Walt Whitman, "Out of the Cradle Endlessly Rocking", onde os movimentos das marés alta e baixa da Mãe-oceano sugerem o embalar de um berço.

OBSERVAÇÕES FINAIS

1. O leitor deve se lembrar de que o número *quatro* tem uma significação interior que vai muito além de sua utilidade como uma estaca conveniente na qual se penduram conceitos. Ele representa a *integralidade*; isso se reflete nas "quatro faces" do universo, que são aspectos inseparáveis de um todo unificado.
2. O poder da Mãe Divina para salvar o mundo é um dos principais temas do mito hinduísta de Durgā matando o Búfalo Demônio Mahisha. Sua festa de outono, Durgā Pūjā, ainda é celebrada em toda a Índia.
3. Sri Aurobindo, *Thoughts and Glimpses*, SABCL, Vol. 16, p. 384. "Mel" (*madhu*) é uma palavra que aparece nos Upanishads para nomear *ānanda*, o divino deleite da existência.
4. Vale a pena notar que o Divino apareceu para Sri Ramakrishna na forma de Kālī como a Mãe do Universo para lembrar a ele da natureza divina do mundo. Essa foi uma poderosa realização interior para ele, que se entregou por inteiro a ela. No entanto, ela não o levou a tentar a transformação no plano físico.
5. "Ode on a Grecian Urn", Estrofe V, *The Selected Poetry of Keats*, organizado por Paul de Man (Nova York, 1966), p. 253. Veja também *Endymion*, Livro I, Linhas 1-33, pp. 92-3.
6. Dizem que os ventos da graça estão sempre soprando, mas que nós devemos levantar nossas velas antes que eles possam nos mover. Uma vez que uma vida tenha sido oferecida de maneira genuína para o Divino, seu curso está ajustado e não se deve mais pensar muito mais sobre isso. Simplesmente, fazemos o melhor que podemos no que nos foi dado para ser realizado.
7. Sri Aurobindo, *Savitri*, SABCL, Vol. 28, p. 55.

Bibliografia

A literatura relacionada com os quatro tipos de cosmologia discutidos neste livro é demasiadamente extensa para ser representada aqui de maneira apropriada. A maior parte dos títulos listados foi citada nas notas. Muitas obras de Sri Aurobindo incluídas na SABCL também estão disponíveis separadamente. Seus principais escritos são publicados em belos volumes pela Lotus Light Publications, Box 325, Twin Lakes, WI 53181 U.S.A. A Lotus Press também oferece um CD-ROM com seleções substanciais dos escritos de Sri Aurobindo: *Sri Aurobindo: Selected Writings* (Software CD-ROM versão para Macintosh e Windows).

Aczel, Amir D., *God's Equation: Einstein, Relativity, and the Expanding Universe*, Nova York: Four Walls Eight Windows, 1999.

Alexander, H. G. (org.), *The Leibniz-Clark Correspondence*, Manchester: Manchester University Press, 1956.

Alexander, Samuel, *Space, Time, and Deity: The Gifford Lectures at Glasgow, 1916-1918*, 2 volumes, 1920. Reedição: Nova York: Dover, 1966.

Aveni, Anthony, *Ancient Astronomers*, Washington: St. Remy Press, 1993.

————, *Stairways to the Stars: Skywatching in Three Great Cultures*, Nova York: John Wiley & Sons, 1997.

Aurobindo, Sri, Sri Aurobindo Birth Centenary Library (SABCL), 30 volumes, Pondicherry: Sri Aurobindo Ashram Trust, 1973.

Vol. 9: *The Future Poetry* (1917-20).

Vol. 10: *The Secret of the Veda* (1914-16).

Vol. 11: *Hymns to the Mystic Fire* (1946, 1952).

Vol. 12: *The Upanishads* (1909-20).

Vol. 13: *Essays on the Gita* (1916-20).

Vol. 16: *The Supramental Manifestation and Other Writings* (1949-50).

Vols. 18, 19: *The Life Divine*, ed. rev. (1943-44; publicado pela primeira vez em 1914-19).

Vols. 20, 21: *The Synthesis of Yoga*, ed. rev. (1959; publicado pela primeira vez em 1914-21).

Vol. 22: *Letters on Yoga* (1947+).

Vols. 28, 29: *Savitri: A Legend and a Symbol* (1950-51).

Bachofen, J. J., *Myth, Religion, & Mother Right: Selected Writings of J. J. Bachofen*, 1967. Reedição: Princeton: Princeton University Press, 1973.

Barrow, J. D. e F. J. Tipler, *The Anthropic Cosmological Principle*, Nova York: Oxford University Press, 1986.

Beaver, Harold (org.), *The Science Fiction of Edgar Allan Poe*, Nova York: Penguin, 1976.

Bergson, Henri, *Creative Evolution*, trad. por Arthur Mitchell, Nova York: Random House, 1911.

Binyon, Laurence, *The Flight of the Dragon: An Essay on the Theory and Practice of Art in China and Japan*, 1911. Reedição: Londres: John Murray, 1959.

Blavatsky, H. P., *The Secret Doctrine: The Synthesis of Science, Religion, and Philosophy*, 1888. Reedição em 2 volumes: Pasadena: Theosophical Press, 1952. [*A Doutrina Secreta*, publicado pela Editora Pensamento, São Paulo, 1980.]

Bohm, David, *Wholeness and the Implicate Order*, 1980. Reedição: Londres: Ark Paperbacks, 1983.

Breuer, Reinhard, *The Anthropic Principle: Man as the Focal Point of Nature*, trad. por Harry Newman e Mark Lowery. Cambridge: Birkhäuser Boston, 1991.

Bucke, Richard M., *Cosmic Consciousness: A Study in the Evolution of the Human Mind*, 1901. Reedição: Nova York: E. P. Dutton, 1959.

Burckhardt, Titus, *Alchemy: Science of the Cosmos, Science of the Soul*, trad. por William Stoddart, 1962. Reedição: Baltimore: Penguin, 1971.

————, *Mirror of the Intellect: Essays on Traditional Science and Sacred Art*, trad. por William Stoddart, Albany: SUNY Press, 1987.

Burtt, E. A., *The Metaphysical Foundations of Modern Physical Science*, Londres: Routledge and Kegan Paul Ltd., 1949.

Campbell, Bruce F., *Ancient Wisdom Revived: A History of the Theosophical Movement*, Berkeley: University of California Press, 1980.

Campbell, Joseph, *Myths to Live By*, Nova York: Viking Press, 1973. [*Para Viver os Mitos*, publicado pela Editora Cultrix, São Paulo, 1997.]

————, *The Mythic Image*, Princeton: Princeton University Press, 1974.

————, *The Inner Reaches of Outer Space: Metaphor as Myth and as Religion*, Nova York: Harper and Row, 1988.

Capra, Fritjof, *The Tao of Physics: An Exploration of the Parallels between Modern Physics and Eastern Mysticism*, Berkeley: Shambala, 1975. [*O Tao da Física*, publicado pela Editora Cultrix, São Paulo, 1985.]

Coomaraswamy, Ananda K., *The Dance of Shiva: On Indian Art and Culture*, Nova York: The Noonday Press, 1957.

Cornford, F. M., *Plato's Cosmology: The* Timaeus *of Plato translated with a running commentary*, 1937. Reedição: Nova York: The Humanities Press, 1952.

Cranston, Sylvia, *H. P. B.: The Extraordinary Life and Influence of Helena Blavatsky, Founder of the Modern Theosophical Movement*, Nova York: G. P. Putnam's Sons, 1993.

Darwin, Charles, *On the Origin of Species by Means of Natural Selection: Or the Preservation of Favoured Races in the Struggle for Life*, 1859. Reedição: Londres: J. M. Dent & Sons, 1947.

De Santillana, Georgio e Hertha von Dechend, *Hamlet's Mill: An Essay-Investigating the Origins of Human Knowledge and its Transmission Through Myth*, Boston: David R. Godine, 1977.

Dnyaneshwar Maharaj, *Gita Explained*, trad. por Manu Subeda, Palli Hill, Bandra, 1932.

Dundes, Alan (org.), *Sacred Narrative: Readings in the Theory of Myth*, Berkeley: University of California Press, 1984.

Eddington, Arthur, *The Expanding Universe*, 1933. Reedição: Ann Arbor: University of Michigan Press, 1958.

Einstein, Albert, *Relativity: The Special and General Theory: A Popular Exposition*, tradução autorizada por Robert W. Lawson, 1921. Reedição: Nova York: Crown, 1961.

————, "Foreword" ao *Spinoza Dictionary*, Dagobert D. Runes (org.), Nova York: Philosophical Library, 1951.

————, *Ideas and Opinions*, trad. por Sonja Bargmann, Nova York: Crown, 1954.

Einstein, Albert e Infeld, Leopold, *The Evolution of Physics: From Early Concepts to Relativity and Quanta*, Nova York: Simon & Schuster, 1938.

Eliade, Mircea, *Cosmos and History: The Myth of the Eternal Return*, trad. por Willard R. Trask, Nova York: Harper & Row, 1959.

Fludd, Robert, *The Origin and Structure of the Cosmos*, trad. por Patricia Tahil, introdução de Adam McLean, Edimburgo: Magnum Opus Hermetic Sourceworks Nº 13, 1982.

Feuerstein, George, Subhash Kak, e Frawley, David, *In Search of the Cradle of Civilization: New Light on Ancient India*, Wheaton: Quest Books (Theosophical Publishing House), 1995.

Gamow, George, *The Creation of the Universe*, 1952. Reedição: Nova York: Bantam, 1970.

Gia-Fu Feng e Jane English, *Tao Te Ching*, Nova York: Vintage Books, 1972.

Gebser, Jean, *The Ever-Present Origin*, trad. autorizada por Noel Barstad e Algis Mickunas, Athens: Ohio University Press, 1985.

Gimbutas, Marija, *The Goddesses and Gods of Old Europe 6500-3500 BC: Myths and Cult Images*, 1974. Reedição: Berkeley: University of California Press, 1982.

———, *The Language of the Goddess*, San Francisco: HarperCollins, 1991. Goethe, J. W., *Goethe's Faust*, o original alemão e uma nova tradução e introdução por Walter Kaufmann, Garden City: Anchor Books, 1961.

Goldsmith, Donald, *The Runaway Universe: The Race to Find the Future of the Cosmos*, Cambridge: Perseus Books, 1999.

Gould, Stephen Jay, *Wonderful Life: The Burgess Shale and the Nature of History*, Nova York: W.W. Norton, 1989.

Greene, Brian, *The Elegant Universe: Superstrings, Hidden Dimensions, and the Quest for the Ultimate Theory*, Nova York: W.W. Norton, 1999.

———, *The Fabric of the Cosmos: Space, Time, and the Texture of Reality*, Nova York: Alfred A. Knopf, 2004.

Greene, John C., *Science, Ideology, and World View: Essays in the History of Evolutionary Ideas*, Berkeley: University of California Press, 1981.

Griffith, Ralph T. H. (trad.), *The Hymns of the Rig Veda*, 1889. Reedição em 2 volumes, Varanasi: The Chowkhamba Sanskrit Series Office, 1963.

Guthrie, W. K. C., *Orpheus and Greek Religion: A Study of the Orphic Movement*, Nova York: W.W. Norton, 1966.

Haeckel, Ernst, *The Riddle of the Universe*, trad. Joseph McCabe, Nova York: Harper & Brothers, 1900.

Hallyn, Fernand, *The Poetic Structure of the World: Copernicus and Kepler*, trad. Donald M. Leslie, Nova York: Zone Books, 1993.

Hamilton, Edith e Cairns, Huntington (orgs.), *Plato: Collected Dialogues*, Princeton: Princeton University Press, 1961.

Harrison, Edward R., *Cosmology: The Science of the Universe*, Cambridge: Cambridge University Press, 1981.

———, *Darkness at Night: A Riddle of the Universe*, Cambridge: Harvard University Press, 1987.

Heehs, Peter, *Sri Aurobindo: A Brief Biography*, Delhi: Oxford University Press, 1989.

Heninger, Jr., S. K., *Touches of Sweet Harmony: Pythagorean Cosmology and Renaissance Poetics*, San Marino: The Huntington Library, 1974.

———, *The Cosmographical Glass: Renaissance Diagrams of the Universe*, San Marino: The Huntington Library, 1977.

Hetherington, Norris S. (org.), *Cosmology: Historical, Literary, Philosophical, Religious and Scientific Perspectives*, Nova York: Garland Publishing, 1993.

Hoffman, Banesh, *Albert Einstein: Creator and Rebel* (com a colaboração de Helen Dukas), Nova York: Viking Press, 1972.

Holy Bible (contendo o Antigo e o Novo Testamentos), Versão Padrão Revisada, Teaneck: Cokesbury, 1946.

Hotz, Michael (org.), *Holding the Lotus to the Rock: The Autobiography of Sokeian, America's First Zen Master*, Nova York: Four Walls Eight Windows, 2002.

Huffman, William H. (org.), *Robert Fludd: Essential Readings*, Londres: The Aquarian Press, 1992.

Jammer, Max, *Einstein and Religion: Physics and Theology*, Princeton: Princeton University Press, 1999.

Jnaneshvar, Shri, *Jnaneshvari*, traduzido do marata por V. G. Pradhan e editado com uma introdução por H. M. Lambert, Albany: SUNY Press, 1987.

Jung, Carl G., *Man and His Symbols*, 1964. Reedição: Nova York: Dell Publishing, 1976.

Keats, John, *The Selected Poetry of Keats*, Paul de Man (org.) (The Signet Classic Poetry Series), Nova York: New American Library, 1966.

Kinsley, David, *Visions of the Divine Feminine in the Hindu Religious Tradition*, Berkeley: University of California Press, 1988.

————, *The Goddesses' Mirror: Visions of the Divine From East and West*, Nova York: SUNY Press, 1989.

Koyré, Alexandre, *From the Closed World to the Infinite Universe*, 1957. Reedição: Nova York: Harper & Brothers, 1958.

Kragh, Helge, *Cosmology and Controversy: The Historical Development of the Two Theories of the Universe*, Princeton: Princeton University Press, 1995.

Krishna Prem, Sri, *The Yoga of the Bhagavat Gita*, 1938. Reedição: Baltimore: Penguin, 1973.

Krishna Prem, Sri e Madhava Ashish, Sri, *Man the Measure of All Things in the Stanzas of Dzyan*, Madras: Theosophical Publishing House, 1966.

Larsen, Stephen e Robin Larsen, *A Fire in the Mind: The Life of Joseph Campbell*, Nova York: Doubleday, 1991.

Leslie, John, *Universes*, Nova York: Routledge, 1989.

————, *Physical Cosmology and Philosophy*, editado com introdução e bibliografia anotada, Nova York: Macmillan, 1990.

Lovejoy, Arthur O., *The Great Chain of Being: A Study of the History of an Idea*, 1936. Reedição: Nova York: Harper & Brothers, 1960.

Lucretius, *The Nature of the Universe*, traduzido com uma introdução de R. E. Latham, 1951. Reedição: Baltimore: Penguin, 1962.

Malinowski, Bronislaw, *Magic, Science and Religion and Other Essays*, Garden City: Doubleday, 1954.

Mandelbaum, Allen (trad.), *The Divine Comedy of Dante Alighieri*, 3 vols., Nova York: Bantam Books, 1984.

Matt, Daniel C., *The Essential Kabbalah: The Heart of Jewish Mysticism*, San Francisco: Harper-Collins, 1996.

Matthew, Clifford N. e Varghese, Roy A. (orgs.), *Cosmic Beginnings and Human Ends: Where Science and Religion Meet*, Chicago: Open Court, 1995.

Mayr, Ernst, *The Growth of Biological Thought: Diversity, Evolution, and Inheritance*, Cambridge: Harvard University Press, 1982.

McIntyre, J. Lewis, *Giordano Bruno: Mystic Martyr 1548-1600*, Londres: Macmillan & Co., Ltd., 1903.

Mendoza, Ramon G., *The Acentric Labyrinth: Giordano Bruno's Prelude to Contemporary Cosmology*, Rockport, MA: Element Books, Inc., 1995.

Merchant, Carolyn, *The Death of Nature: Women, Ecology and the Scientific Revolution*, San Francisco: Harper & Row, 1980.

Michel, Paul-Henri, *The Cosmology of Giordano Bruno*, trad. por R. E. W. Maddison, Londres: Methuen, 1973.

Mother, The, *Collected Works of the Mother* (Edição centenária, Vol. 4), Pondicherry: Sri Aurobindo Ashram, 1984.

Munitz, Milton K. (org.), *Theories of the Universe: From Babylonian Myth to Modern Science*, Nova York: The Free Press, 1957.

Nikhilananda, Swami (trad.), *The Upanishads*, 4 volumes, Nova York: Bonanza Books, 1949.

Olsen, Carl (org.), *The Book of the Goddess Past and Present: An Introduction to Her Religion*, Nova York: Crossroad, 1990.

Pandit, M. P., *Sri Aurobindo* (The Builders of Indian Philosophy Series), Pondicherry: Dipti Trust, Sri Aurobindo Ashram, 1998.

Pascal, Blaise, *Pascal's Pensées*, trad. por W. F. Trotter, Nova York: E. P. Dutton, 1958.

Poe, Edgar Allan, *Eureka: An Essay on the Material and Spiritual Universe*, Nova York: Funk & Wagnalls, 1848.

Rees, Martin, *Before the Beginning: Our Universe and Others*, Reading: Helix, 1998.

Ronan, Colin A., *The Shorter Science and Civilisation in China (Vol. I): An Abridgement of Joseph Needham's Original Text*, 1978. Reedição: Cambridge: Cambridge University Press, 1980.

Roy, Anilbaran (org.), *Bhagavad Gita and Its Message* (com texto, tradução e comentário de Sri Aurobindo), Pondicherry: Sri Aurobindo Ashram Trust, 1995.

Roy, Dilip Kumar, *Yogi Sri Krishnaprem*, Bombaim: Bharatiya Vidya Bhavan, 1968.

Sachs, Mendel, *Relativity in Our Time: From Physics to Human Relations*, Londres: Taylor & Francis, 1993.

Scholem, Gershom, *Kabbalah*, Nova York: Penguin, 1978.

Scott, Walter (trad.), *Hermetica: The Ancient Greek and Latin Writings Which Contain Religious or Philosophic Teachings Ascribed to Hermes Trismegistus*, 1924-36. Reedição: Boulder: Hermes House-Great Eastern, 1982.

Segal, Robert A., *Joseph Campbell, An Introduction*, Nova York: Penguin, 1989.

Seligmann, Kurt, *The History of Magic*, Nova York: Pantheon, 1948.

Shapiro, Robert, *Origins: A Skeptic's Guide to the Creation of Life on Earth*, Nova York: Bantam, 1987.

Shelley, Percy Bysshe, *The Selected Poetry and Prose of Shelley*, Harold Bloom (org.) (The Signet Classic Poetry Series), Nova York: New American Library, 1966.

Singer, Dorothea Waley, *Giordano Bruno: His Life and Thought, with an Annotated Translation of His Work On the Infinite Universe and Worlds*, Nova York: Henry Schuman, 1950.

Singleton, Charles S. (org.), *Art, Science, and History in the Renaissance*, Baltimore, MD: John Hopkins Press, 1967.

Smith, Robert, *The Expanding Universe: Astronomy's 'Great Debate' 1900-1931*, Cambridge: Cambridge University Press, 1982.

Sokei-An, *Cat's Yawn*, Nova York: The First Zen Institute of America, 1947.

Sonnert, Gerhard, *Einstein and Culture*, Nova York: Humanity Books, uma impressão da Prometheus Books, 2005.

Spencer, Herbert, *First Principles*, 1862. Reedição: Londres: Watts & Co., 1946.

Spinoza, Benedict, *Ethics and On the Improvement of the Understanding*, Nova York: Hafner, 1955.

Taylor, A. E., *A Commentary on Plato's Timaeus*, 1928. Reedição: Oxford: Clarendon Press, 1962.

Teilhard de Chardin, Pierre, *The Divine Milieu*, Nova York: Harper & Row, 1960.

————, *The Phenomenon of Man*, Nova York: Harper & Row, 1965. [*O Fenômeno Humano*, publicado pela Editora Cultrix, São Paulo, 1988.]

————, *The Future of Man*, Londres: Harper & Row, 1969.

Tennyson, Alfred, Lord, *The Selected Poetry of Tennyson*, editado, com uma introdução, por Douglas Bush (Modern Library College Edition), Nova York: Random House, Inc., 1951.

Tolman, Richard C., *Relativity, Thermodynamics, and Cosmology*, 1934. Reedição: Nova York: Dover, 1987.

Underhill, Evelyn, *Mysticism: A Study in the Nature and Development of Man's Spiritual Consciousness*, Nova York: The Noonday Press, 1955.

Vlastos, Gregory, *Plato's Universe*, Seattle: University of Washington Press, 1975.

Weinberg, Steven, *The First Three Minutes: A Modern View of the Universe*, Nova York: Basic Books, 1977.

———, *Dreams of a Final Theory: The Scientist's Search for the Ultimate Laws of Nature*, Nova York: Vintage, 1994.

Weiner, Philip P. (org.), *Leibniz: Selections*, Nova York: Charles Scribner's Sons, 1951.

White, Andrew D., *A History of the Warfare of Science with Theology in Christendom*, 1896. Reedição: Nova York: George Braziller, 1955.

Whitehead, Alfred North, *Science and the Modern World*, 1925. Reedição: Nova York: The Free Press, 1969.

Whitman, Walt, *Leaves of Grass*, 1892. Reedição: Nova York: Bantam, 1983.

Wilhelm, Richard (trad.), *The I Ching or Book of Changes*, 1950. Reedição: Bollingen Series XIX, Princeton: Princeton University Press, 1971. [*I Ching – O Livro das Mutações*, publicado pela Editora Pensamento, São Paulo, 1983.]

Wordsworth, William, *Wordsworth*, seleção, com uma introdução e notas, por David Ferry (The Laurel Poetry Series), Nova York: Dell Publishing Co., 1959.

Yates, Frances A., *Giordano Bruno and the Hermetic Tradition*, Chicago: The University of Chicago Press, 1964. [*Giordano Bruno e a Tradição Hermética*, publicado pela Editora Cultrix, São Paulo, 1987.]

———, *The Art of Memory*, Chicago: The University of Chicago Press, 1966.

———, *The Rosicrucian Enlightenment*, Londres: Routledge & Kegan Paul, 1972.

Yogananda, Paramhansa, *The Rubaiyat of Omar Khayyam Explained*, Nevada City, California: Crystal Clarity Publishers, 1994.